Java 程序设计

主　编　汪普庆　彭　军
副主编　宋秀方　魏子腾　江　浪
　　　　黄　伟　万思敏

合肥工业大学出版社

图书在版编目(CIP)数据

Java程序设计/汪普庆,彭军主编. --合肥:合肥工业大学出版社,2025. --ISBN 978-7-5650-7221-5

Ⅰ. TP312.8

中国国家版本馆CIP数据核字第2025VA9077号

Java程序设计

汪普庆　彭　军　主编　　　　责任编辑　袁　媛　马栓磊

出　版	合肥工业大学出版社	版　次	2025年8月第1版
地　址	合肥市屯溪路193号	印　次	2025年8月第1次印刷
邮　编	230009	开　本	787毫米×1092毫米　1/16
电　话	职业教育出版中心:0551-62903120	印　张	18.75
	营销与储运管理中心:0551-62903198	字　数	433千字
网　址	press.hfut.edu.cn	印　刷	安徽联众印刷有限公司
E-mail	hfutpress@163.com	发　行	全国新华书店

ISBN 978-7-5650-7221-5　　　　定价：40.00元

前　言

面向对象程序设计方法是软件分析、设计和实现的一种新方法，是目前软件开发的主流方法。对于Java程序员来说，掌握面向对象的设计理论和一些设计模式是必备技能。因此，Java程序设计课程成为软件开发技能培养的核心课程之一。本书以面向对象程序设计技术的本质属性为主线，以Java语言为基础，全面阐述了面向对象程序设计的基本原理。

本书内容编排如下：

第1章：Java入门知识，主要介绍Java编程语言的起源、发展历程、特点、开发环境及其在软件开发中的应用。

第2章：Java基本语法，主要介绍Java语言的基本语法、常量与变量、数据类型、运算符、表达式与语句，以及程序的编码规范。

第3章：Java流程控制，主要介绍选择语句、循环语句、跳转语句、考试成绩等级划分，以及计算1～100的整数和。

第4章：字符串与数组，主要介绍字符串的形式和数组的类型。

第5章：面向对象技术(上)，主要介绍对象、类、封装、继承和多类的基本概念，类与对象的创建或构造方法。

第6章：面向对象技术(下)，主要介绍类的封装、继承、多态性，对象的类型转换，super关键字和final关键字。

第7章：文件管理，主要介绍字节流和字符流、缓冲式输入输出、随机访问及文件对话框。

第8章：异常处理，主要介绍处理错误、捕获异常。

第9章：多线程，主要介绍线程与进程的概念、线程的控制与调度、线程的互斥、线程的同步和线程的联合。

第10章：图形用户界面，主要介绍AWT控件编程、Swing控件编程、布局管理器和事件监听机制。

第11章：数据库编程，主要介绍JDBC的概念、JDBC常用API、JDBC的编程步骤及实现第一个JDBC程序。

本书编写的主要目的是帮助学生掌握扎实的 Java 语言基础，理解面向对象程序设计的思想，学会用“计算机思维”方式进行编程；同时通过嵌入思政元素，帮助学生树立正确的学习态度，养成良好的编程风格，为进一步学习面向对象技术奠定牢固的基础。本书可用于高校计算机类专业的课堂教学，也可作为 MOOC 或者 SPOC 条件下的辅导教材。为方便读者学习，本书提供编者自主开发的电子课件和视频，如需教学资料可与主编联系，邮箱 42842738@qq.com。

本书由江西应用科技学院汪普庆、彭军担任主编，宋秀方、魏子腾、江浪、黄伟、万思敏担任副主编，全书由江浪进行统稿。

在本书编写过程中，江西应用科技学院卞秀运副教授、北京中软国际教育科技股份有限公司高鹏工程师等给予了大力支持和帮助，在此一并表示感谢！

由于时间仓促、编者水平有限，书中难免有疏漏与不妥之处，敬请广大读者批评指正。

编　者

2025 年 4 月

目　　录

第1章

Java入门知识

Java入门知识主要介绍了Java编程语言的起源、发展历程、特点、开发环境及其在软件开发中的应用。

学习目标

- 了解Java语言的历史和发展。
- 掌握Java语言的特点。
- 熟悉Java开发环境(JVM、JDK、JRE)。
- 能够编写并运行第一个Java程序:“Hello World!”。

思政目标

- 通过了解Java语言的历史,体会科技进步对社会发展的推动作用。
- 理解开源精神与社区协作的重要性,有助于培养学生的合作意识与责任感。

1.1 Java 语言的历史与发展

相信大家都听说过 C 语言或 C++语言，这些都是非常优秀的编程语言。既然如此，为什么还要发明 Java 呢？下面请听我娓娓道来。

任何编程语言编写好的程序都需要经过处理器和操作系统来完成运行。我们把运行程序时所依赖的操作系统(OS)和中央处理器(CPU)称为程序运行平台。不同的 CPU 搭配不同的 OS 可以构成不同的机器指令，从而形成特有的平台，不同平台可能具有不同的机器指令。

我们知道，C/C++语言在编写好程序后需要编译、连接，得到可执行文件，最后执行可执行文件得到结果。C/C++语言提供的编译器在编译时，是针对当前程序所在的特定平台进行编译、连接，然后生成特定的机器指令，根据这些机器指令才能生成机器码文件，即得到可执行文件。这样，这个可执行文件就不能保证在所有平台上都被正确运行。所以，若更换了平台，就可能需要修改源程序并重新编译、连接，得到新的可执行文件。

SUN 公司在 1991 年成立了由 James Gosling 领导的 Green 开发小组，开始致力于开发一种跨平台的、可移植的语言，使得这种语言能生成正确运行于各种 CPU 和 OS 的可执行文件。1995 年 5 月，SUN 公司正式向外界推出 Java Development Kit(JDK)1.0a2 版本，标志着 Java 语言的诞生。以下是之后发布的 JDK 版本的时间：

1998 年 12 月，JDK1.2 发布，Java 首次被划分为 J2SE、J2EE 和 J2ME，这是 Java 语言发展的里程碑。此后，SUN 公司将 Java 改称为 Java2，Java 语言开始被国内开发者学习和使用。

2000 年 5 月，JDK1.3 发布；

2002 年 2 月，JDK1.4 发布；

2004 年 6 月，JDK1.5 发布；

2006 年 6 月，JDK1.6 发布；

2011 年 7 月，JDK1.7 发布；

2014 年 3 月，JDK1.8(即 Java SE8)发布；

2017 年 9 月，Java SE9 发布；

2018 年 3 月，Java SE10 发布；

2018 年 9 月，Java SE11 发布；

2019 年 3 月，Java SE12 发布；

2019 年 9 月，Java SE13 发布；

2020 年 3 月，Java SE14 发布；

2020 年 9 月，Java SE15 发布；

2021 年 3 月，Java SE16 发布；

2021 年 9 月，Java SE17 发布；

2022 年 3 月，Java SE18 发布；
2022 年 9 月，Java SE19 发布；
2023 年 3 月，Java SE20 发布；
2023 年 9 月，Java SE21 发布；
2024 年 3 月，Java SE22 发布；
2024 年 9 月，Java SE23 发布；
2025 年 3 月，Java SE24 发布。

1.2　Java 语言的特点

Java 语言作为目前使用最广泛的网络编程语言之一，具有诸多优秀的特点。

1. 平台无关性

与其他语言相比，Java 语言的最大优势就是它的平台无关性。Java 可以在平台上提供一个 Java 运行环境(Java Runtime Environment，JRE)，这个运行环境由 Java 虚拟机(Java Virtual Machine，JVM)、类库和一些核心文件组成。Java 语言提供的编译器不是针对特定的平台编译，而是针对 JVM 编译成一种字节码，然后通过 JVM 将字节码翻译成虚拟机所在平台的机器码，这样平台运行对应的机器码即运行程序。在不同的平台上，JVM 可以将字节码翻译成不同的机器码供对应平台识别运行，这样源程序只需要编译一次，即编译成字节码，而后在不同的平台上都可以运行。这样就达到了“一处可用，处处可用”的效果。

2. 结构简单

Java 语言的程序构成与 C、C++语言的类似，但 Java 语言摒弃了一些容易混淆、模糊的概念，如指针、多重继承和运算符重载等，因此只需要理解一些基本概念，就能够编写各种应用程序。Java 本身具有自动垃圾收集机制，能够大大简化程序设计者的内存管理工作。此外，Java 对环境的要求也非常低，因为它的基本解释器和类的支持只有几十 KB，加上线程与标准类库的支持也就大约 200 KB。

3. 面向对象

面向对象编程思想是软件工程学的一次革命，其大大提升了人们的软件开发能力，是软件工程学发展的里程碑。Java 是面向对象的编程语言，它将现实世界中的任何实体看作一个对象，即每个对象通过状态和行为来描述现实世界的实体，实现了模块化和信息隐藏。同时它将一类对象抽象为类，通过继承机制，子类能够使用父类所提供的方法，这样达到了代码复用的效果。

4. 安全可靠

Java 不支持指针，一切对内存的访问都必须通过对象的实例变量来实现，这样就防止程序员使用“特洛伊”木马等欺骗手段访问对象的私有成员，安全性更高。Java 语言有异常处理功能，能有效地避免因程序编写错误而导致死机的现象，从而提高程序的可靠性。

5. 多线程

多线程机制使得计算机能够同时完成多项任务，并且同步机制可确保正确操作共享数据。多线程让人误以为是多项任务在同时执行，其实并非如此，计算机的处理器在同一时刻只能执行一个线程，但处理器可以在不同线程之间非常快速地切换，由于速度足够快，远超过人们接收信息的速度，所以人们感觉这些任务是同时执行的。C＋＋没有内置的多线程机制，必须调用操作系统的多线程功能来执行多线程程序。而 Java 则支持内置的多线程，可以大大简化多线程应用程序的开发。

6. 动态

C/C＋＋在编译时将函数库或类库中要用到的函数和类同时生成机器码，这样每当类库升级后，得重新修改、编译程序才能使用新类。而 Java 类是在运行时动态装载的，这样 Java 就可以在分布环境中动态地维护程序和类库。

1.3 JDK 开发工具

1.3.1 JDK 概述

SUN 公司提供了一套 Java 开发环境，简称 JDK，它是整个 Java 的核心，其中包括 Java 编译器、Java 运行工具、Java 文档生成工具、Java 打包工具等。

为了不断满足用户的需求，JDK 的版本也在持续升级。1995 年，Java 诞生之初就提供了最早的版本 JDK 1.0，随后相继推出了 JDK 1.1、JDK 1.2、JDK 1.3、JDK 1.4、JDK 5.0、JDK 6.0、JDK 7.0、JDK 8.0、JDK 9.0、JDK 10.0。本节将以 JDK 7.0 版本为例进行讲解。

SUN 公司除了提供 JDK，还提供了一种 JRE 工具，它是 Java 运行环境，是提供给普通用户使用的。由于用户只需要运行事先编写好的程序，不需要自己动手编写程序，因此 JRE 工具中只包含 Java 运行工具，不包含 Java 编译工具。值得一提的是，为了方便使用，SUN 公司在其 JDK 工具中自带了一个 JRE 工具，也就是说开发环境中包含运行环境，这样一来，开发人员只需要在计算机上安装 JDK 即可，不需要专门安装 JRE 工具。

1.3.2 JDK 的安装

1. 需要下载 Java 开发工具包 JDK，下载地址：http://www.oracle.com/technetwork/java/javase/downloads/index.html，单击如图 1-1 所示的红色箭头指向的下载按钮即可进入下载页面。

2. 在下载页面中，需要选择接受许可协议，并根据自己的系统选择对应的版本。建议下载 7.0 及以上版本，因为版本太低的话，有些语法在高版本中已经不再使用。本节以 Windows 64 位系统为例进行说明，如图 1-2 所示。

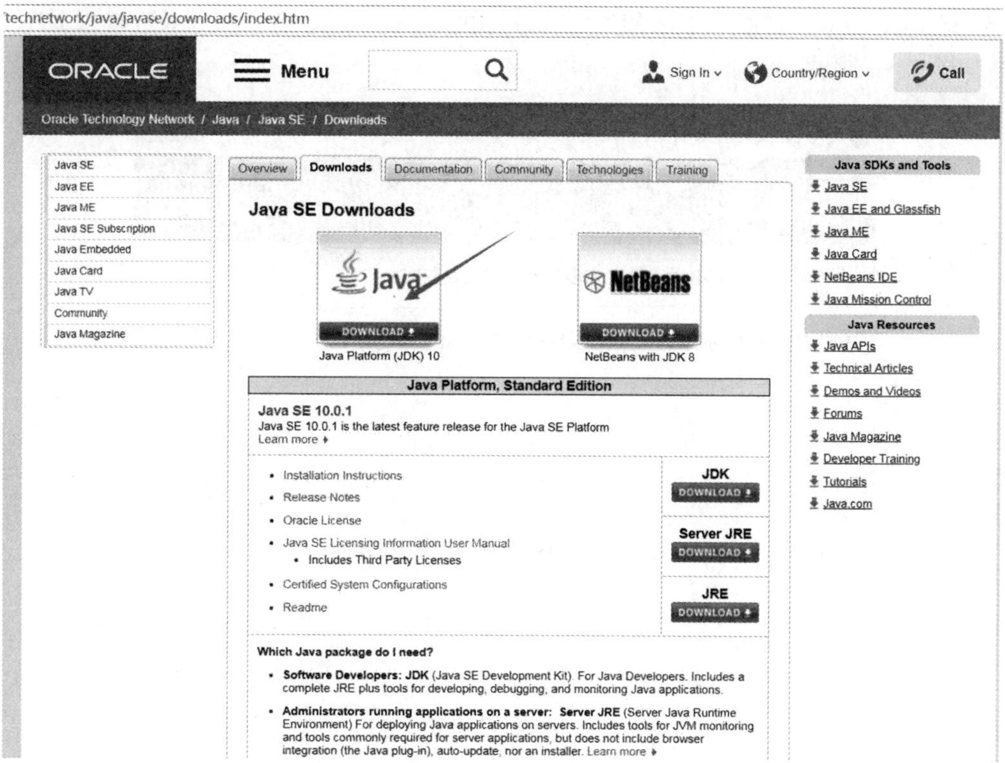

图 1－1　JDK 下载网页

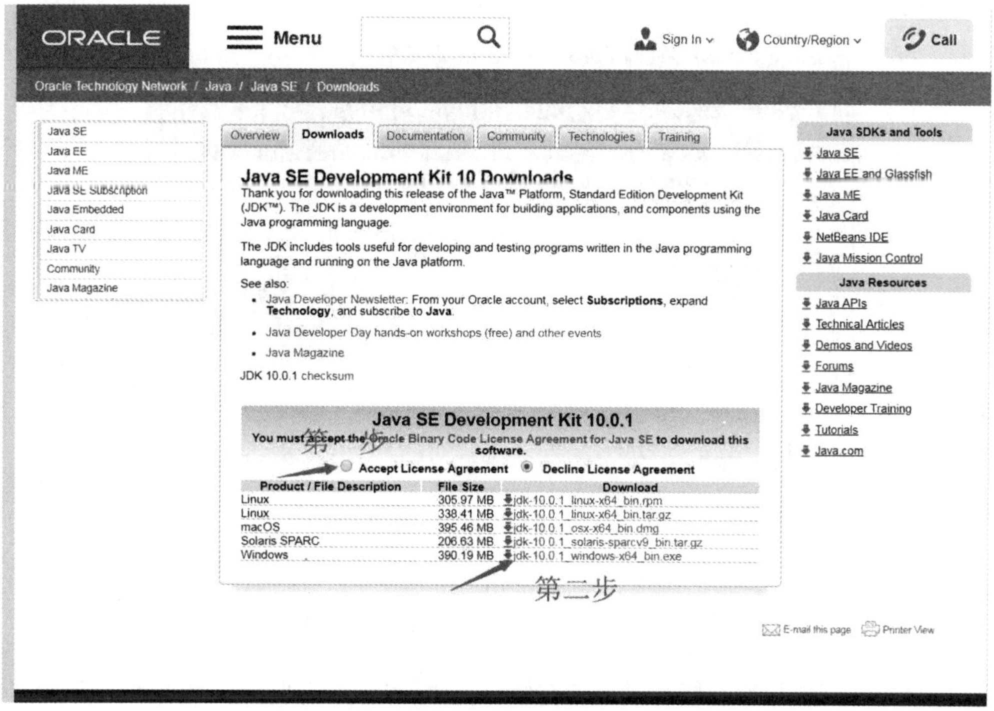

图 1－2　JDK 下载

3. 双击从 Oracle 官网上下载的安装文件“jdk-7u60-windows-i586. exe”，进入 JDK 安装界面，如图 1－3 所示。

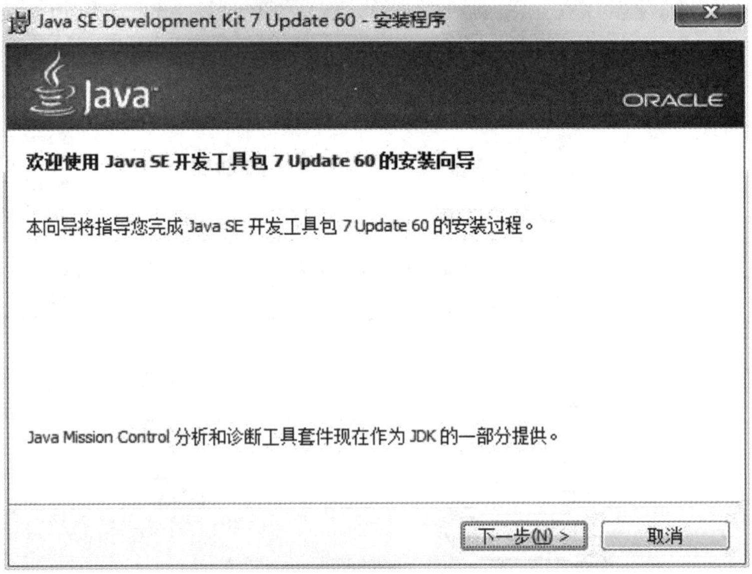

图 1－3　JDK 安装界面

4. 单击图 1－3 安装界面的【下一步】按钮进入 JDK 的自定义安装界面，会出现如图 1－4 所示界面。

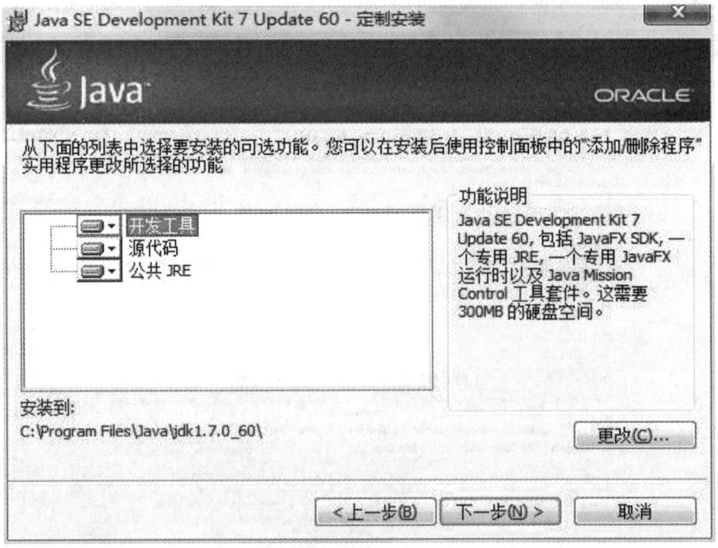

图 1－4　JDK 自定义安装功能和路径

5. 在自定义安装功能和路径界面的右侧有一个【更改】按钮，单击该按钮会弹出选择安装目录的界面，如图 1－5 所示。

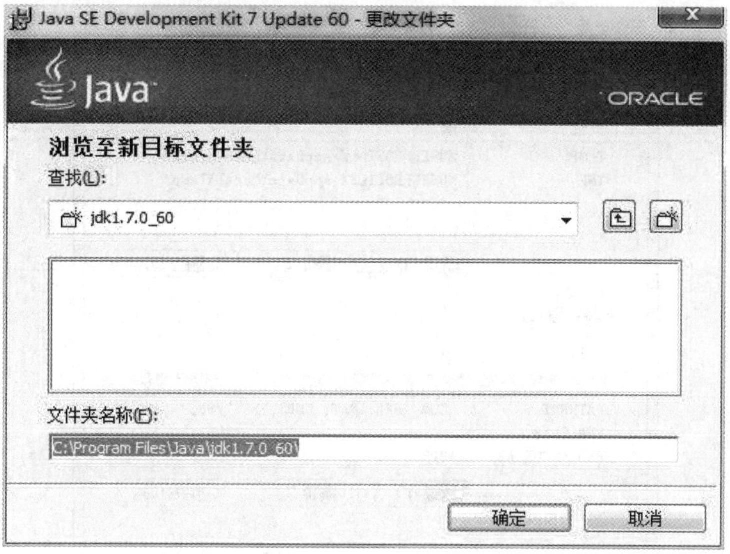

图 1-5　更改 JDK 安装路径

6. 对所有的安装选项做出选择后，单击自定义安装功能和路径界面中的【下一步】按钮开始安装 JDK。安装完毕后会进入安装完成界面，如图 1-6 所示。

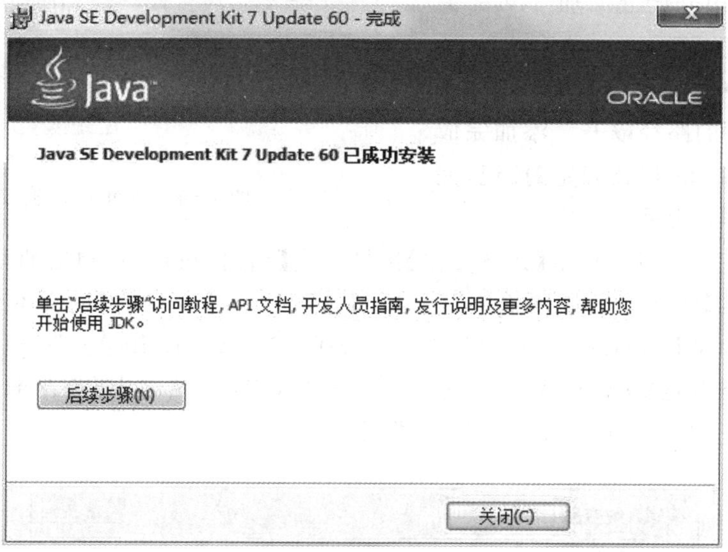

图 1-6　完成 JDK 安装

7. 右键单击桌面上的【计算机】，从下拉菜单中选择【属性】，在出现的【系统】窗口中选择左侧的【高级系统设置】选项，然后在【高级】窗口中单击【环境变量】按钮，打开【环境变量】窗口，如图 1-7 所示。

8. 在【环境变量】窗口中的【系统变量】区域选中名为"Path"的系统变量，单击【编辑】按

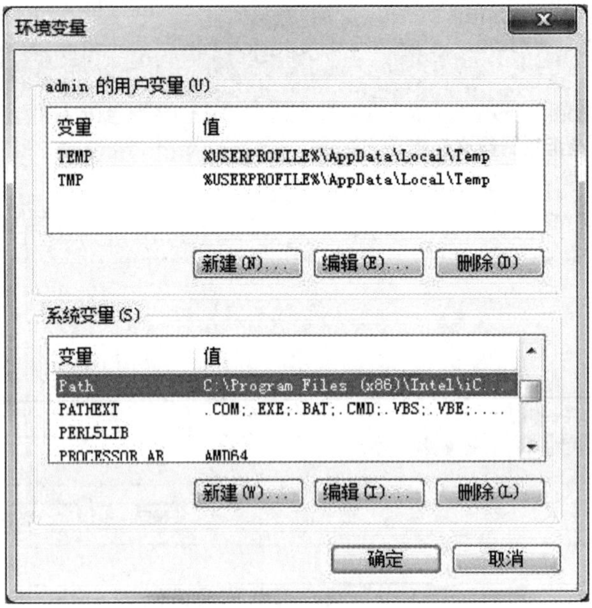

图 1-7　环境变量窗口

钮,打开【编辑系统变量】窗口,在【变量值】的文本区域内开始处添加“javac”命令所在的目录“C:\Program Files\Java\jdk1.7.0_60\bin”,末尾用英文半角分号(;)结束,与后面的路径隔开。添加完成后,依次单击打开窗口的【确定】按钮,完成设置,如图 1-8 所示。

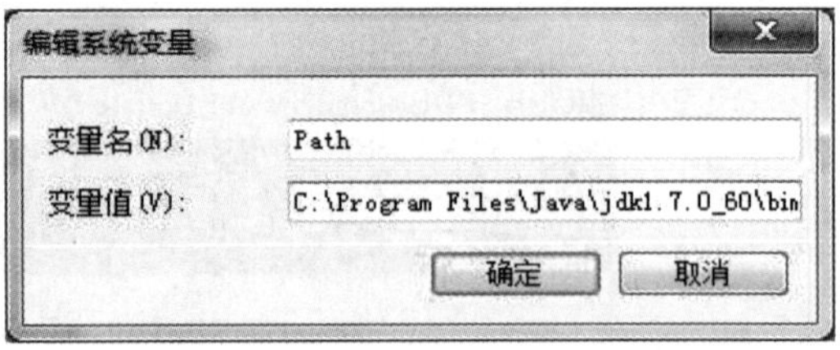

图 1-8　变量 Path 窗口

9. 在【环境变量】窗口中的【系统变量】区域单击【新建】按钮,在弹出的新建系统变量窗口中,在【变量名】的文本区域内输入“CLASSPATH”,在【变量值】的文本区域内输入“.;C:\Program Files\Java\jdk1.7.0_60\lib\dt.jar;C:\Program Files\Java\jdk1.7.0_60\lib\tools.jar”,单击【确定】按钮即可。在设置 CLASSPATH 变量时,必须在配置路径前加“.”(当前目录),用于识别当前目录下的 Java 类,如图 1-9 所示。

图 1-9　变量 CLASSPATH 窗口

10. 测试 JDK 是否安装成功：在桌面单击【开始】按钮，输入“cmd”；然后输入命令 java-version、java、javac，出现如图 1-10 和图 1-11 所示信息，说明环境变量配置成功。

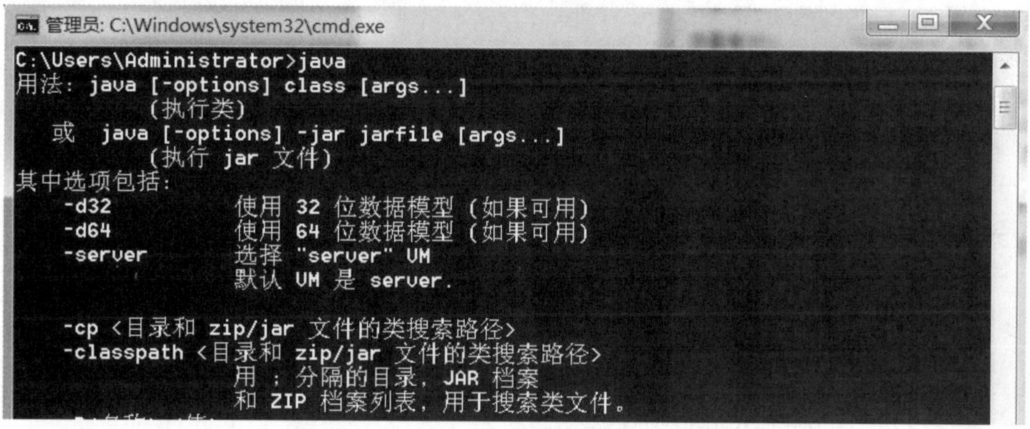

图 1-10　“java”命令界面

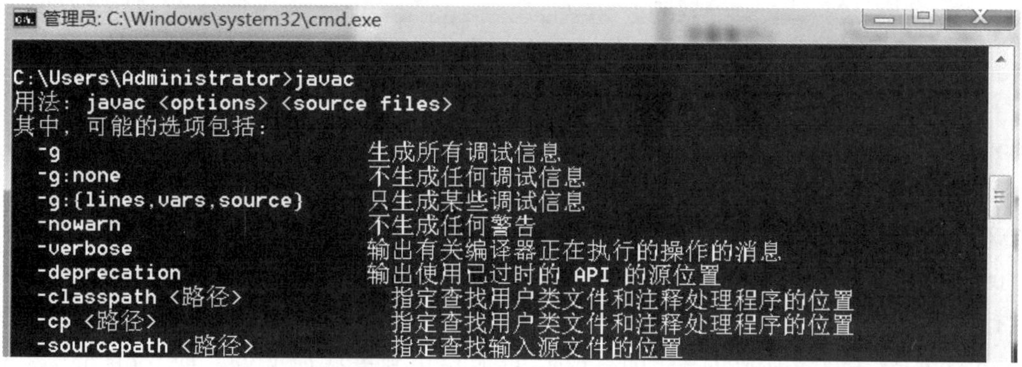

图 1-11　“javac”命令界面

1.3.3　JDK 目录介绍

JDK 安装完毕后，在硬盘上会生成一个目录，该目录被称为 JDK 安装目录，如图 1-12 所示。

bin 目录：这个目录包含各种 JDK 工具。在学习本书的过程中我们只使用了其中的一小部分工具，主要用到了 javac（实际是 javac. exe）和 java（实际是 java. exe，java 应用启动器）。除了上面两个工具可能会经常用到，也可能使用 jar（Java ARchive），其实就是我们平时说的 jar 包，一般 jar 包文件都是一些包含特殊功能的 zip 文件，与 src. zip 有点类似，其可以用来添加一些特殊功能，或者更新版本，抽取一部分功能等。

db 目录：db 目录是一个小型的数据库。从 JDK 6.0 开始，Java 中引入一个新的成员 JavaDB，这是一个纯 Java 实现、开源的数据库管理系统。这个数据库不仅很轻便，而且支持 JDBC 4.0 所有的规范。在学习 JDBC 时，不再需要额外安装一个数据库软件，选择直接使

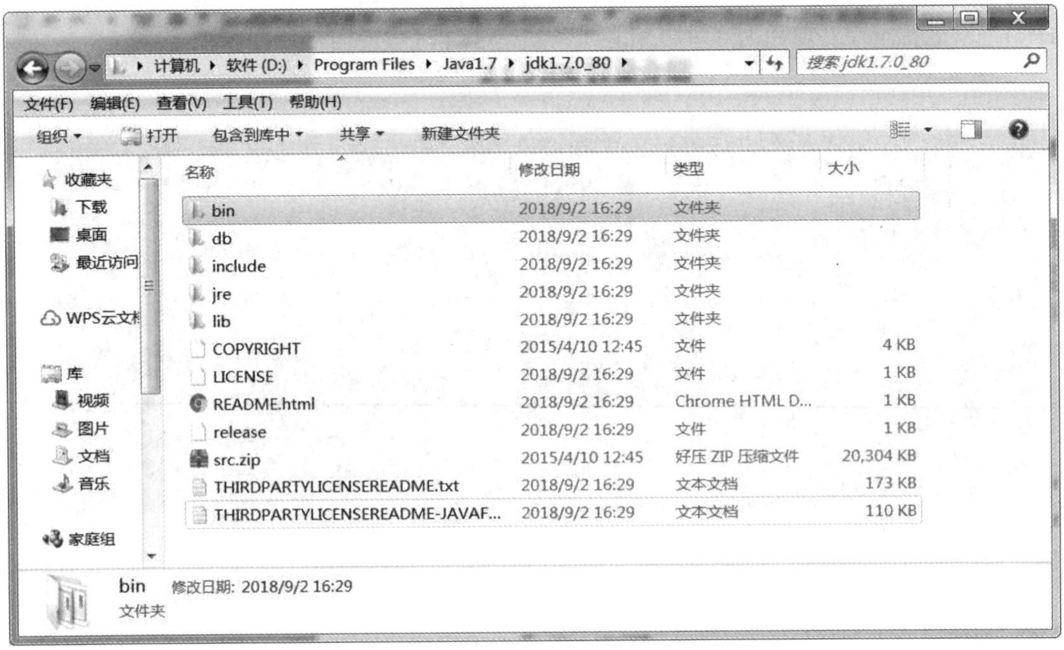

图 1-12 JDK 目录结构

用 JavaDB 即可。

include 目录：由于 JDK 是通过 C 和 C++实现的，因此在启动时需要引入一些 C 语言的头文件，该目录用于存放这些头文件。

jre 目录：这个目录存放的是 JDK 私有 JRE 的副本。这样即使不安装公开的 JRE，也可以运行程序。

lib 目录：这个目录存放的是 JDK 工具，可能会用到一些库文件。如 tools.jar 就包含 Java 编译器的类文件，Java 编译器是用 Java 写的。

1.3.4 第一个 Java 程序

通过前面的内容，我们已经学会了安装 JDK 并搭建好 Java 开发环境，下面就来编写第一个 Java 程序。为了让初学者加深对 Java 语言的理解，这里不使用集成开发工具来编写源代码。本例中使用的是纯文本编辑器——Windows 下的“记事本”，其他文本编辑器也可以。但类似于 Word 这样的文字处理软件不是纯文本编辑器，在编译过程中会自动添加很多不可见字符，所以不要使用类似 Word 的文字处理软件作为编写 Java 源代码的编辑器。在讲解开发工具之前，使用记事本运行 Java 程序的步骤如下：

1. 在任意位置(本程序放到 D 盘 testjava 目录)新建一个文本文档，并将文件名连同扩展名改为“Hello.java”。系统会提示“如果改变文件扩展名，可能会导致文件不可用，确实要更改吗?”，单击“是”，如图 1-13 所示。如果计算机上不能显示文件扩展名，请按以下步骤操作：双击“我的电脑”，单击左上角的“查看”选项，在“文件扩展名”前面的方框里打“√”。

图 1－13　修改文件名

2. 双击刚刚创建的“Hello Word. java”文件，输入以下代码并保存：

```
//下面的类实现了打印一条“Hello World!”语句。
public class HelloWorld{

        public static void main(String[] args){
            System. out. println(" Hello World! ");
        }


    }
```

初学者对上面代码段很陌生是很正常的，只要记住 class 后的名称一定要和文件名保持一致。上面的代码中，“System. out. println”方法不仅可以输出文本信息，也可以输出其他各类型的数据。

3. 编译运行代码。①在 cmd 下输入目录名称，本实例的文件是放在 D 盘中的，所以输入“D:”然后按下回车键。②输入“cd testjava”，回车，显示所有文件名。③输入“javac＋文件名 . java”，回车，以本实例为例，是输入 javac Hello. java。使用 javac 命令编译源文件。编译后的文件如图 1－14 左图所示。④输入“java＋文件名”，以本实例为例，输入 java Hello。运行结果如图 1－14 右图所示。

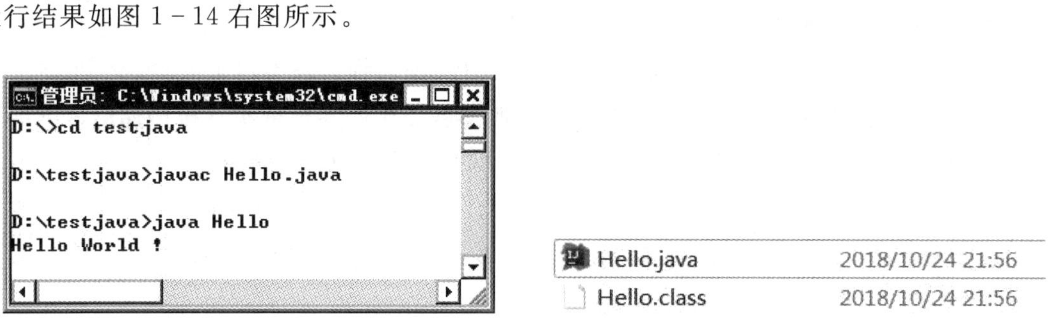

图 1－14　编译文件

4. 用记事本编写的是 java 的源代码文件，里面的代码就是我们平时学习的 java 代码。生成的文件后缀是 . java，. java 文件是不能直接执行的，需要通过后续的编译等处理才能变为可执行的程序。javac 是自带的编译器，它的作用是对源代码文件进行编译。编译通俗来讲就是把源代码文件解析成计算机能读懂的文件的过程(计算机无法直接读懂像 Java 之类的高级语言)。源文件被成功编译成字节码文件,它是以 .class 结尾的。字节码文件与操作系统无关,无论是在 Windows 下还是在 Linux 下编译出来的字节码文件都是一样的(注意:Java 的跨平台性能根本就是由于字节码文件的存在)。

1.3.5 命令行

在 Java 开发过程中最基本的方式就是使用命令行。命令行方式指的是在控制台中直接调用 JDK 提供的各种工具。这些工具有些是针对独立应用程序的,有些是针对 Applet 程序的,下面简单介绍其中常用的几个工具。

1. Java 编译器——javac

javac 的作用就是将源程序(.java 文件)编译成字节码(.class 文件)。Java 源程序的后缀名必须是 .java。javac 一次可以编译一个或多个源程序,对于源程序中定义的每个类,都会生成一个单独的类文件。因此,Java 源文件与生成的 .class 文件之间并不存在一一对应的关系。例如,在 test.java 文件中定义了 A、B、C 三个类,则经过 javac 编译会生成 A.class、B.class、C.class 三个类文件。javac 的调用格式如下:

```
javac[选项]源文件名表
```

其中,源文件表示多个带 .java 后缀的原文件名;选项参考 JDK 帮助中的 javac 选项。

2. Java 的语言解释器——java

java 命令用于解释执行 Java 字节码。其格式为:

```
java[选项]类名〈参数表〉
```

这里的类名代表由编译器生成的带 .class 后缀的类文件名,但在上述命令中不需要带后缀。这个类必须是一个独立程序(不能是 Applet),程序中必须带有一个按如下格式声明的 main 方法。

```
public static void main(String[ ]args){…}
```

包含 main 方法的类的类名必须与类文件名相同,即与现在命令行中的“类名”相同。

在执行 java 命令时,若类名后带有参数表,则参数表中的参数依次直接传递给该类中的 main 方法的 args 数组,这样在 main 方法中就可以使用这些数组元素。

3. 类文件反汇编译——javap

javap 用于反汇编一个文件,分解类的组成单元,包括方法、构造方法和变量等。鉴于 javap 的用途,它又称为类分解器。其格式如下:

```
javap[选项]类名
```

javap 的输出结果由选项决定,如果没有指定选项,则输出类的公共域和公共方法。

4. java 文档生成器——javadoc

javadoc 从 Java 源文件生成 HTML 格式的 API 文档,内容包括类和接口的描述、类的继承层次以及类中任何非私有域的索引和介绍。其格式如下所示：

```
javadoc[选项][包][文件名]
```

用户可以用包名或一系列 Java 源程序名作为参数。调用时，javadoc 可以自动对类、界面、方法和变量进行分析，然后为每个类生成一份 HTML 文档，并为类库中的类生成一份 HTML 索引。

1.3.6　MyEclipse 开发工具

1. MyEclipse 简介

MyEclipse 企业级工作平台（MyEclipse Enterprise Workbench，MyEclipse）是对 EclipseIDE 的扩展，利用它我们可以在数据库和 JavaEE 的开发、发布以及应用程序服务器的整合等方面极大地提高工作效率。它是功能丰富的 JavaEE 集成开发环境，包括完备的编码、调试、测试和发布功能，完整支持 HTML，Struts，JSP，CSS，JavaScript，Spring，SQL，Hibernate。

2. MyEclipse 的安装及配置

MyEclipse 的下载地址是 http://www.myeclipsecn.com/（或者搜索 MyEclipse 官网）。根据计算机操作系统进行下载，本实例使用的系统是 Windows，所以选择 Windows 在线版。下载好了之后打开文件，双击运行，开始安装。单击【Next】，如图 1－15 所示。

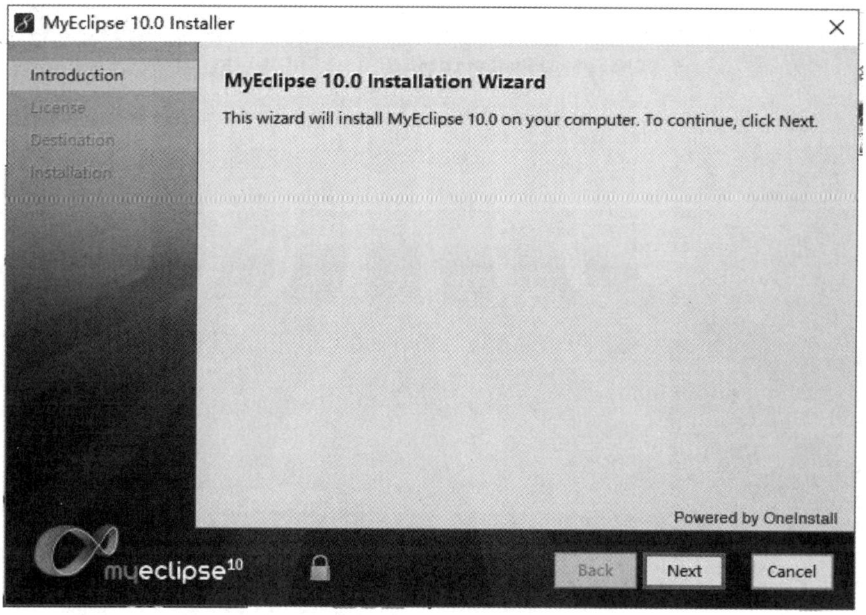

图 1－15　安装界面

勾选【I accept the terms of the license agreement】，再单击【Next】，如图 1－16 所示。

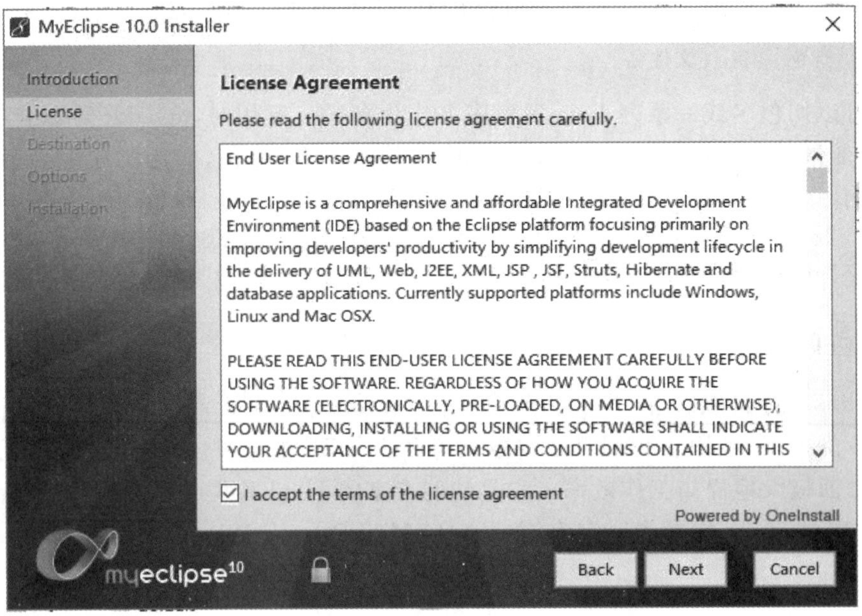

图 1-16 安装界面

单击【Change】，选择 MyEclipse 的安装路径，本实例将安装路径改为 E:\MyEclipse，接着单击【Next】，如图 1-17 所示。

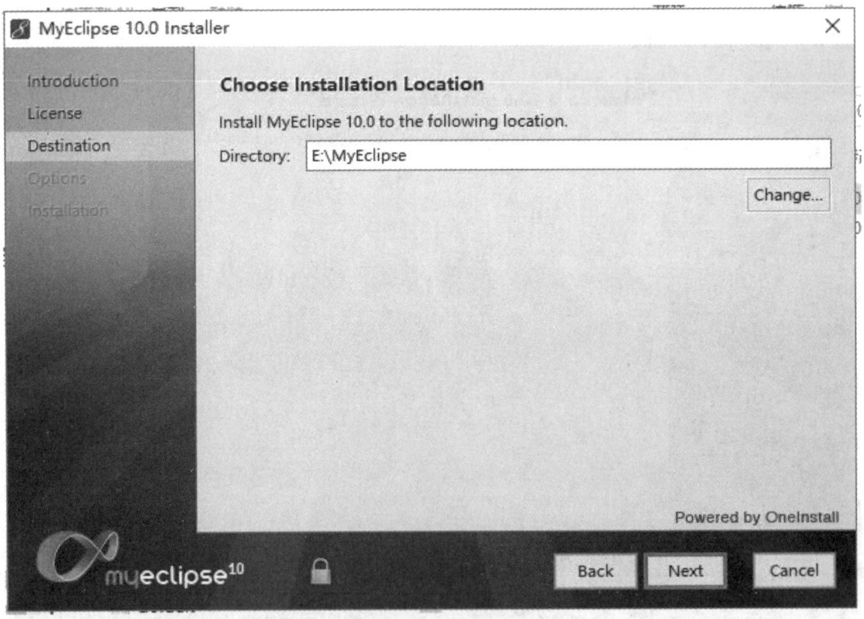

图 1-17 选择路径

选择与自己计算机系统类型相匹配的版本。本实例用的是 Windows 64 位操作系统。勾选之后单击【Next】，如图 1-18 所示。

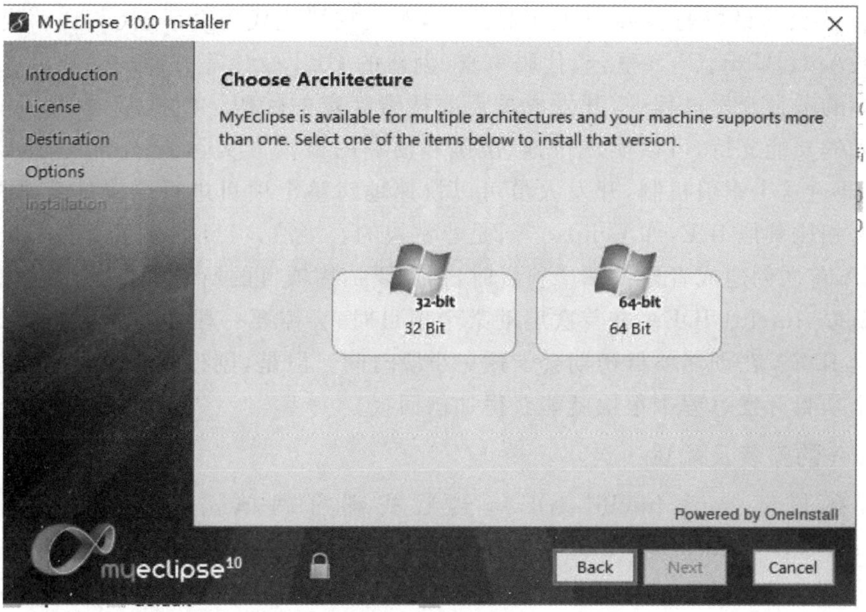

图 1-18　选择版本

等待 MyEclipse 安装，直到安装成功，如图 1-19 所示。

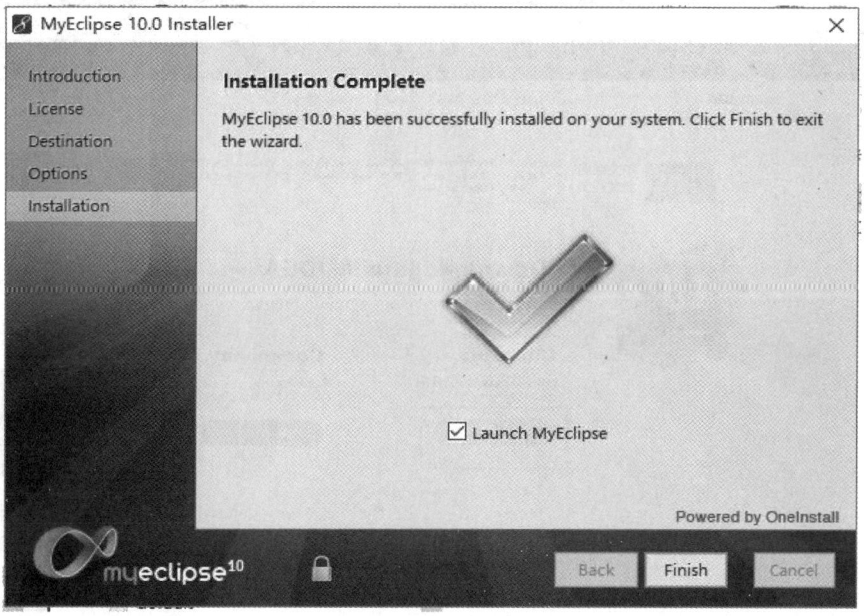

图 1-19　安装成功

1.3.7　IntelliJ IDEA 开发工具

1. IntelliJ IDEA 简介

IDEA 全称 IntelliJ IDEA，是用于 Java 语言开发的集成环境（也可用于其他语言），

IntelliJ 是业界公认最好的 Java 开发工具之一，尤其在智能代码助手、代码自动提示、重构、J2EE 支持、Ant、JUnit、CVS 整合、代码审查、创新的 GUI 设计等方面的功能可以说是超常的。在实际的项目开发过程中，开发成员需要搜索特定的代码、文件、资源等。为此，IDEA 提供了强大的功能支持，可以实现快速、准确和便利的检索。实际上，IntelliJ IDEA 引入索引的概念，通过这个索引机制，开发人员可以快速地对整个项目进行准确的全文检索，这种检索的速度相比其他 IDE，如 Eclipse 等，是非常快的。当然，项目的索引需要一个建立的过程，在 IDEA 首次创建或者导入一个项目时，都需要扫描项目的所有文件并建立该项目的索引结构。所以，IntelliJ IDEA 在首次启动某个项目时，会需要一段比较长的初始化时间，具体表现就是 IDEA 在创建项目初期会卡住一小段时间。但是，创建索引的过程是值得的，在后期的整个项目开发过程中很快就能获得加倍回报。

2. IDEA 的安装及配置

首先，在百度搜索 IntelliJ IDEA，然后找到官网单击进入，网址为 https://www.jetbrains.com/idea/download/#section=windows。进入官网，选择操作系统，这里使用的是 Windows10 64 位系统，选择好操作系统，然后选择要下载的 IDEA 版本，有企业版和开源版两种，根据自己的需求下载相应的版本，单击“Download”下载，如图 1-20 所示。

图 1-20 IDEA 下载

Windows 版本安装比较简单，找到下载好的 exe 文件，双击打开，可以看到如图 1-21 所示的界面。

单击【Next】，进入安装目录，选择要安装的位置。可以根据自己的实际情况，选择安装位置，这里使用默认地址，如图 1-22 所示。

新版的 IDEA 提供了操作系统位数选择功能，用户可根据自己操作系统的位数进行选

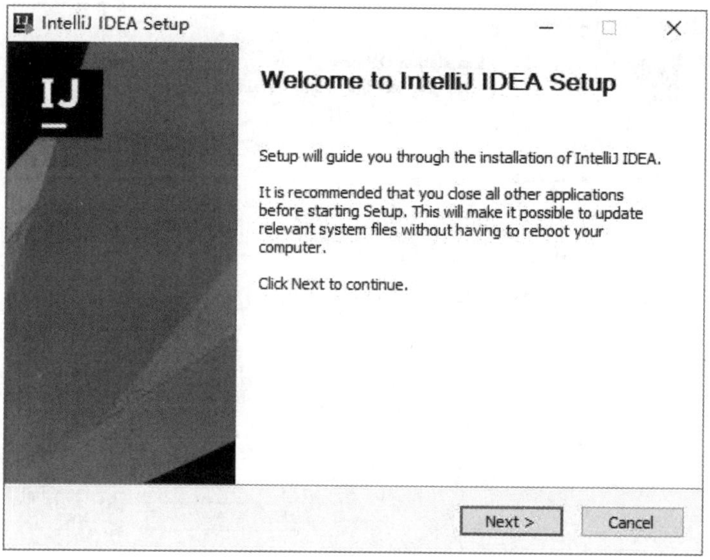

图 1-21　IDEA 安装

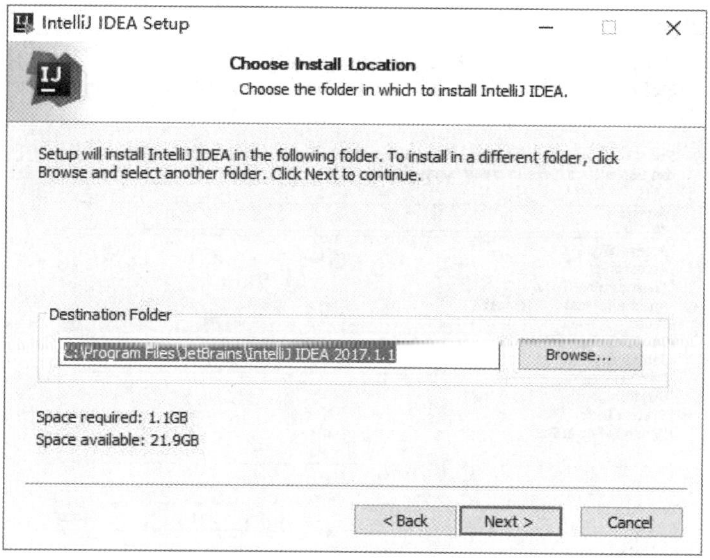

图 1-22　安装路径

择，如图 1-23 所示。同时它还预装了一些常用插件，其他插件可以通过 IDEA 的插件方式进行安装，.kt 是 Kotlin 文件的后缀名，Kotlin 是一种适用于 JVM 和 Android 的实用编程语言，它结合了面向对象和函数式编程特性，专注于互操作性、安全性、清晰度和工具支持。

接下来就是选择菜单，然后单击【Install】安装，就会进入安装过程，如图 1-24 所示。

安装结束后，会出现如图 1-25 所示的安装完成界面，询问是否现在打开 IDEA，勾选【Run Intellij IDEA】，单击【Finish】按钮。到这里就完成了 IDEA 的安装。

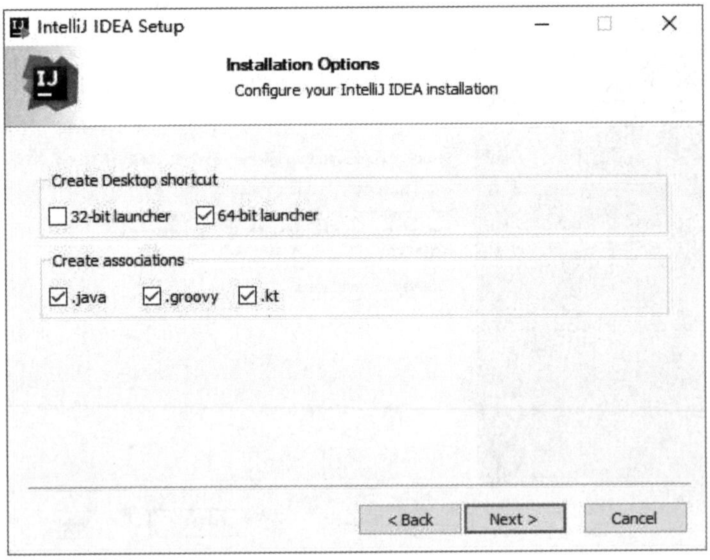

图 1－23　选择操作系统

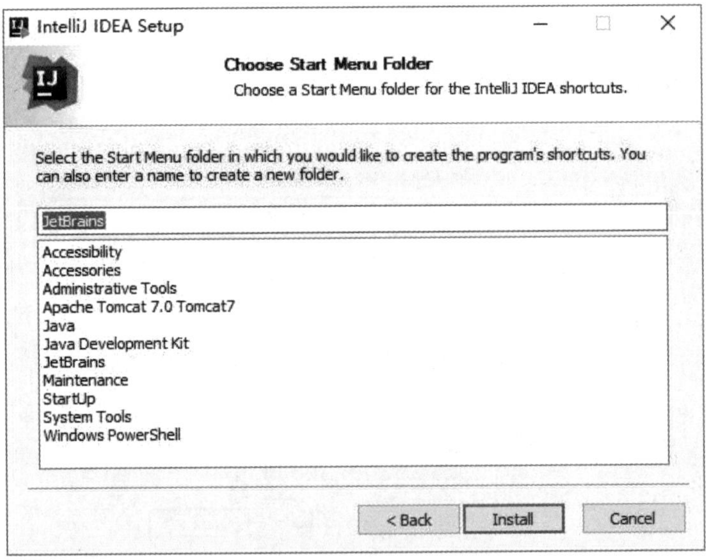

图 1－24　选择菜单

下面对 IDEA 进行配置，如图 1－26 所示。因为是第一次安装，所以选择下面的【Do not import settings】，如果之前安装过 IDEA，则选择上面的选项。单击【OK】按钮。

在激活界面单击【Accept】按钮，如图 1－27 所示，接着选择【License server】，输入激活的网址 http://idea.iteblog.com/key.php，如果已经购买过软件，则选择第一个选项【JetBrains Account】，单击【Activate】激活，如图 1－28 所示。

注册完成后进入下一个界面，选择编程主题，单击【Next】，如图 1－29 所示。

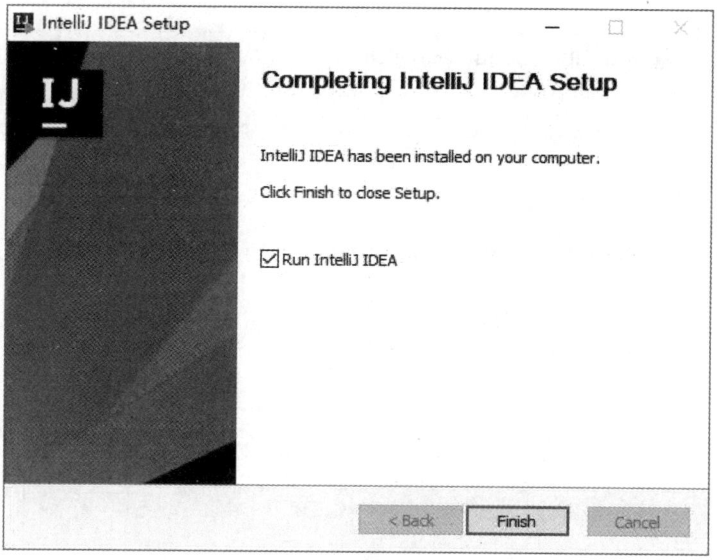

图 1－25　安装完成

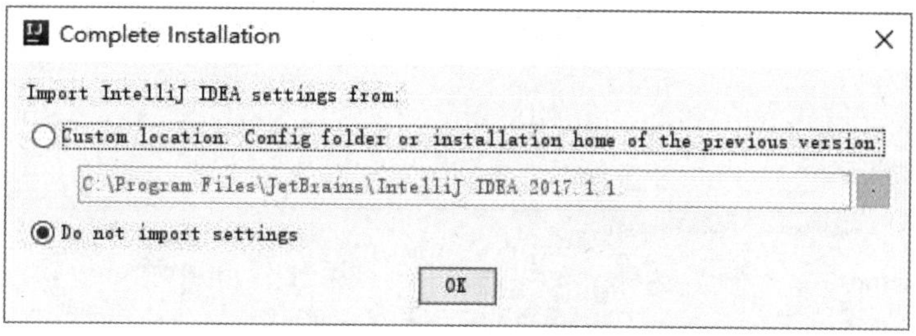

图 1－26　进行配置

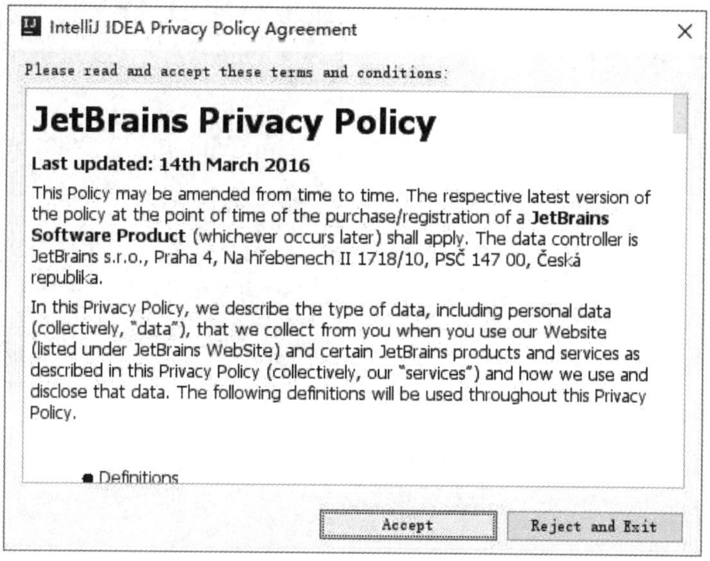

图 1－27　激活界面

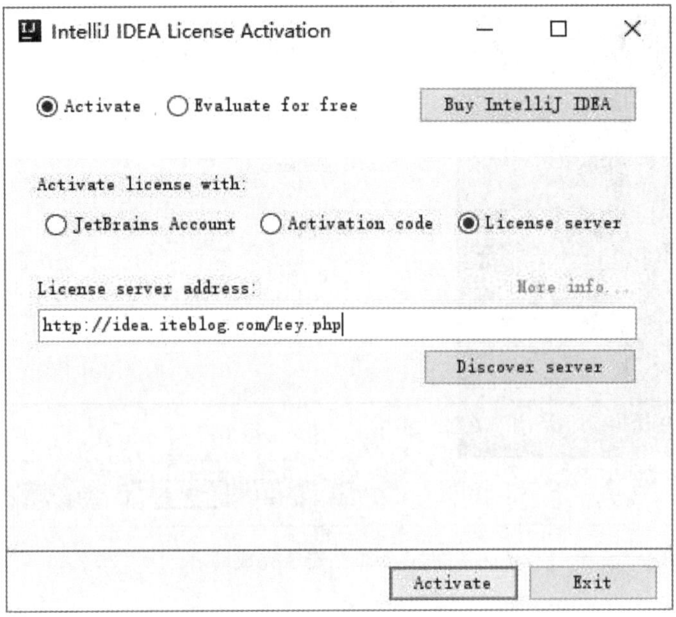

图 1-28　激活 IDEA

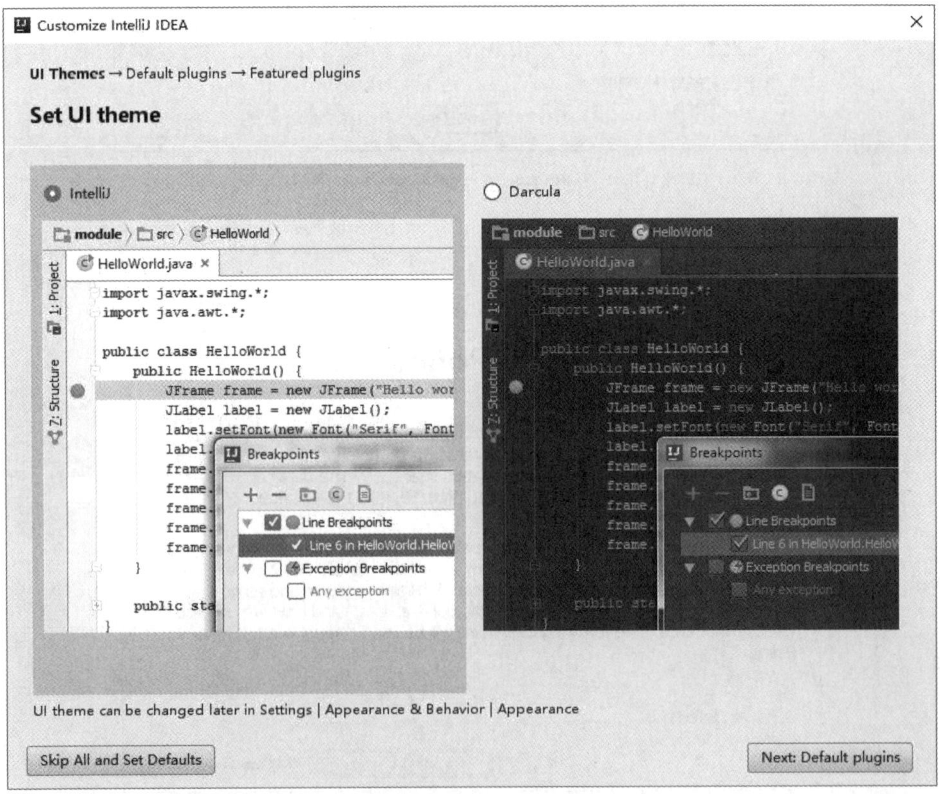

图 1-29　编程界面

这个界面用于配置 IDEA 支持的功能，默认包含很多插件，可以自行选择，这里直接单【Next】。值得一提的是，这些配置以后还可以修改，所以不必担心，如图 1 - 30 所示。

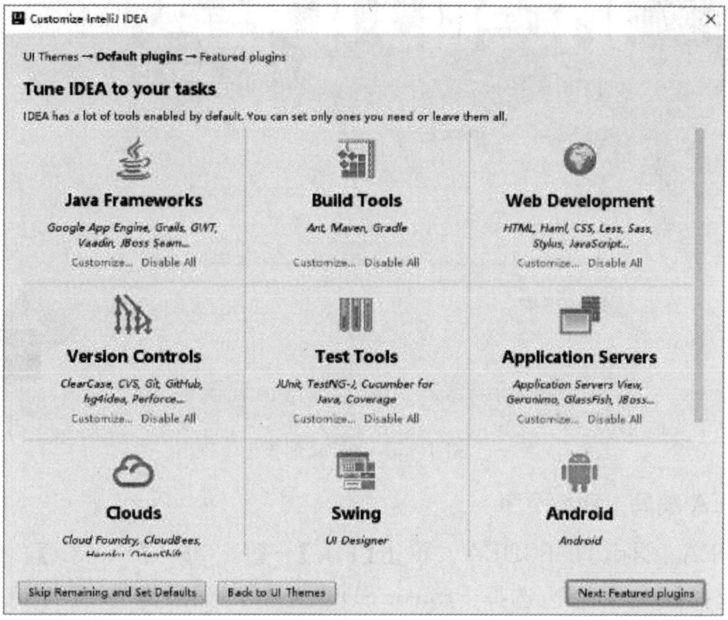

图 1 - 30　选择插件

接下来是安装插件，直接单击【Start】，如图 1 - 31 所示。安装完成后就可以使用 IDEA 软件。开启的界面如图 1 - 32 所示。

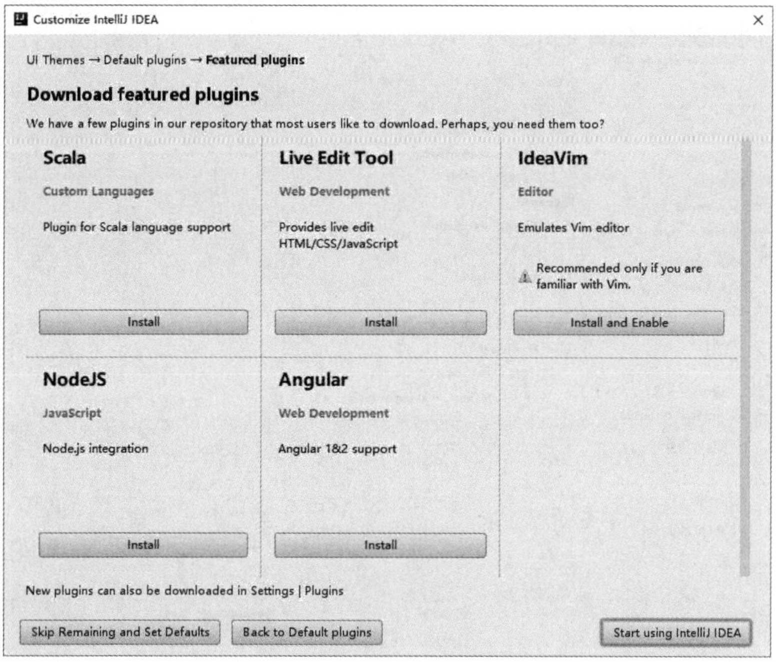

图 1 - 31　安装插件

图 1 - 32　完成配置

3. 使用 IDEA 编写 Java 程序

(1)双击 IDEA 图标,打开 IDEA。单击【File】→【New】→【Project】。创建一个【New Project】,左边选择【Java】,右边选择 Project SDK 为 1.8(如果没有 SDK 请先配置)。需要说明的是,这里的 JDK 只需配置一次,之后创建项目时,IDEA 会自动查找 JDK,但是如果计算机里装了多个 JDK,可以根据实际需要进行更改,如图 1 - 33 所示,单击【Next】后如图 1 - 34 所示,不要选择任何选项,直接单击【Next】。

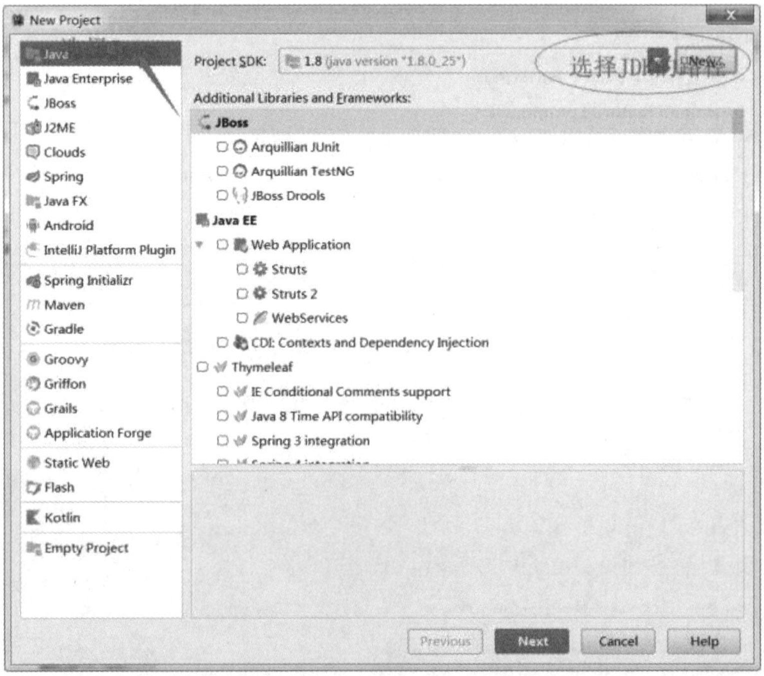

图 1 - 33　新建 Java 项目

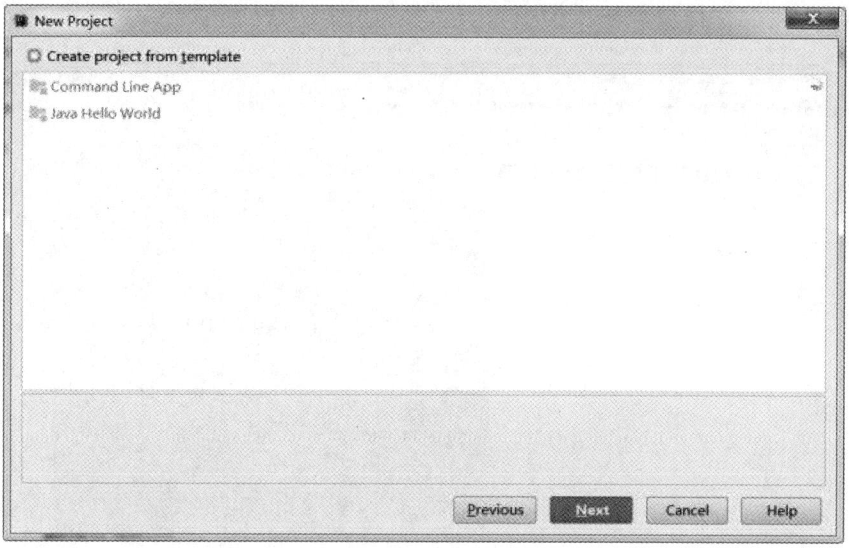

图 1-34　新建 Java 项目

(2)出现如图 1-35 所示的界面,填写项目名称,选择项目路径。这里需要注意的是,路径最后的文件名称必须和项目名称保持一致。然后选择窗口,如图 1-36 所示。

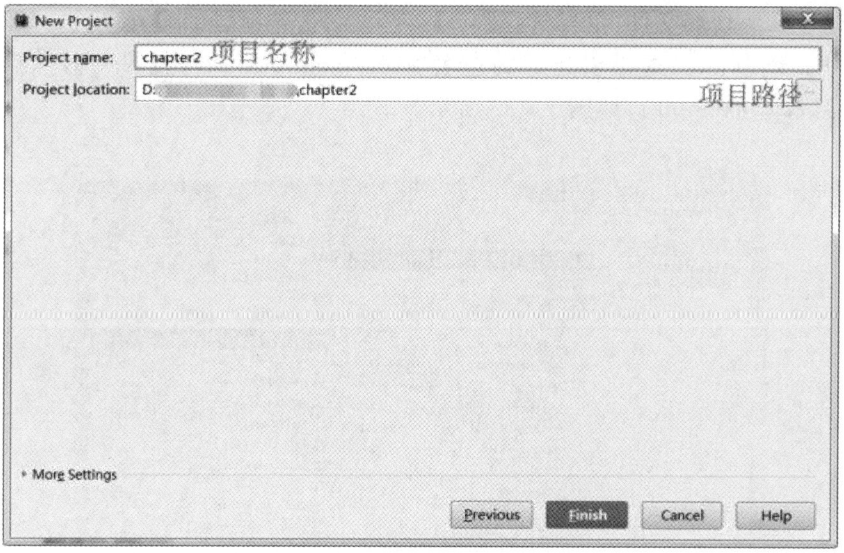

图 1-35　命名项目名称

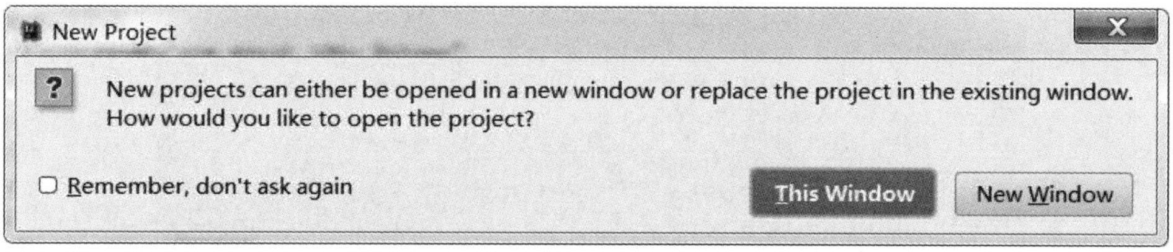

图 1-36　选择窗口

(3)Java 项目的文件层次依次为项目、包、类,如图 1-37 所示。

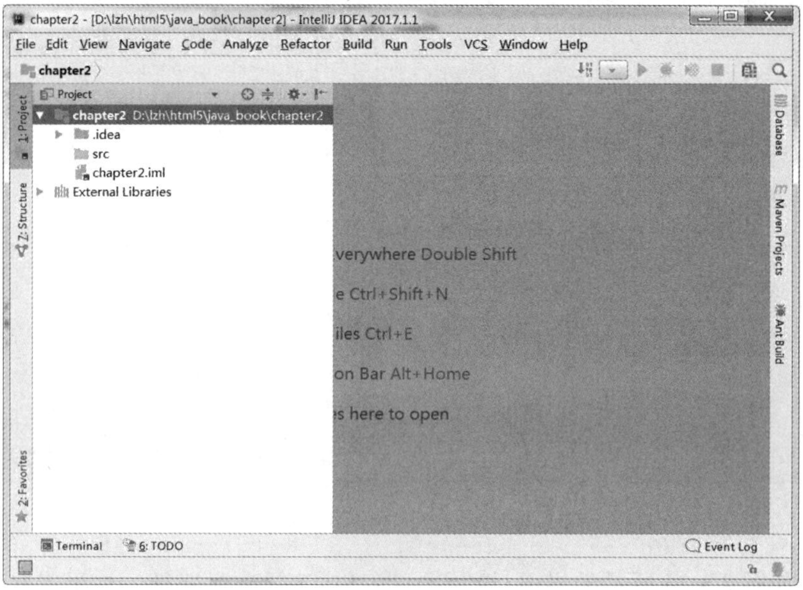

图 1-37　项目结构

(4)创建包和源代码文件,鼠标选择【src】文件夹右击选择【New】,然后选择【Package】创建包,如图 1-38 所示。选择创建好的包名“com. example”,右击【New】,然后选择【Java Class】创建类名为 example1,如图 1-39 所示。

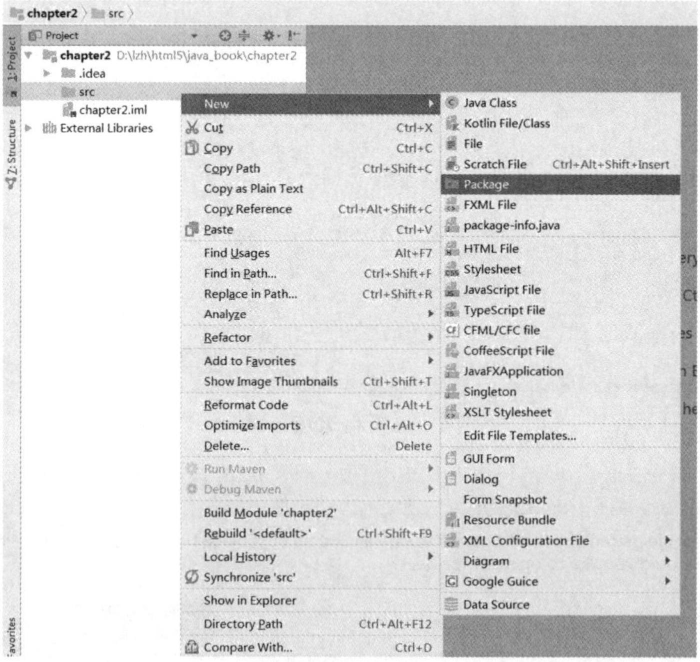

图 1-38　创建包

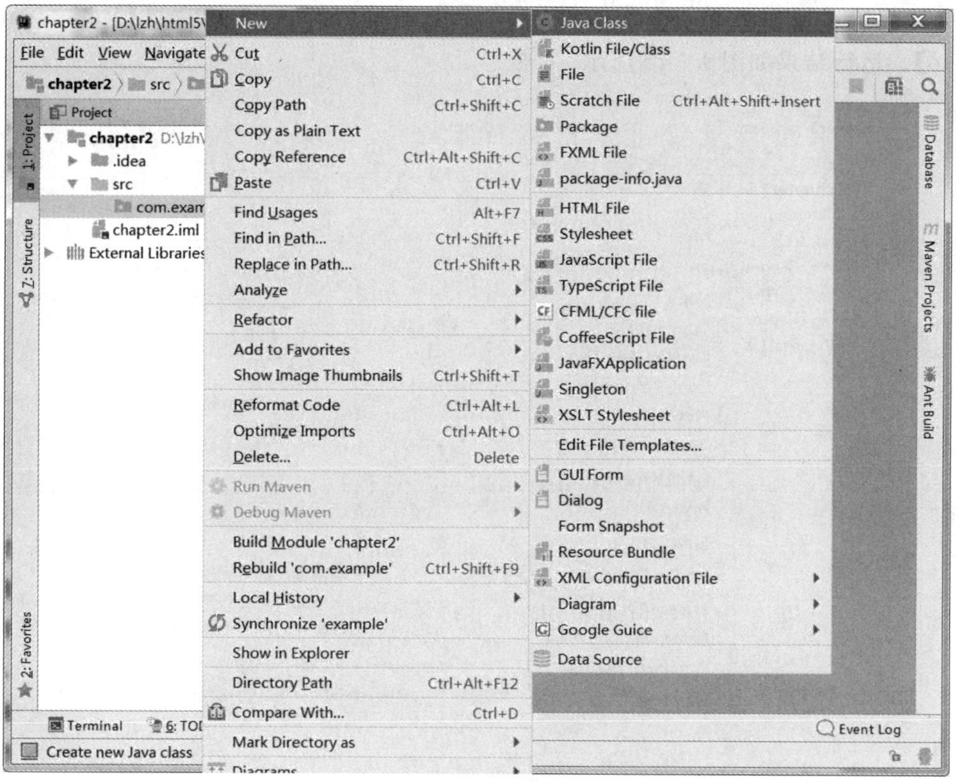

图 1 - 39 创建类

(5)编写源代码如图 1 - 40 所示。

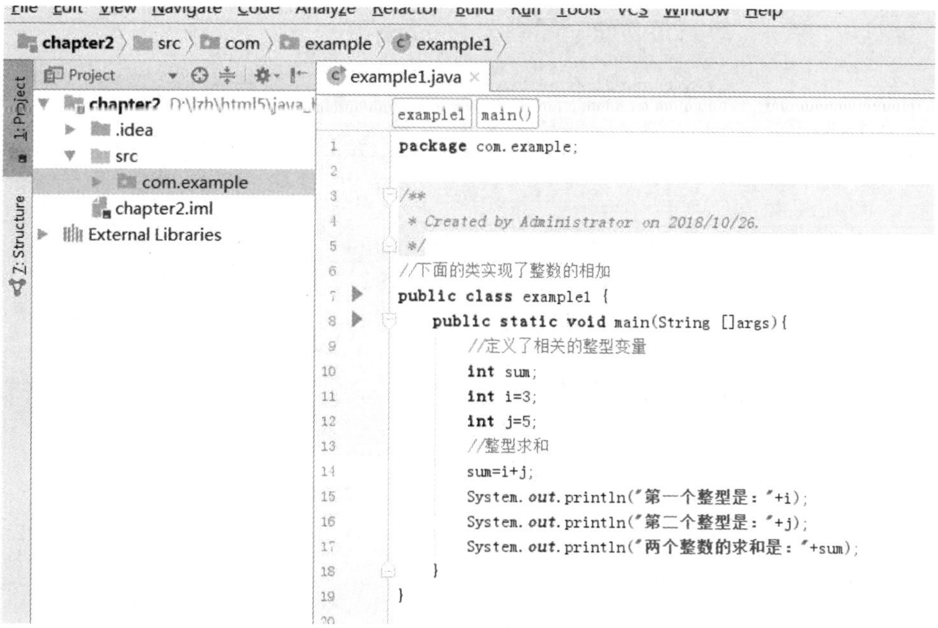

图 1 - 40 编写源代码

(6)源代码运行如图 1－41 所示，鼠标选择要运行的类名，右键选择【Run ‘example1 main()’】。运行结果如图 1－42 所示。

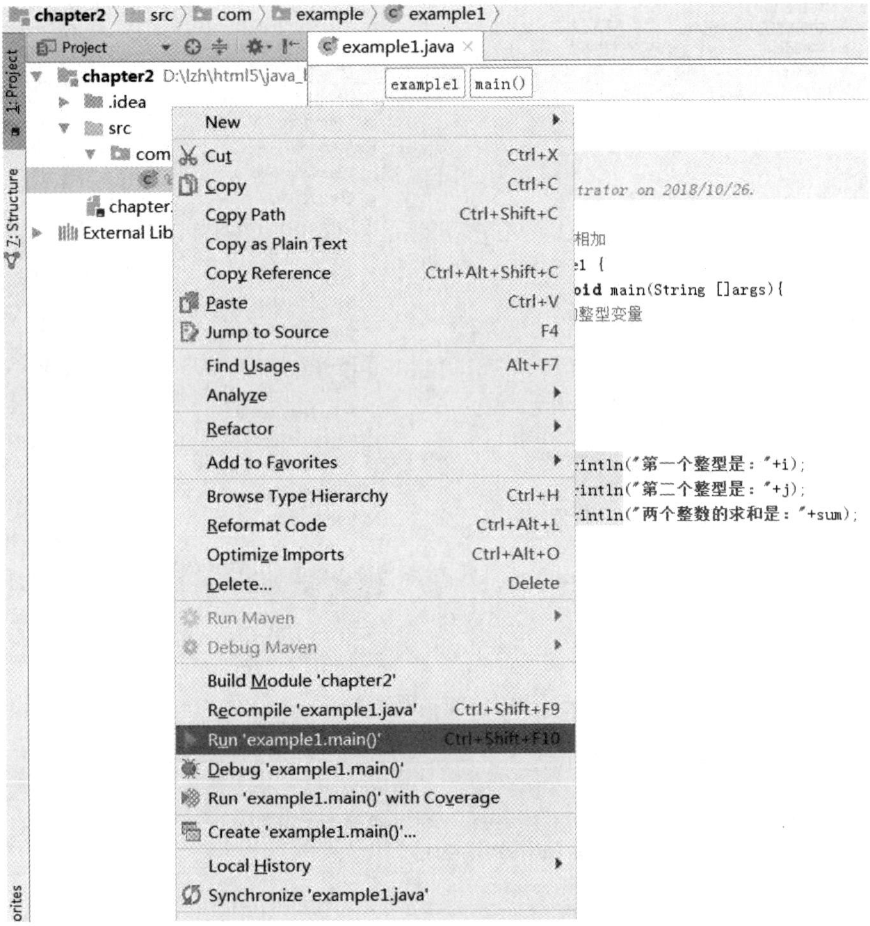

图 1－41　源代码运行

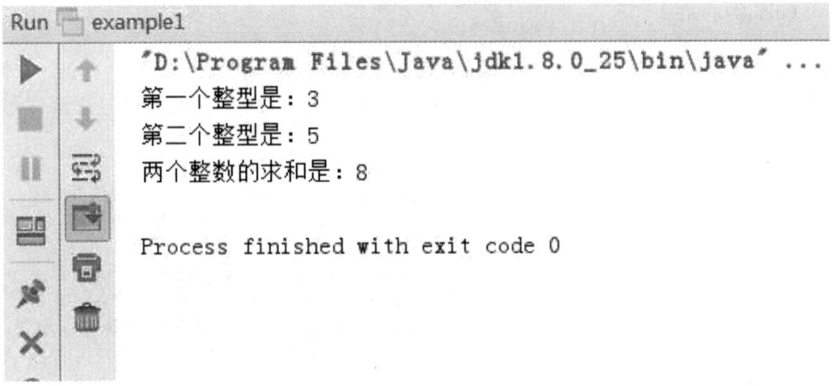

图 1－42　运行结果

在使用 IntelliJ IDEA 的时候，使用快捷键是必不可少的。掌握一些常用的快捷键能大大提高我们的开发效率。有些快捷键可以熟练地使用，另一些快捷键虽然很好用，但是由于没有形成使用习惯或者没有理解快捷键的用法，甚至之前对一些快捷键根本没有概念，因此使用较少。对于这些快捷键，如果能够用好，编辑代码的效率必能提高一个水平。所以在此梳理出来，加强使用，形成习惯。快捷键见表 1-1。

表 1-1 快捷键

快捷键	快捷键说明
Ctrl+G	跳转到指定行
Ctrl+F4	关闭当前编辑页面
Ctrl+F	搜索
Alt+回车	导入包，自动修正
Ctrl+N	查找类
Ctrl+Shift+N	查找文件
Ctrl+Alt+L	格式化代码
Ctrl+Alt+O	优化导入的类和包
Alt+Insert	生成代码(如 get，set 方法，构造函数等)
Ctrl+E 或者 Alt+Shift+C	最近更改的代码
Ctrl+R	替换文本
Ctrl+F	查找文本
Ctrl+Shift+Space	自动补全代码
Ctrl+空格	代码提示
Ctrl+Alt+Space	类名或接口名提示
Ctrl+P	方法参数提示
Ctrl+Shift+Alt+N	查找类中的方法或变量
Alt+Shift+C	对比最近修改的代码
Shift+F6	重构一重命名
Ctrl+X	删除行
Ctrl+D	复制行
Ctrl+/或 Ctrl+Shift+/	注释(//或者/…/)
Ctrl+J	自动代码
Ctrl+E	最近打开的文件
Ctrl+H	显示类结构图
Ctrl+Q	显示注释文档

（续表）

快捷键	快捷键说明
Alt+F1	查找代码所在位置
Alt+1	快速打开或隐藏工程面板
Ctrl+Alt+left/right	返回至上次浏览的位置
Alt+left/right	切换代码视图
Alt+Up/Down	在方法间快速移动定位
Ctrl+Shift+Up/Down	代码向上/下移动
F2 或 Shift+F2	高亮错误或警告快速定位
代码标签输入完成后，按 Tab	生成代码
选中文本，按 Ctrl+Shift+F7，按 Esc	高亮显示所有该文本，高亮消失
Ctrl+W 选中代码	连续按会有其他效果
选中文本，按 Alt+F3	逐个往下查找相同文本，并高亮显示
Ctrl+Up/Down	光标跳转到第一行或最后一行下
Ctrl+B	快速打开光标处的类或方法

1.4 小　结

本章作为 Java 编程语言的入门篇章，全面而系统地介绍了 Java 语言的基础知识，为学习者后续深入学习 Java 编程奠定了坚实的基础。主要内容可以概括为以下几个方面：Java 语言的历史与发展、Java 语言的特点、JDK 开发工具。

通过本章全面而系统的介绍，学习者对 Java 语言有了初步的认识和了解，为后续深入学习 Java 编程打下了坚实的基础。

习　题

一、填空题

1. Java 语言的主要贡献者是________。
2. Java 的 3 个分支是：________、________和 J2ME。
3. JDK 的全称是________。
4. Java 本身有个________，能够大大简化程序设计者内存管理工作。
5. Java 语言的最大优势是________。

二、选择题

1. 下面关于Java语言特点的描述中，错误的是(　　)。

A. Java 是纯面向对象编程语言，支持单继承和多继承。

B. Java 支持多线程编程

C. Java 程序与平台无关，可移植性好

D. Java 类是在运行时动态装载的

2. Java 虚拟机是(　　)。

A. JDK　　B. JRE　　C. JVM　　D. JavaSE

3. 下面说法错误的是(　　)。

A. Java 不支持指针，因此可靠性更高

B. Java 对环境的要求很低

C. Java 支持内置的多线程

D. Java 在编译时即将函数库或类库中要用到的函数和类同时生成机器码

4. 以下不是构成Java运行环境的是(　　)。

A. 类库　　B. 一些核心文件　　C. JRE　　D. JVM

5. Java 能有效地避免因程序编写错误而导致死机是由于其具有(　　)功能。

A. 继承　　B. 异常处理　　C. 指针　　D. 动态装载

扫二维码查看习题答案

第2章

Java基本语法

学做任何事情，都要先打好基础。若想熟练地使用Java语言，必须先充分了解并掌握Java程序设计的基础知识。本章主要介绍Java语言的基本语法、常量与变量、数据类型、运算符、表达式与语句，以及程序的编码规范。学完本章后，读者就能根据情况选择合适的数据类型来定义变量，存储数据。

学习目标

- Java中的标识符和关键字。
- 常量与变量。
- 数据类型。
- 运算符。

思政目标

• 讲解数据类型和内存管理，引入绿色编程的概念，即编写高效、节能、环保的代码。作为未来的IT从业者应具备可持续发展的编程思维，为构建绿色数字世界贡献力量。

• 在Java编程中，选择合适的数据类型能够更有效地管理和处理数据。这反映了在生活中选择合适的方法和态度的重要性。例如，对于不同的任务和挑战，我们需要采取不同的方法和策略，以达到最佳的效果和效率。

2.1　标识符和关键字

2.1.1　标识符

标识符指用于给变量、常量、类名、属性名、方法名、参数名、包名等元素命名的符号。

```
package com.task2_1;
/**
 *标识符举例.
 */
public class Demo2_1_1 {
    public static void main(String[] args){
        boolean flag = true;
        int sum = 0;
        System.out.println("flag:" + flag + ",sum:" + sum);
    }
}
```

如上述代码中，标识符有 com、task2_1、Demo2_1_1、flag、sum、args，共 6 个。

Java 语言中的标识符可由任意顺序的大小写字母、数字、下划线(_)和美元符号($)组成，并且必须遵守如下命名规则：

1. 不能以数字开头，应以字母、下划线、美元符号开头。
2. Java 标识符区分大小写。
3. 长度没有限制，最多可以标识 65535 个字符。
4. 不能是 Java 中的关键字。

为了增强代码的可读性，建议在定义标识符时遵守以下规则：

1. 标识符注意“见名知义”，使程序便于阅读。如用 password 表示密码，name 表示用户名。
2. 变量名一般以小写字母开头，由多个单词组成时，从第二个单词开始每个单词的首字母大写，如 finalValue、currentName。
3. 类名和接口名一般首字母大写，由多个单词组成时，每个单词的首字母大写，如 CustomerManager、String、Date。
4. 常量名所有字母都大写，单词之间用下划线连接。如 PI、DAY_OF_MONTH。

【例 2-1】 下列哪些标识符是合法的？哪些是不合法的？为什么？

2ThankYou_First-Month　　$data　　showArea　　年龄　　if

解析:合法标识符为:_First　　$ data　　showArea　　年龄

不合法标识符为:2ThankYou　　-Month　　if

说明:Java 支持中文标识符,因为中文一般采用字符编码,而 Java 支持中文编码(如 UTF-8 编码),所以支持中文标识符。但不建议用中文进行命名,字符编码不对时会出现中文乱码。

2.1.2　关键字

关键字(key word)是 Java 语言中被赋予特定意义的字符串,有特殊的作用,一般用来表示数据类型、程序流程结构等。

保留字(reserved word)是 Java 预留的关键字,现在没有作为关键字,但以后有可能成为关键字。

所有 Java 关键字都用小写英文字母表示。

Java 中的保留字有 goto 和 const。

除去保留字,Java 中的关键字共 48 个,按字母顺序排列见表 2-1。

表 2-1　关键字

abstract	assert	break	boolean	byte
case	catch	char	class	continue
default	do	double	else	enum
extends	finally	final	float	for
if	implements	import	instanceof	int
interface	long	native	new	package
private	protected	public	return	short
static	strictfp	super	switch	synchronized
this	throw	throws	transient	try
void	volatile	while		

表 2-1 列举的关键字中,每个关键字都有特殊的作用,例如 package 关键字用于包的声明,class 关键字用于类的声明。本书后面的章节将逐步对表中的关键字进行讲解,在此不必对所有关键字进行记忆,只需了解即可。

Java 中的关键字按作用分类见表 2-2。

表 2-2 关键字分类

访问控制修饰符	类相关关键字	变量、方法修饰符	程序控制关键字	异常处理关键字	包相关关键字	数据类型相关关键字	其他关键字
private protected public	abstract class extends implements interface new	final native static strictfp super synchronized this transient volatile void	break case continue default do else for if instanceof return switch while	catch finally throw throws try	import package	boolean byte char double enum float int long short	assert

使用 Java 关键字时，有两点需要注意：

(1)const 和 goto 是保留关键字，在程序中不能用来定义标识符。

(2)true、false 和 null 不属于关键字，但它们是直接量或字面量，也不能用来定义标识符。

【例 2-2】 请找出下面这段代码中的关键字。

```
package com.task2_1;
/**
 *关键字举例
 */
public class Demo2_1_2{
    private int age;
    private String name;
    private float score;

    public static void main(String[] args){
        System.out.println("test");
    }
}
```

解析：关键字有 package、public、class、private、int、float、static、void，共 8 个。

2.1.3 分隔符

在 Java 语言中，有一类特殊的符号，称为分隔符。分隔符主要包括空白分隔符和普通分隔符两种。不同的分隔符在 Java 语言中有不同的功能和作用，具体如下。

1. 空白分隔符

空白分隔符的主要作用是分隔标识符，帮助 Java 编译器理解源程序。其包括空格、制表符（Tab）、回车符（\n）、换行符（\r）。

2. 普通分隔符

普通分隔符具有特定的语法含义，总共有 7 种，详见表 2-3。

表 2-3　普通分隔符

分隔符	名称	作用
{}	花括号	用来定义语句块、类、方法及局部范围；包括静态初始化数组时，也用来赋给数组的值。必须成对出现
[]	方括号	用来进行数组的声明，也用来表示对数组的引用
()	圆括号	在定义和调用方法时使用，用来容纳参数；在控制语句或强制类型转换时表示执行或计算的优先级
:	冒号	条件运算符中的组成部分；for 语句中的遍历；switch 语句中的分支；也用来表示跳转标记
;	分号	用来表示一条语句的结束。语句必须以分号结束，否则即使一条语句跨多行也仍未结束
,	逗号	for 语句中用来将多个表达式连接起来；变量声明时，用来分隔多个变量；在定义和调用方法时使用，用来分隔多个参数
.	句号	用来将软件包中的名字与其子包或类分隔；也用来将类/对象和它的属性或者方法分隔

【例 2-3】 请找出如下代码中的分隔符，并说明它的作用。

```
package com.task2_1;
/**
 *分隔符举例
 */
public class Demo2_1_3{
    int a,b;
    double salary = 1000,tax = 0.01;
    public void func(int x,int y){
        double result;
        result = salary * tax;
        System.out.println(result);
        this.a = x;
        b = y;
```

```
        System.out.println(a + "," + b);
    }
    public static void main(String[] args){
        Demo2_1_3 obj = new Demo2_1_3();
        obj.func(10,20);
    }
}
```

解析:参考表 2-3。

2.2　常量、变量和数据类型

2.2.1　常量的概念

在程序中以数据值本身字面意义出现的数据称为直接量或常量,常量在程序中是不能改变的数据。在 Java 中,常量包括整型常量、浮点型常量、布尔常量、字符常量等。

2.2.2　变量的概念

变量是在程序运行期间可以根据需要随时改变值的数据。它是 Java 程序的一个基本存储单元,用于描述数据。存储单元中存储的数据就是变量的值。

为了方便引用变量的值,在程序中需要为变量定义一个名称,这就是变量名。在 Java 中,所有的变量必须先声明后使用。变量定义的一般语法格式为:

```
数据类型　变量名[ = 变量初值];
```

"数据类型"指的是变量的值所属的类型,如整型、浮点型等,2.2.3 小节将会详细介绍。"变量名"是指用标识符来表示的变量的名称,需要符合标识符的命名规则。在实际使用中,变量名一般和变量的用途对应,以便于程序的阅读。

变量定义作为一条独立的语句出现,结尾应以分号结束。多个相同类型的变量可以一起定义,中间用逗号隔开。

2.2.3　数据类型

Java 是一种强类型的编程语言,对数据类型有严格的限定,在定义变量时必须声明变量的类型。

在 Java 中,数据类型分为两种,即基本数据类型和引用数据类型。基本数据类型共有 8 种,包括 4 种整型——byte、short、int、long,2 种浮点型——float 和 double,字符型(char)和布尔型(boolean)。引用数据类型包括字符串、数组、类、接口等。Java 中所有的数据类型如图 2-1 所示。

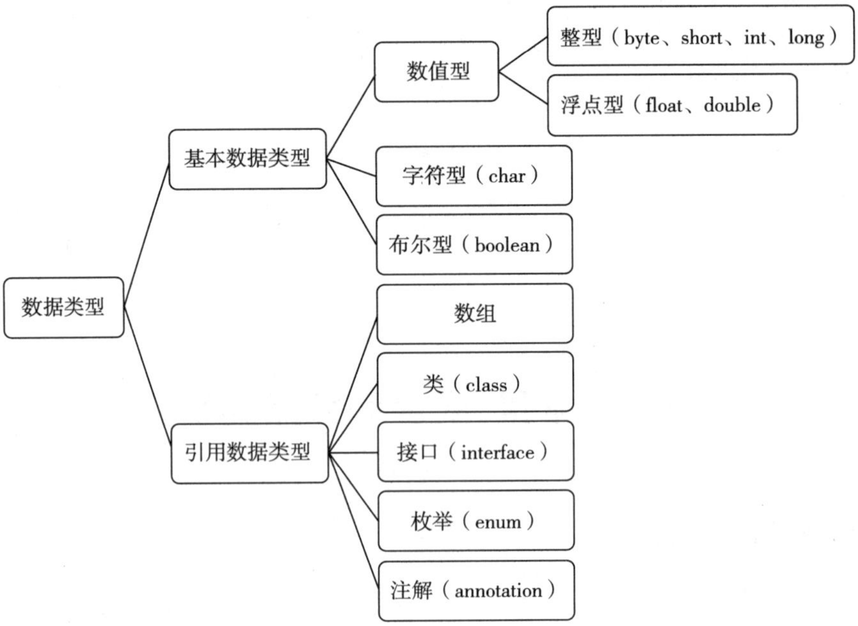

图 2－1　Java 中所有的数据类型

其中，8 种基本数据类型是 Java 语言内嵌的，在任何操作系统中都具有相同大小和属性，而引用数据类型是在 Java 程序中由编程人员自己定义的变量类型。此处重点介绍的是 Java 中的基本数据类型，引用数据类型会在以后的章节中详细讲解。

1. 整型

整型是不含有小数的整数类型的数据。在 Java 中，为了给不同大小范围内的整数合理地分配存储空间，将整型分为 4 种不同的类型：字节型(byte)、短整型(short)、整型(int)和长整型(long)。

4 种整型类型所占存储空间的大小及取值范围见表 2－4。

表 2－4　4 种整型类型所占存储空间的大小及取值范围

类型名	占用位数	取值范围
byte	8 位(1 个字节)	$-128(-2^{7})\sim127(2^{7}-1)$
short	16 位(2 个字节)	$-32768(-2^{15})\sim32767(2^{15}-1)$
int	32 位(4 个字节)	$-2147483648(-2^{31})\sim2147483647(2^{31}-1)$
long	64 位(8 个字节)	$-9223372036854775808(-2^{63})\sim9223372036854775807(2^{62}-1)$

Java 中所有的整型都有正负数之分，Java 不支持无符号整数。在 Java 中，整型数据占用的内存大小与平台无关，是固定的，不会随着机器硬件环境或操作系统的改变而改变。

- 整型常量

整型常量可以用来为整型变量赋值，有二进制、八进制、十进制和十六进制四种表示形式，具体如下。

① 二进制：由数字 0 和 1 组成的数字序列。

② 八进制：以数字 0 开头，其后由 0、1、2、3、4、5、6、7 共 8 个数字中的任意数字组成的数字序列，例如 012。

③ 十进制：由数字 0、1、2、3、4、5、6、7、8、9 共 10 个数字中的任意数字组成的数字序列，例如 98。

④ 十六进制：以 0x 或 0X 开头（注意：0x 中的 0 是数字 0，而不是字母 O），其后由数字 0、1、2、3、4、5、6、7、8、9、A、B、C、D、E、F 共 16 个字符组成的数字序列，例如 0xA4。

对于整型数据，大多数情况下使用 int 类型就足够了。默认情况下，未声明数据类型的数值表示 int 类型常量，如 100、5、589。

当整数范围超过 int 时，就要使用 long。若要表示 long 类型的整数值，则需在数值的后面加一个大写字母 L（或小写字母 l），说明为 long 类型，例如 100L、3l。long 类型的数据占 8 个字节大小的存储空间。一般使用大写字母 L，因为小写字母 l 容易与数字 1 混淆。如果表示的值未超出 int 类型的取值范围，则可以省略大写字母 L（或者小写字母 l）。

- 整型变量

整型变量用来存储整数类型数值。注意，为 long 型变量赋值时，当数值的范围在 int 类型范围内时可以不加大写字母 L（或小写字母 l），超出 int 类型范围时必须加上大写字母 L（或小写字母 l）。

【例 2-4】　观察下面这段代码，说明有哪些常量，有哪些变量，变量的初值是多少。

```
package com.task2_1;
/**
 *整型
 */
public class Demo2_4_1 {
    public static void main(String[] args){
        byte a1 = 127;
        short a2 = 32768;
        int age = 18,count = 9,step;
        long num = 2L;
        long num1 = 2,num2 = 2147483648L;
    }
}
```

上面这段代码中，先定义了 byte 型变量 a1 并同时分配了初始值 127。然后定义了 short 型变量 a2 同时分配初始值 32768，但是 short 短整型最大值为 32767，所以此处程序报错。接着定义了三个 int 整型变量 age、count 和 step，在定义变量的同时为变量 age 分配了初始值 18，为变量 count 分配了初始值 9，而变量 step 没有分配初始值。最后定义了一个 long 整型变量 num，同时为 num 分配了初始值 2（后面加了一个大写字母 L 说明赋值为

long 类型，也可以不加，因为数值 2 并未超出 int 类型的取值范围)，但是定义的变量 num2 为其分配的初值 2147483648 后面必须加上大写字母 L(或小写字母 l)，否则程序会报错，因为 int 类型的数据最大值为 2147483647。

【例 2-5】 阅读下面这段代码，猜猜程序运行结果是什么。

```
package com.task2_1;
/**
 * 整型变量
 */
public class Demo2_4_2 {
    public static void main(String[] args){
        System.out.println(Byte.MAX_VALUE);
        System.out.println(Byte.MIN_VALUE);
        System.out.println(Short.MAX_VALUE);
        System.out.println(Short.MIN_VALUE);
        System.out.println(Integer.MAX_VALUE);
        System.out.println(Integer.MIN_VALUE);
        System.out.println(Long.MAX_VALUE);
        System.out.println(Long.MIN_VALUE);
    }
}
```

运行结果如图 2-2 所示。

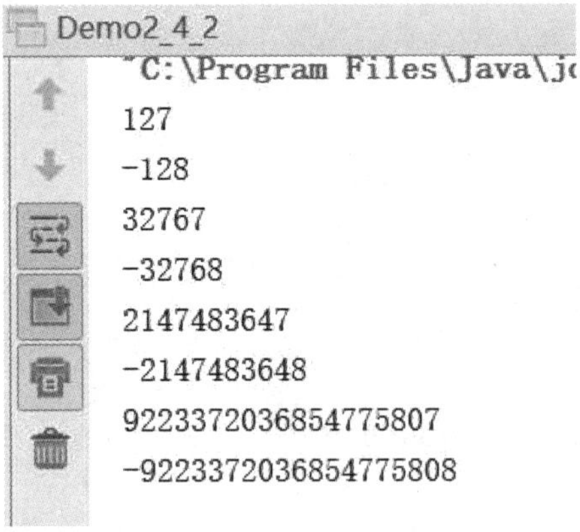

图 2-2 运行结果

2. 浮点型

在 Java 中，浮点型分为两种：单精度浮点数(float)和双精度浮点数(double)。双精度浮点数比单精度浮点数更精确，表示的取值范围更大。两种浮点数所占存储空间的大小及取值范围见表 2-5。

表 2-5 两种浮点数所占存储空间的大小及取值范围

类型名	占用位数	取值范围
float	32 位(4 个字节)	正数:1.4E−45～3.4E+38;负数:−3.4E+38～−1.4E−45
double	64 位(8 个字节)	正数:4.9E−324～1.7E+308;负数:−1.7E+308～−4.9E−324

还有三种特殊的浮点值——正无穷大、负无穷大、NaN(非数字),用于表示溢出和出错。在数学运算中除法运算有一条原则:除数不能为 0,但是在 Java 程序中有些不一样。在做整型除法时,除数是不能为 0 的,否则会报异常。但是在做浮点数运算的时候,除数是可以为 0 的。如用一个非 0 的浮点数除以 0,所得结果为无穷大或无穷小,而计算浮点数 0 除以 0 则会得到 NaN。

· 浮点型常量

浮点型常量就是数学中用到的小数。单精度浮点数以 F 或 f 结尾,例如 10.8f、90F。而双精度浮点数以 D 或 d 结尾,默认也可省略 D 或 d,例如 50.6D、12.73d、35.4。也可用指数形式来表示浮点型常量,例如 2e3f、5.7e+23f。

· 浮点型变量

浮点型变量用来存储带有小数部分的数据,也称为实型数据。

最常用的浮点型是 double。在 Java 中,一个小数默认情况下会被认为是 double 类型的值,因此在为 float 类型的变量赋值时需要注意,所赋值的后面一定要加上大写字母 F(或小写字母 f),而为 double 类型的变量赋值时,可以在所赋值的数据后面加上大写字母 D(或小写字母 d),也可以不加。

【例 2-6】 阅读下面的代码,猜猜程序运行结果是什么。

```
package com.task2_1;
/**
 *浮点类型变量
 */
public class Demo2_4_3 {
    public static void main(String[] args){
        System.out.println(Float.MAX_VALUE);
        System.out.println(Float.MIN_VALUE);
        System.out.println(Float.NEGATIVE_INFINITY);
        System.out.println(Float.POSITIVE_INFINITY);
        System.out.println(Double.MAX_VALUE);
        System.out.println(Double.MAX_VALUE);
        System.out.println(Double.NEGATIVE_INFINITY);
        System.out.println(Double.POSITIVE_INFINITY);
    }
}
```

运行结果如图 2-3 所示。

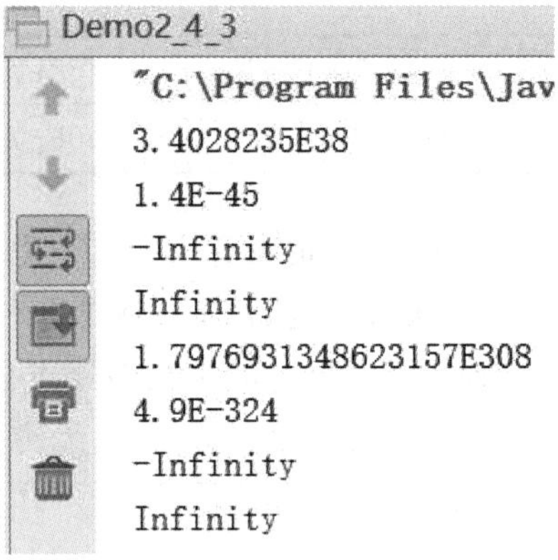

图 2-3 运行结果

【例 2-7】 阅读下面的代码，猜猜程序运行结果是什么。

```
package com.task2_1;
/**
 *浮点类型变量
 */
public class Demo2_4_4 {
    public static void main(String[] args){
        float radius = 5.4f;
        double width = 10.5,length = 20d;
        float edge = 8;
        System.out.println("长方形的面积为:" + width * length);
        System.out.println("半径为 5.4 的圆的面积为:" + Math.PI * radius * radius);
        System.out.println("边长为 8 的正方形的面积为:" + edge * edge);
        System.out.println(1.0f/0);
        System.out.println(0d/0);
        System.out.println(1/0);
        System.out.println(0/0);
    }
}
```

上面这段代码定义了 4 个变量：两个 float 类型变量 radius 和 edge，并分配了初值。radius 的初始值为 float 类型的常量，所以用了小写字母 f；edge 的初始值为整型常量 8，在程序中可以为一个浮点数类型变量赋予一个整型常量值。另外定义了两个 double 类型的变量 width 和 length，并赋予初始值，一个为 double 类型常量 10.5，一个为 double 类型常量 20。根据定义的 4 个变量输出了对应的长方形、圆、正方形的面积值。最后 4 行代码对除数为 0 的运算进行了处理。运行结果如图 2－4 所示。

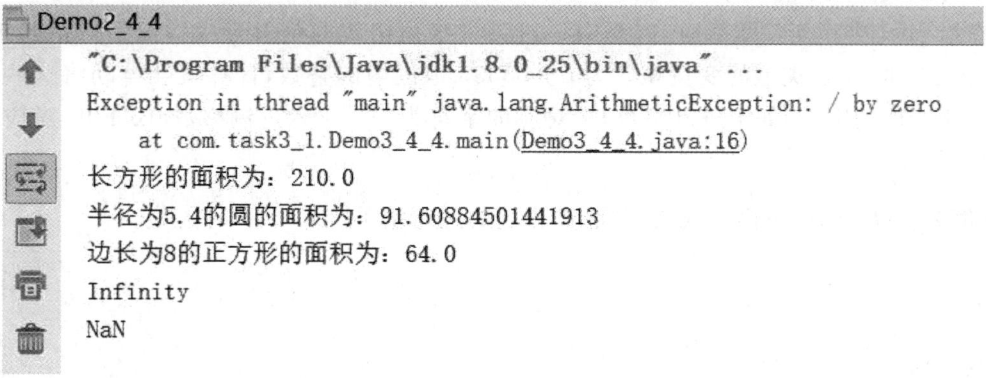

图 2－4　运行结果

3. 字符类型

字符类型用于表示单个字符，如字母、数字、标点符号和其他符号等，在 Java 中用 char 表示这种类型。Java 使用的字符集是 16 位的 Unicode 字符集，因此 char 类型数据均是无符号的 16 位整数，占用 2 个字节。其取值范围为 0～65535，即 0x0000～0xffff。

Unicode 字符集是一个庞大的、全球通用的字符集，涵盖目前人类使用的所有字符，并对每个字符进行统一编号，分配唯一的字符码。Unicode 字符集将所有字符按照使用上的频度划分为 17 个层面，每个层面有 216＝65536 个字符码空间。

- 字符型常量

一个字符型常量要用一对英文半角格式的单引号（‘’）引起来，如‘A’‘a’‘中’‘好’。它包括普通字符和特殊字符。普通字符有英文字母、数字、标点符号等。特殊字符具有特殊意义，在程序中不能直接使用，需以转义字符“\”开头。常用的转义字符见表 2－6。

表 2－6　常用的转义字符

转义字符	含义	Unicode 编码值
\n	换行	\u000A
\t	制表符	\u0009
\b	退格	\u0008
\r	回车	\u000D
\f	换页	\u000C
\\	反斜杠	\u005C
\’	单引号	\u0027
\”	双引号	\u0022

· 字符型变量

字符型变量用于存储单个字符。

在给 char 类型变量赋值时，需要用一对英文半角格式的单引号（‘’）把字符括起来，如‘K’；也可以将 char 类型的变量赋值为 0～65535 范围内的整数，计算机会自动将这些整数转化为所对应的字符，如十进制整数 97 对应的字符为‘a’，十六进制整数 0x4E2D 对应的字符为‘中’。

【例 2-8】 阅读下面的代码，并测试程序的运行结果。

```
package com.task2_1;
/**
 * 字符型
 */
public class Demo2_4_5 {
    public static void main(String[] args){
        char c1 = 0x4e2d;
        char c2 = 20013;
        char c3 = '中';
        System.out.println("c1:" + c1);
        System.out.println("c2:" + c2);
        System.out.println("c3:" + c3);
        System.out.println("字符型变量占用的字节数:" + Character.BYTES);
        System.out.println("转义字符\t含义\t编码值\n");
    }
}
```

上述代码定义了三个字符型变量 c1、c2、c3，并分别赋值为十六进制整数、十进制整数和字符常量，运行结果如图 2-5 所示。

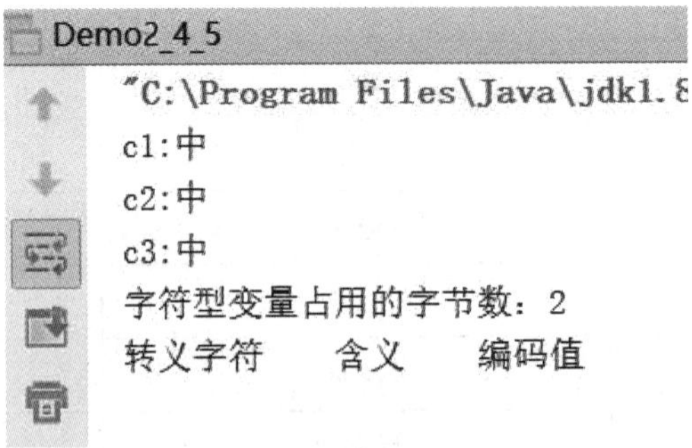

图 2-5 运行结果

4. 布尔类型

布尔类型用于表示两个逻辑状态之一的值，也称逻辑类型。在 Java 中，布尔类型用

boolean 表示，取值只有 true 和 false，分别代表逻辑“真”和逻辑“假”。

· 布尔型常量

布尔型常量即布尔型的两个值 true 和 false，用于区分一个事物的真与假。

注意，在 Java 中，布尔值和整数 0、1 不能相互转换，不能将布尔类型看作整数类型，即两者之间不存在对应关系。

· 布尔型变量

布尔型变量用来存储布尔值，通常被用在流程控制中作为判断条件。

【例 2-9】 阅读以下代码，猜猜程序运行结果是什么。

```
package com.task2_1;
/**
 * 布尔类型变量
 */
public class Demo2_4_6 {
    public static void main(String[] args){
        boolean flag = true;
        if(flag){
            System.out.println("条件为真");
        }else{
            System.out.println("条件为假");
        }
    }
}
```

2.2.4 数据类型转换

在 Java 程序中，当把一种数据类型的值赋给另一种数据类型的变量时，需要进行数据类型转换；当不同数据类型的变量或常量同时参与运算时，需要先进行数据类型转换再运算；用于方法调用，当传递的实参数据类型与形参数据类型不一致时，也需要进行数据类型转换。Java 中的数据类型转换在程序编码中具有重要作用。

在进行数据类型转换之前，要了解基本数据类型之间的关系。数据类型在内存中直接存储其本身的值，对于不同的数据类型，内存中会分配相应的大小存储。不同数据类型按照取值范围从低级到高级排序为(byte，short，char)→int→long→float→double。布尔类型和其他基本数据类型都不兼容。

根据转换方式的不同，Java 中数据类型转换可分为以下两种：

(1)低级到高级的自动类型转换。

(2)高级到低级的强制类型转换。

1. 自动类型转换

自动类型转换也叫隐式类型转换，指的是两种数据类型在转换过程中不需要显式地进行声明。要实现自动类型转换,必须同时满足两个条件:一是两种数据类型彼此兼容,二是目标类型的取值范围大于源类型的取值范围。对于 byte、short、char 三种类型,它们是同一级的,因此不能自动相互转换。

【例 2-10】 阅读下面的代码,观察哪些语句不符合自动类型转换条件,哪些语句可以完成自动类型转换。

```
package com.task2_1;
/**
 *自动类型转换
 */
public class Demo2_4_7 {
    public static void main(String[] args){
        byte v1 = 128;
        byte v2 = 3;
        char v3 = 97;
        long v4 ='a';
        float v5 = 100;
        double v6 = 10.9f;
        boolean flag = 0;
        float v7 = v2 + v3;
    }
}
```

上述代码中,第一条赋值语句编译错误,byte 类型最大为 127,因此 int 型常量 128 不能赋值给 byte 类型变量 v1;第二条赋值语句自动将 int 型常量 3 转换成 byte 类型并赋值给 byte 类型变量 v2,这一情况较为特殊,因为这里是将取值范围大的 int 类型自动转换成取值范围小的 byte 类型。对于默认为 int 类型的数值,当赋给一个比 int 型数值范围小的目标类型变量时,如果此 int 型数值超过目标类型的取值范围,那么会直接编译出错。如果此 int 型数值尚在目标类型取值范围内,则会进行一次隐式类型转换,将此 int 型数值转换成目标类型。第三条到第六条、第八条赋值语句都符合自动类型转换的两个条件,会自动进行数据类型转换,第七条赋值语句编译出错,因为 int 类型常量 0 和 boolean 类型彼此不兼容,无法自动进行类型转换。

2. 强制类型转换

强制类型转换也称显式类型转换,指的是两种数据类型之间的转换需要进行显式的声明。当两种数据类型彼此不兼容,或目标类型取值范围小于源类型的时候,自动类型转换无法进行,这时就需要进行强制类型转换。强制类型转换需要满足两个条件:一是两种数据类型彼此不兼容,二是目标类型的取值范围小于源类型或者目标类型与源类型处于同级。

先看下面一段代码。

```
package com.task2_1;
/**
 *强制类型转换
 */
public class Demo2_4_8 {
    public static void main(String[] args){
        short v1 = 97;
        char v2 = v1;
        char v3 = 97;
        short v4 = v3;
        int v5 = 10.99;
    }
}
```

上述代码程序编译出错，因为 byte、short、char 为同级，不会进行自动类型转换，double 类型常量 10.99 也不会自动转换成 int 类型，编译结果如图 2-6 所示。

```
public class Demo2_4_8 {

    public static void main(String[] args) {
        short v1 = 97;
        char v2 = v1;
        char v3 = 97;
        short v4 = v3;
        int v5 = 10.99;
    }

}

Error:(9, 19) java: 不兼容的类型: 从short转换到char可能会有损失
Error:(11, 20) java: 不兼容的类型: 从char转换到short可能会有损失
Error:(12, 18) java: 不兼容的类型: 从double转换到int可能会有损失
```

图 2-6　编译结果

图中波浪线表明此处代码出现了编译错误，错误提示为不兼容的类型。这种情况下可以进行强制类型转换，具体格式如下。

```
目标数据类型　变量名 =（目标数据类型）值或表达式；
```

将上述代码错误之处修改为如图 2-7 所示，程序编译成功。

```
short v1 = 97;
char v2 = (char) v1;
char v3 = 97;
short v4 = (short)v3;
int v5 = (int)10.99;
```

图 2-7　修改结果

需要注意的是，强制类型转换是缩减转换，会发生取值范围大的数据类型向取值范围小的数据类型的转换，转换后可能丢失信息，可能会导致溢出或精度的下降。如上述代码中，double 类型常量 10.99 强

制转换成 int 类型后，丢失了小数部分，精度下降，如图 2-8 所示。

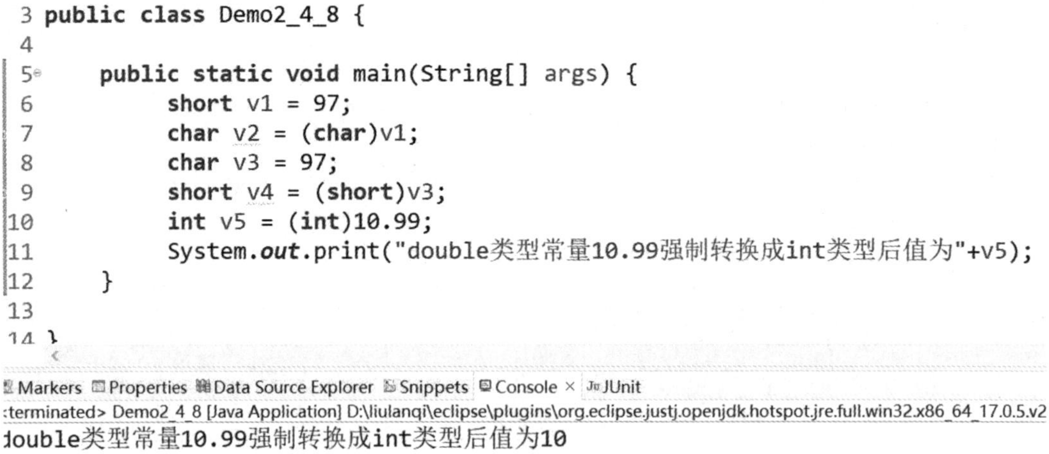

图 2-8　运行结果

2.2.5　变量的作用域

前面介绍过，变量需要先定义然后才能使用，但这并不意味着在变量定义之后的语句都可以使用该变量。变量需要在它的有效范围内才可以被使用，这个有效范围称为变量的作用域。在程序中，变量一定会被定义在某一对大括号中，这对大括号所包含的代码区域便是这个变量的作用域。若超出这个区域访问该变量，则编译会出现错误。

变量的作用域在编程中尤为重要，接下来通过一个案例说明。

【例 2-11】 阅读下面的代码，观察其中三个不同的变量作用域，分析程序可能存在的问题。

```
package com.task2_1;
/**
 * 变量的作用域
 */
public class Demo2_4_9 {
    private int age = 18;

    public void useAge(){
        int x = 30;
        {
            float y = age;
            System.out.println(" y = " + y);
    }
```

```
            x + = age;
            y + = age;
        }

    public void testScope(){
            System.out.println(" age = " + age);
            System.out.println(" x = " + x);
            System.out.println(" y = " + y);
        }
    }
```

程序编译报错，因为变量 x 和 y 在其定义的大括号区域外被访问，即在变量的作用域之外被访问。

图 2－9 中超出变量作用域的变量 x 和 y 在计算机中都变成红色，编译提示“找不到符号”。所以在编程时要注意变量的作用域问题，避免变量访问失败。

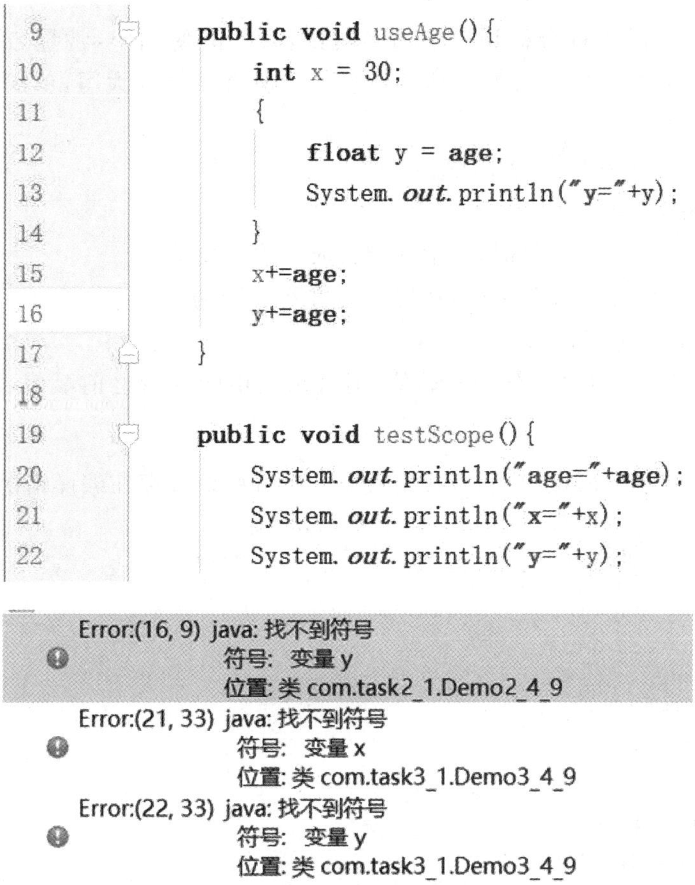

图 2－9　编译结果

在 Java 程序中,一般根据变量的作用域可以将变量分为成员变量和局部变量。

· 成员变量

在类体中所定义的变量称为成员变量,成员变量在整个类体中都有效。如例 2-11 中的成员变量 age,其作用域为整个类 Demo2_4_9。

· 局部变量

局部变量是在类的方法体中定义的变量,即在方法内部定义。如例 2-11 中的局部变量 x 和 y,其作用域为包含变量定义的一对大括号"{}"区域。

局部变量可与成员变量同名,此时成员变量被隐藏,即该成员变量在此方法中失效。

2.2.6 常量

如果程序中多处用到某个值,则可以将其定义为常量。这样,一方面可以避免反复输入同一个值,另一方面,一旦这个值需要改变,只需对常量定义的地方进行修改。常量的声明格式如下:

```
final 数据类型  变量名[ = 变量初值];
```

常量的"变量名"需要符合标识符的命名规则,在实际使用中,常量名一般与其用途对应,以便于程序的阅读。另外,习惯上其变量名一般所有字母都大写,单词之间用下划线连接,如 SCHOOL_CODE。

使用常变量时有以下几点需要注意:

· 常量只能赋值一次。

· 当成员变量为 final 常量时,必须在定义时分配初始值。

· 当成员变量不是 final 常量时,在定义时可不分配初始值,程序中不赋值也可直接访问,因为系统会为其分配默认值。

· 局部变量在定义时可不分配初始值,但必须在访问变量之前赋值,final 常变量只能赋值一次。

【例 2-12】 阅读下面这段代码,找出代码中有哪些地方存在编译错误。

```
package com.task2_1;
/**
 * 常变量
 */
public class Demo2_4_10 {
    private int radius;
    private final double PI;
    public double area(){
        final double DEFAULT_VALUE;
        float width,length;
        double circleArea = PI * radius * radius;
```

```
        double rectangleArea = width * length;
        System.out.println("长方形面积为:" + rectangleArea);
        DEFAULT_VALUE = 10;
        DEFAULT_VALUE = 20;
        System.out.println("默认面积值为:" + DEFAULT_VALUE);
        return circleArea;
    }
    public static void main(String[] args){
        Demo2_4_10 demo = new Demo2_4_10();
        System.out.println("圆形的面积为:" + demo.area());
    }
}
```

上述代码中，常变量 PI 作为成员变量，必须在定义时进行初始化。局部变量 width 和 length 在定义时没有初始化而直接访问用于给变量 rectangleArea 赋值，导致编译错误，因为局部变量在访问之前必须初始化，这与成员变量的处理方式不同。成员变量 radius 在定义时未初始化却可以直接访问，系统会为其分配整型的默认值 0。常变量 DEFAULT_VALUE 在程序中被赋值两次，导致编译错误。上述代码共出现 4 个编译错误，如图 2－10 所示。

```
public class Demo2_4_10 {
    private int radius;
      private final double PI;

      public double area(){
          final double DEFAULT_VALUE;
          float width,length;
          double circleArea   = PI*radius*radius;
          double rectangleArea = width*length;
          System.out.println("长方形面积为: "+rectangleArea);
          DEFAULT_VALUE  = 10;
          DEFAULT_VALUE  = 20;
          System.out.println("默认面积值为: "+DEFAULT_VALUE);
          return  circleArea;
      }
}
```

```
Error:(8, 26) java: 变量 PI 未在默认构造器中初始化
Error:(14, 32) java: 可能尚未初始化变量width
Error:(14, 38) java: 可能尚未初始化变量length
Error:(17, 9) java: 可能已分配变量DEFAULT_VALUE
```

图 2－10　编译结果

当成员变量未分配初始值时，针对不同类型的成员变量，Java 虚拟机会赋予不同的默认值，见表 2－7。

表 2－7 默认值

成员变量数据类型	默认初始值
byte	0
short	0
int	0
long	0L
float	0.0f
double	0.0
char	空字符
boolean	false
引用数据类型	null

2.3 运算符和表达式

2.3.1 运算符

计算机的最基本用途之一就是执行数学运算，作为一门计算机语言，Java 提供了一套丰富的运算符来操纵变量。在 Java 中，运算符按功能可分为算术运算符、关系运算符、赋值运算符、逻辑运算符、条件运算符和位运算符。

1. 算术运算符

在数学运算中最常见的就是加减乘除四则运算，Java 中的算术运算符作用于整型、浮点型、字符型数据进行基本的算术运算。算术运算符可分为单目运算符和双目运算符，单目运算符只有一个参与运算的操作数，双目运算符有两个参与运算的操作数。表 2－8 展示了算术运算符及其用法。

表 2－8 Java 中的算术运算符及其用法

运算符	用途	操作数	范例	说明
+	加	双目	12+2	12 加 2 结果为 14
-	减	双目	12-2	12 减去 2 结果为 10
*	乘	双目	12 * 2	12 乘以 2 结果为 24
/	除	双目	12/2	12 除以 2 结果为 6
%	模数(取余)	双目	12%2	12 除以 2 取余数，得 0

（续表）

运算符	用途	操作数	范例	说明
＋	正号	单目	＋2	正数 2
－	负号	单目	－2	负数 2
＋＋	自增(前)	单目	a=5;b=＋＋a	b=6;a=6
－－	自减(前)	单目	a=5;b=－－a	b=4;a=4
＋＋	自增(后)	单目	a=5;b=a＋＋	b=5;a=6
－－	自减(后)	单目	a=5;b=a—	b=5;a=4

算术运算符不能用于布尔类型，但可以用于 char 类型。char 类型会隐式转换为 int 类型参与运算。

整型、浮点型、字符型数据可以混合运算。不同类型的数据执行算术运算时，都会自动转换为同一类型再参与运算，转换规则为：低级类型自动转换成高级类型，运算结果与精度最高的数据类型保持一致。

在进行取模（%）运算时，运算结果的正负取决于被模数（%左边的数）的符号，与模数（%右边的数）的符号无关。

在进行除法运算时，当除数和被除数都为整数时，舍弃余数，得到的结果也是一个整数。如果除法运算有小数参与，则得到的结果是小数。

自增（＋＋）或自减（－－）运算符出现在变量前面时，先执行自增或自减运算，再执行其他运算。运算符出现在变量后面时，先执行其他运算，再执行自增或自减运算。

自增（＋＋）或自减（－－）运算符只能和变量结合使用，而不能和常量或表达式结合使用。

【例 2-13】 阅读下面的代码，分析程序的运行结果并自行测试。

```
package com.task2_1;
/**
 *算术运算符
 */
public class Demo2_5_1 {
    public static void main(String[] args){
        double var1 = 100;
        System.out.println(8/3);
        System.out.println(8.0f/3);
        System.out.println(8 % 3);
        System.out.println(8.0 % 3);
        System.out.println(++var1 % 3);
    }
}
```

2. 关系运算符

关系运算符用于比较两个数据之间的关系，其结果为布尔值(true 或 false)。关系运算符都是双目运算符，Java 中的关系运算符及其用法见表 2-9。

表 2-9 Java 中的关系运算符及其用法

运算符	用途	范例	说明
==	等于	5==3	false
! =	不等于	5! =3	true
>	大于	5>3	true
<	小于	5<3	false
>=	大于等于	5>=3	true
<=	小于等于	5<=3	false

在一个比较运算符左右两边的两个操作数的数据类型应该一致。整数或浮点数的关系运算是比较两个数的大小，char 类型数据的关系运算是比较其 Unicode 码的大小，boolean 类型数据只能进行等于(==)或不等于(! =)比较。事实上，任何类型的数据(包括基本数据类型和引用数据类型)都可以通过等于(==)或不等于(! =)来比较是否相等。

【例 2-14】 阅读下面的代码，并自行分析测试程序的运行结果。

```
package com.task2_1;
/**
 *关系运算符
 */
public class Demo2_5_2 {
    public static void main(String[] args){
        double fv = 53.6;
        System.out.println(53.6> + + fv);
        boolean bv = true,bx = false;
        System.out.println(bv = = bx);
        char cw = 'a',cz = 'A';
        System.out.println(cw<cz);
    }
}
```

3. 赋值运算符

赋值运算符是双目运算符，其左边是一个变量，右边是一个常量、变量或表达式。赋值运算符的作用是将右边的常量、变量或表达式的值赋给左边的变量。赋值运算符右边的值应当和左边变量的数据类型一致，或者能够自动转换为左边变量的类型。Java 中的赋值运算符及其用法见表 2-10。

表 2-10　Java 中的赋值运算符及其用法

运算符	用途	范例	说明
=	赋值	a=10	a=10
+=	先加再赋值	a=10;a+=10	a=a+10　结果 a=20
-=	先减再赋值	a=10;a-=10	a=a-10　结果 a=0
*=	先乘再赋值	a=10;a*=10	a=a*10　结果 a=100
/=	先除再赋值	a=10;a/=10	a=a/10　结果 a=1
%=	先取余再赋值	a=10;a%=10	a=a%10　结果 a=0

赋值运算符的运算顺序是从右向左，即先计算右边的值，再将结果赋值给左边的变量。

4. 逻辑运算符

逻辑运算符用于对布尔类型的数据进行操作，其结果仍是布尔类型数据。逻辑运算符分为单目运算符和双目运算符。Java 中的逻辑运算符及其用法见表 2-11。

表 2-11　Java 中的逻辑运算符及其用法

运算符	用途	操作数	范例	说明
&&	短路与	双目	true&&true	true
			true&&false	false
			false&&true	false
			false&&false	false
||	短路或	双目	true||true	true
			true||false	true
			false||true	true
			false|| false	false
^	异或	双目	true^true	false
			true^false	true
			false^true	true
			false^false	false
&	与	双目	true&true	true
			true&false	false
			false&true	false
			false&false	false

（续表）

运算符	用途	操作数	范例	说明
|	或	双目	true|true	true
			true|false	true
			false|true	true
			false|false	false
!	非	单目	! true	false
			! false	true

使用逻辑运算符时，需要注意以下几点。

(1)逻辑运算符的操作数只能是布尔类型的数据，可以是布尔类型常量、布尔类型变量或运算结果为布尔类型的表达式。

(2)运算符“&&”和“&”，以及“||”和“|”的运算结果是一样的，两者的区别在于“&&”和“||”具有短路运算的功能，只有在一定条件下才计算第二个操作数。对于逻辑与“&&”运算，当左边的操作数为 true 时，右边的操作数不会进行运算；对于逻辑或“||”运算，当左边的操作数为 false 时，右边的操作数同样不会进行运算。而对于“&”和“|”，在任何情况下都要对左右两边的操作数进行计算。

(3)运算符“^”表示异或操作，当其左右两边的布尔值相同时结果为 false，当其左右两边的布尔值不同时结果为 true。

【例 2-15】 阅读下面的代码，猜猜程序的运行结果是什么。

```
package com.task2_1;
/**
 *逻辑运算符
 */
public class Demo2_5_3 {
    public static void main(String[] args){
        boolean flag = false;
        double a = 98;
        float b = 56.9f;
        System.out.println("a>b||flag结果为" + (a>b||flag));
        System.out.println("(flag&&((a+ = b)>b))结果为" + (flag&&((a+ = b)>b)));
        System.out.println("a = " + a);
    }
}
```

若将变量 flag 的值改为 true，程序的运行结果是什么？

5. 条件运算符

条件运算符是“?:,”,是一个三目运算符,格式如下:

```
操作数 1? 操作数 2:操作数 3,
```

操作数 1 可以是布尔类型常量、布尔类型变量或运算结果为布尔类型的表达式,最终计算结果只能是布尔类型的数据。操作数 2 和操作数 3 无要求。

条件运算符的运算顺序为:先计算操作数 1 的值,如果结果为 true,则计算操作数 2 的值,并把这个值作为整个运算的最终结果;如果操作数 1 的值为 false,则计算操作数 3 的值,并把这个值作为整个运算的最终结果。

【例 2 - 16】 阅读下面的代码,分析程序运行结果。

```
package com.task2_1;
/**
 * 条件运算符
 */
public class Demo2_5_4 {
    public static void main(String[] args){
        char ca = 'B';
        char cq = 'b';
        int rs = 500,rt = 800;
        System.out.println(ca>cq? rs:rt);
    }
}
```

字符型数据的关系运算是比较其 Unicode 码的大小。字符‘B’的 Unicode 码为 66,而字符‘b’的 Unicode 码为 98,故变量 ca 的值小于变量 cq 的值,所以整个条件运算的结果为 rt 的值,即 800。

6. 位运算符

位运算符是直接对整数的二进制位进行操作的运算符,它们在底层编程、性能优化和硬件交互中非常有用。Java 提供了 7 种位运算符,可以对整数类型(byte、short、int、long 和 char)进行操作,见表 2 - 12 和表 2 - 13。

表 2 - 12　Java 中的位运算符及其用法

运算符	用途	范例
<<	左移	3<<2=12-->3*2*2=12
>>	右移	3>>1=1-->3/2=1

（续表）

<table>
<tr><th>运算符</th><th>用途</th><th>范例</th></tr>
<tr><td>＞＞＞</td><td>无符号右移</td><td>3＞＞＞1＝1－－＞3/2＝1</td></tr>
<tr><td>&</td><td>与运算</td><td>6&3＝2</td></tr>
<tr><td>|</td><td>或运算</td><td>6|3＝7</td></tr>
<tr><td>^</td><td>异或运算</td><td>6^3＝5</td></tr>
<tr><td>～</td><td>取反运算</td><td>～6＝－7</td></tr>
</table>

表 2－13　位运算符细节

<table>
<tr><th>运算符</th><th>细节</th></tr>
<tr><td>＜＜</td><td>空位补 0，被移除的高位丢弃，空缺位补 0</td></tr>
<tr><td>＞＞</td><td>被移位的二进制最高位是 0，右移后，空缺位补 0；最高位是 1，空缺位补 1</td></tr>
<tr><td>＞＞＞</td><td>被移位二进制最高位无论是 0 或者是 1，空缺位都用 0 补</td></tr>
<tr><td>&</td><td>二进制位进行 & 运算，只有 1&1 时结果是 1，否则是 0</td></tr>
<tr><td>|</td><td>二进制位进行|运算，只有 0|0 时结果是 0，否则是 1</td></tr>
<tr><td>^</td><td>相同二进制位进行^运算，结果是 0，例如：1^1＝0，0^0＝0；
不相同二进制位^运算结果是 1，例如：1^0＝1，0^1＝1</td></tr>
<tr><td>～</td><td>正数取反，各二进制码按补码各位取反负数取反，各二进制码按补码各位取反</td></tr>
</table>

2.3.2　表达式

由变量、常量、关键字、方法调用和运算符等元素的有效组合构成表达式。表达式必须符合 Java 的语法规则，根据程序的要求完成计算操作，并最终返回一个结果值。表达式的计算结果的数据类型就是表达式的类型。

在对一些比较复杂的表达式进行运算时，要明确表达式中所有运算符参与运算的顺序，通常把这种顺序称为运算符的优先级。

结合性指的是同一个表达式中多个相同级别的运算符的执行顺序，有从左向右、从右向左两种结合性。

表达式中不同运算符的计算顺序按照运算符的优先级和结合性进行，即先计算优先级高的运算符，相同级别的运算符按结合性的顺序执行。

使用括号可以改变运算顺序，括号内的运算先执行，且括号可以嵌套。Java 中所有运算符的优先级及结合性见表 2－14。

表 2-14 Java 中所有运算符的优先级及结合性

优先级	运算符	用途	类型	结合性
1	[]	数组	双目	从左向右
	.	对象运算符	双目	
	()	方法调用	—	
2	++	自增	单目	从右向左
	--	自减		
	+	正号		
	-	负号		
	!	逻辑非		
3	()	强制转换	单目	从右向左
	new	创建对象		
4	*	乘法	双目	从左向右
	/	除法		
	%	取余		
5	+	加法	双目	从左向右
	-	减法		
6	<	小于	双目	从左向右
	<=	小于等于		
	>	大于		
	>=	大于等于		
	instanceof	确定某对象是否属于指定的类		
7	==	等于	双目	从左向右
	!=	不等于		
8	&	与	双目	从左向右
9	^	异或	双目	从左向右
10	|	或	双目	从左向右
11	&&	逻辑与	双目	从左向右
12	||	逻辑或	双目	从左向右
13	?:	条件运算符	三目	从右向左
14	=	赋值运算符	双目	从右向左
	+=			
	-=			
	*=			
	/=			
	%=			

其实没有必要刻意记忆运算符的优先级。编写程序时，尽量使用括号“()”来实现想要的运算顺序，以免产生歧义。

【例 2-17】 阅读以下代码，并分析程序运行结果。

```
package com.task2_1;
/**
 *表达式
 */
public class Demo2_5_5 {
    public void test(){}
    public static void main(String[] args){
        float f = 10.9f;
        float b = 10.9f;
        int a = 100,c = 200;
        System.out.println((int) + + f);
        System.out.println((int)b + + );
        System.out.println(f! = b? 0:a>c? 1:2);
        System.out.println(b>f&&a<c);
    }
}
```

运行结果如图 2-11 所示。

```
11
10
2
false
```

图 2-11 运行结果

2.4 命名规范

在程序代码中，除了规定的关键字、特殊符号，几乎所有的程序代码名称都是由程序员自定义命名的，这些自定义命名主要是不同的标识符。标识符在不同的程序设计语言中都有相应的规则定义，这些规则成为强制性规则，程序员必须遵循。作为一名合格的程序员，除了遵循强制性标准，还需要遵循一些团队内部规范。这些规范虽然不具备强制性，但非常重要，可以提高程序的易读性及可维护性。

程序编写中的命名规范需要遵守以下标准：

- 强制遵循该门语言的标识符命名的强制性标准，如 Java 中，标识符需要满足以下要求：一是标识符由字母、数字、下划线和美元符号组成；二是不能以数字开头；三是不能将关键字作为标识符等。

· 标识符命名要做到望文生义，即看到程序中的标识符后，就能知道该标识符的作用和意义，这属于标识符强制之外的建议标准。
· 标识符出现复合词时，建议采用驼峰式的编写规则，具体详见后面的案例解析。
· 标识符中不建议出现中英文混写或中文拼音与英文混写的模式。

2.4.1　变量命名

变量在程序编写过程中经常使用，变量名称通俗易懂对程序的理解及维护非常重要。变量命名需要遵循本章提到的命名规范，除此之外，建议还要做到：

(1)局部变量、类成员变量及参数变量，首字母小写。

(2)静态变量，即类变量，首字母大写。

【例 2－18】 商品折扣局部变量。

建议：

```
float discount = 0.1f;或者 float zheKou = 0.1f;
```

不建议：

```
float dis = 0.1f;或者 float zhekou = 0.1;
```

说明：商品折扣变量定义 dis 名称，不能做到望文生义，意义不清；zhekou 这个命名没有遵循驼峰式编写规范。

【例 2－19】 定义学生类中的静态变量保存班级人数。

建议：

```
protected static int ClassCount = 0;          //班级人数
```

不建议：

```
protected static int 班级人数 = 0;            //中文命名
protected static int classCount = 0;          //首字母未大写
protected static int c = 0;                   //过于随意
```

说明：班级人数静态变量的定义中，建议与不建议的四个部分在语法上都能通过编译器检查。但不建议的部分存在以下问题：使用了中文命名，首字母没有大写，无法与实例变量区别，而“c”变量名过于随意，不能做到望文生义。

2.4.2　常量命名

常量在 Java 编程中，相对于变量而言，最大的区别就是常量的值是在定义时确定的，之后就不能再变更。它的命名规范除了遵循本章命名规范的规则，建议还要做到：

(1)常量名称应全部大写。

(2)常量名称如果出现复合名称，则复合词之间用下划线隔开。

【例 2-20】 学生最大入学年龄。

建议：

```
final int MAX_AGE = 30;
```

不建议：

```
final int max_age = 30;                  //通过常量名无法辨别出
final int maxAge = 30;
```

说明：在学生最大入学年龄的常量定义中，如果没有规范的定义，则很难仅通过名称来辨别是常量还是变量。只有统一规范，才能做到根据名称辨别出是常量还是变量。

2.4.3 类相关命名

Java 中的类涉及命名的内容包括包名、类名、方法名、参数名等。这些命名除了遵循前面提到的总体规范，建议还要做到：

(1)包名称字母小写，不要出现复合名称，如果需要，复合名称之间用“.”隔开。

(2)类名称首字母大写。

(3)接口名称第一个字母建议为 I，表示接口的意思，后面按照类名称命名即可。

(4)实现接口的类名称应去掉接口名称前的字母 I，并在接口名称结尾添加 Impl。

(5)抽象类名称命名时，建议在类名称前加上“Abstract”。

(6)方法名、参数名、成员变量名首字母小写。

(7)如果是布尔型变量，则变量命名不建议使用 is 开头，否则 POJO 的 get 和 set 方法名称会出现错误。

【例 2-21】 项目中的持久层类存放的包命名。

建议：

```
com.kesun.model;
```

不建议：

```
com.kesun_model;                         //不建议
Com.KesunModel;                          //不建议
```

说明：在案例中，项目中的持久层类存放在包 model 中，存在各级包 com 顶级包，子包 kesun 表示公司标识或项目标识；在不建议的案例中，包名容易与类名称混淆。

【例 2-22】 对“考勤表”进行类名称命名。

建议：

```
TimeSheet;或 KaoQinBiao;
```

不建议：

```
timeSheet;                        //首字母未大写
TimeBiao;                         //英文与拼音混写
```

说明：在案例中，不建议部分出现了类名称首字母小写和英文与拼音混写的问题。

【例 2－23】 定义对象常用操作接口名称命名。
建议：

```
IDoData 或 IOperate 或 ICaoZuo;
```

不建议：

```
DoData 或 Operate 或 CaoZuo;
```

说明：在案例中，建议在接口命名前加上大写字母“I”，在建议的部分都没有加上大写字母“I”，这样比较难以区分该名称是类还是接口。

【例 2－24】 实现接口 IDoData 类的类名称命名。
建议：

```
DoDataImpl;
```

不建议：

```
DoData;
```

说明：在案例中，建议实现接口的子类名称去掉大写字母“I”，并在剩余接口名称后加上“Impl”；不建议中的“DoData”不符合要求，这样的命名方式无法区分当前类是接口实现类还是普通类。

【例 2－25】 实现人类抽象类的类名称命名。
建议：

```
AbstractPeople;
```

不建议：

```
People;
```

说明：在案例中，建议部分的抽象类名称加了 Abstract，通过名称就能知道该类是抽象类，而不建议部分的 People 很难通过名称来辨别该类是否为抽象类。

【例 2-26】 定义 POJO 中的布尔型变量是否允许下载成员变量。

建议：

```
private Boolean download = false;             //是否允许下载
```

不建议：

```
private Boolean isDownload = false;           //是否允许下载
```

说明：在案例中，从变量名称命名规范来说都没有问题。但是在 POJO 中，如果布尔型变量名称前加了"is"，在开发工具自动产生 get 和 set 方法时会出现错误，Ideal 工具错误结果：

```
public Boolean getDownload(){
    return isDownload;
    }
    public void setDownload(Boolean download){
        isDownload = download;
}
```

显然，这不是期待的结果。

2.4.4 注释规范

注释在程序中不会对程序的编译及功能、性能产生任何影响，却可以提高程序的易读性及易理解性，便于程序的维护。在 Java 中，注释分为块注释与行注释，块注释建议遵循 Javadoc 规范。使用注释时，建议使用母语，做到通俗易懂，准确反映设计思想和代码逻辑，注释不是越长越好，要简短明确，多用行业术语。

1. 块注释

块注释在 Java 中使用"/ * 注释内容 * /"格式表示，可以换行，一般建议在类、属性、方法上使用；类注释在类的定义上面，可以注释说明类的功能作用、创建日期、作者、版本号等；属性注释写在属性定义的上方，说明属性的作用、数据类型等；方法注释写在方法定义的上面，说明方法的功能作用、返回值、参数等。

【例 2-27】 定义学生的基本信息 POJO 类，学生具有学号、姓名、性别和出生年月等四个属性，其中要求年龄在 15～30 岁。

```
/**
 * @name:学生类
 * @description:学生基本属性特征.
 * @date:2018-7-23
 * @author:wph
 * @version:1.0.0.0
```

```
*/
public class Student extends Object{
    private String number = "";//学号
    private String name = "";//姓名
    private char sex = '男';//性别
    private Date birthday;//出生年月
    /**
 * 获取学生学号信息
     * @return:返回学生学号
     */
public String getNumber(){
    return number;
    }
    /**
     * 设置学生学号信息
     * @param number 学号参数,字符串型
     */
    public void setNumber(String number){
        this.number = number;
    }
/**
     * 获取学生姓名信息
 * @return:返回学生姓名
     */
    public String getName(){
        return name;
    }
/**
     * 设置学生姓名信息
     * @param name 学号参数,字符串型
     */
    public void setName(String name){
        this.name = name;
    }
/**
     * 获取学生性别
 * @return:返回学生性别
     */
    public char getSex(){
        return sex;
```

```
    }
/ * *
     * 设置学生性别信息
     * @param sex 性别参数,字符型
     * /
    public void setSex(char sex){
        this.sex = sex;
    }
    / * *
     * 获取学生出生年月
 * @return:返回学生出生年月信息
     * /
    public Date getBirthday(){
        return birthday;
    }
/ * *
     * 设置学生出生年月,要求年龄在 15～30 岁
 * @param birthday 出生年月参数
     * /
    public void setBirthday(Date birthday){
        //创建出生年月日历对象
        Calendar cal = Calendar.getInstance();
        //设置出生年月日历时间
        cal.setTime(birthday);
        //创建当前日历对象
        Calendar calNow = Calendar.getInstance();
        / * 判断参数是否在规定的年龄之间,符合条件赋值 * /
        if (calNow.YEAR - cal.YEAR> = 15 && calNow.YEAR - cal.YEAR< = 30)
            this.birthday = birthday;
        else
            this.birthday = null;

    }
}
```

在学生类 Student 中,类注释采用了"/ * 类说明 * /"格式说明,其中@name 表示类中文名称,@description 表示类的功能说明,@date 表示类创建日期,@author 表示类的创建者,@version 表示类的版本号等。注释以"/ * "开头,以" * /"结束,中间不管有多少行,都表示注释的内容。在 Student 学生类的方法属性注释中,也采用了块注释,其中@param 表示参数属性,@return 表示返回值注释。

2. 行注释

在 Java 中，行注释通常应用于类定义的成员变量说明和类方法内部，对需要说明的代码进行注释，注释可以在该代码的最后面或者代码的上面。一般如果代码指令不太长，则可以直接写在该代码的最后；如果代码指令过长，则可以写在代码的上面。行注释使用"//"表示，不能换行，如果需要换行进行注释，则使用块注释即可。

【例 2-28】 在 Student 学生类中，成员变量学号、姓名、性别和出生年月的行注释。

```
private String number = "";//学号
private String name = "";//姓名
private char sex = '男';//性别
private Date birthday;//出生年月
```

在设置出生年月的功能代码中，采用了行注释放在代码上面：

```
/**
 * 设置学生出生年月，要求年龄在 15～30 岁
 * @param birthday 出生年月参数
 */
public void setBirthday(Date birthday){
    //创建出生年月日历对象
    Calendar cal = Calendar.getInstance();
    //设置出生年月日历时间
    cal.setTime(birthday);
    //创建当前日历对象
    Calendar calNow = Calendar.getInstance();
    /*判断参数是否在规定的年龄之间，符合条件赋值*/
    if (calNow.YEAR - cal.YEAR >= 15 && calNow.YEAR - cal.YEAR <= 30)
        this.birthday = birthday;
    else
        this.birthday = null;

}
```

2.4.5 代码格式规范

代码格式规范会影响读者对代码的理解。现在的编译器都有自动排版的功能，代码格式对齐规范不在本节讨论范围内。本小节主要内容包括方法内部的一行代码过长处理、代码块中的空行和空格处理。

1. 代码过长

编写 Java 代码时，每行代码的长度从语法角度来看并没有具体规定，理论上可以一直

写下去，但是代码过长显然不利于代码的阅读和管理，所以在编写代码过程中需要适当控制每行代码的长度。每行代码的长度控制多少个字符并没有统一的规定，有 120 个字符，也有 130 个字符甚至更长，但是有个原则：在遵循代码缩进式的对齐方式下，每行代码不能通过拖动水平滚动条的方式查看全部。对代码进行换行时，需要遵循以下原则：

(1)换行的第二行相对于第一行要做一定的缩进，可以是 4～8 个空格；如果存在第三行换行，则第三行需要与第二行对齐，不需要做任何的缩进。

(2)如果换行处是运算符，则运算符作为下一行的首字符。

(3)如果是在调用的方法时换行，则下一行以点作为首字符。

(4)如果在多个方法参数处换行，则需要以参数逗号后的字符作为下一行第一个字符。

(5)换行不能在分号结束处。

【例 2-29】 a,b,c,d 四字字符串连接。

```
public String contact(String a,String b,
                      String c,String d){
    //临时保存字符串对象
    StringBuilder sb = new StringBuilder();
    return sb.append(a)
            .append(b)
            .append(c)
            .append(d)
            .toString();

}
```

2. 代码块中空行

代码块更多出现在类的方法中。在代码块中，有时会在不同业务逻辑或语义之间空一行，这样做的目的是表示当前上下相邻的两块代码关联性较弱，方便代码阅读。空行建议按照以下原则：

(1)不要在代码块中故意空行。

(2)不要在代码关联性较强的部分空行。

(3)空行时不要过多，一行就足够。

(4)空行注意代码之间的逻辑结构，遵循模块化设计理念。

3. 空格处理

空格在代码中运用较多，可以提升代码的可读性，一般在以下几种情况下使用空格：

(1)代码缩进处理时，需要增加空格，一般一层的缩进用 4 个空格代替。

(2)如果一行代码过长需要换行，则第二行代码与第一行代码空出 4 个空格字符；第二行以后只要与第二行首个字符对齐。

(3)方法定义时，多个参数之间的逗号后面增加一个空格。

(4)赋值号“=”左右两边各增加一个空格。

2.4.6　面向对象规范

Java 是一种纯面向对象编程语言，在编码过程中建议遵循一些非语法性规范，具体内容包括：

(1)类的静态变量或静态方法需要通过类名直接引用。

(2)子类重写父类方法时，需要加上关键字@Override。

(3)接口过时，需要加上修饰符@Deprecated。

(4)在调用类或类的方法时，应避免使用过时的类或类的方法，改用新的类或类的方法。

(5)对象比较是否相等，建议使用 equals 方法，常量在前，变量在后，例如，“myname”. equals(object)。

(6)局部变量建议使用基本数据类型，POJO 类属性建议使用包装数据类型。

(7)定义 DO(Domain Object)域对象、DTO(Data Transfer Object)数据传输对象、VO(View Object)视图对象的类时，建议不要设置属性的初始值。

(8)类的构造方法中，建议不要写任何业务逻辑功能。

(9)当一个类有多个同名的方法时，建议将这些方法放在一起，方便阅读。

(10)类中成员定义的顺序建议按照属性>公共方法或保护方法>私有方法>getter/setter 方法。

(11)类中的 getter/setter 方法中，建议不要增加业务逻辑。

(12)字符串的连接建议使用 StringBuilder 类。

(13)在定义不需要改变值的变量、不需要被继承或重写的方法或最终类时，建议加上 final，可以提升程序的响应效率。

(14)如果类不允许通过 new 创建对象，则需要将构造方法设置为 private。

(15)类的成员变量如果仅本类使用，则必须是 private；如果子类与父类共享，则使用 protected。

(16)如果类的方法仅供本类使用，则必须使用 private。

2.5　小　结

本章详细介绍了 Java 编程语言的基本语法，为学习者构建了 Java 编程的坚实基础。主要内容包括标识符和关键字、常量和变量、数据类型及其转换、运算符和表达式、命名规范与编码风格。

本章通过系统全面的介绍，使学习者掌握 Java 基本语法的核心内容，这些内容是后续学习 Java 编程的重要基础，对提高编程能力和代码质量具有重要意义。

习　题

一、填空题

1. Java 语言是一种强类型语言，数据类型转换有两种：________和________。
2. Java 语言中定义符号常量使用________关键字。
3. 字符型变量中只存放________字符。
4. 三目运算符有：________。
5. Java 语言中的基本数据类型有________种。

二、选择题

1.（多选）下列关于常量的描述中，错误的是（　　）。

A. Java 语言的常量有 5 种

B. 浮点型数 12.456 是单精度的

C. 布尔型常量只有两个可选值：true 和 false

D. 字符串常量含有结束符'\0'

2. 下列关于变量的作用域的描述，错误的是（　　）。

A. 在某个作用域定义的变量，仅在该作用域内是可见的，而在该作用域外是不可见的

B. 在类中定义的变量的作用域在该类中的方法内可以使用

C. 在方法中定义的变量的作用域仅在该方法体内使用

D. 在方法中作用域可嵌套，在嵌套的作用域中可以定义同名变量

3.（多选）下列关于增 1（＋＋）、减 1（－－）运算符的描述中，正确的是（　　）。

A. 增 1 减 1 运算符都是单目运算符

B. 增 1 减 1 运算符都具有前缀运算和后缀运算

C. 增 1 减 1 运算符都不会改变变量的值

D. 增 1 减 1 运算符前缀运算和后缀运算后表达式的值是相同的

4. 下列关于标识符的描述中，正确的是（　　）。

A. 标识符中可以使用下划线和美元符号

B. 标识符中可以使用连接符和"#"号符

C. 标识符中大小写字母是无区别的

D. 标识符可选用关键字

5. Java 语言的各种分隔符中，非法的是（　　）。

A. 空白符　　　　B. 分号

C. 逗号　　　　D. 问号

扫二维码查看习题答案

第3章

Java 流程控制

Java 程序流程结构用来控制程序中各语句的执行顺序，可分为顺序结构、选择结构、循环结构三大类。顺序结构是语句按照预定的顺序依次执行；选择结构是模拟日常的选择行为，实现程序中哪些语句执行而哪些语句跳过不执行；循环结构是反复执行特定且相同的代码块。流程控制主要体现在选择和循环两种结构上。程序流程控制结构通过流程控制语句实现，Java 中的流程控制语句主要有选择语句、循环语句和跳转语句。

学习目标

- 熟悉 Java 程序流程控制的三种方式的定义与区别。
- 理解选择结构语句的基本语法，掌握使用 if、switch 分支语句进行条件判断的方法。
- 掌握循环结构语句的基本语法，应用 while、do…while、for 循环语句循环执行一段代码。
- 了解跳转语句的用法。

思政目标

- 学习如何有效地使用循环结构，不仅能够帮助学生优化程序效率，还教会学生在面对长期目标和挑战时如何保持坚定的信念与持久的努力。
- 学生通过学习选择结构，不仅提升了编程技能，还培养了在现实生活中做出理性决策的能力。

在执行一个 Java 程序的过程中，各条语句的执行顺序对程序的结果是有直接影响的，也就是说程序的流程对运行结果有直接的影响。所以，我们必须清楚每条语句的执行流程。而且，很多时候我们要通过控制语句的执行顺序来实现相应的功能。Java 中的流程控制语句同其他编程语言（如 C、C＋＋、PHP）中的流程控制语句相近，均用来控制程序中各语句的执行顺序。

由于顺序结构是程序中最简单、最基本的流程控制，没有特定的语法结构，它按照语句的先后顺序依次执行，且程序中大多数的代码都是这样执行的，因此本章对顺序结构只作简单的阐述。一句话概括顺序结构：写在前面的先执行，写在后面的后执行。顺序结构的执行流程如图 3－1 所示。

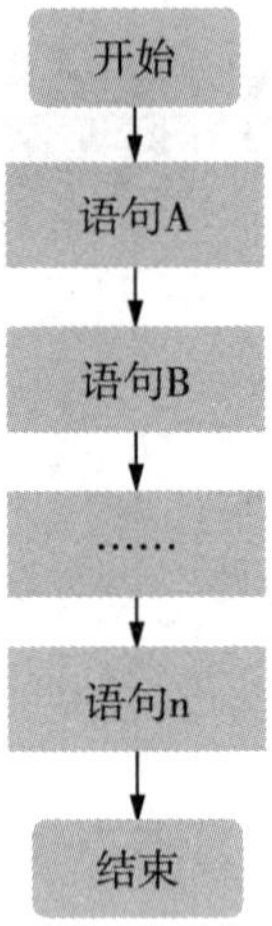

图 3－1　顺序结构的执行流程

【例 3－1】 计算 3 位学生考试成绩的平均分。

```
public classExample3_1 {
    public static void main(String[] args){
        //声明 3 个整型变量用来保存 3 位学生的考试成绩
        int a,b,c;
        float average;//声明一个浮点型变量用于保存平均分数
        a = 90;b = 87;c = 95;//给这 3 个变量赋值
        average = (a + b + c)/3;//计算平均分
        System.out.println("平均分:" + average);//输出平均分
    }
}
```

接下来我们重点介绍选择语句、循环语句和跳转语句。

3.1　选择语句

选择语句也称分支语句，它有特定的语法规则，需要对一些条件做出判断，条件判断的结果有两个，所以产生选择，按照不同的选择执行不同的代码。Java 语言提供了两种选择语句：if 语句和 switch 语句。上述划定考试成绩等级的案例向我们展示了如何在程序中使用 if 选择语句模拟对日常行为进行判断。如果你想要应用 if、switch 分支语句作出条件判断，就必须清楚它们的语法格式。接下来针对选择语句进行详细的讲解。

3.1.1　if 语句

if 语句也称条件语句，它分为三种语法格式，每一种格式都有其特点，下面分别介绍这三种语法格式：

if 单分支语句；

if…else 双分支语句；

if…else if…else 多分支语句。

1. if 单分支语句

if 单分支语句是指如果满足某种条件，就进行某种处理，具体语法格式如下：

```
if(表达式){
    语句体;
}
```

功能：判断表达式的结果是 true(真值)还是 false(假值)，如果是 true 就执行语句体，如果是 false 就不执行语句体。

其中，表达式是必要参数，可以由多个表达式组成，但结果一定是 boolean 类型：true 或 false。语句体是可选参数，它可以由一条或多条语句组成，如果该语句体只有一条语句，则大括号可以省略不写，但为了增强程序的可读性，建议读者最好不要省略。若是去掉大括号，那么就需要在 if 语句的末尾添加分号“;”，也就是说，if 语句后面有左大括号就没有分号，有分号就没有左大括号，具体格式如下：

```
if(表达式);
```

或者

```
if(表达式){}
```

if 单分支语句的执行流程如图 3-2 所示。

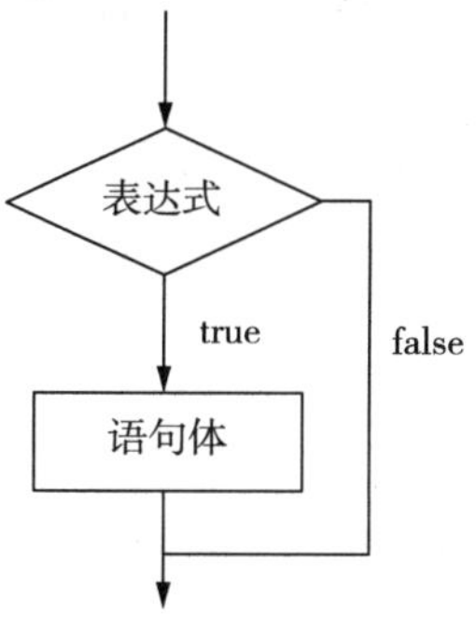

图 3-2　if 单分支语句的执行流程

【例 3-2】　判断整型变量 x 是否为偶数，若为偶数，打印“x 是一个偶数”，无论 x 是否为偶数，都要输出 x 的值。

```
public class Example3_2 {
    public static void main(String[] args){
```

```
            int x = 6;
            if(x % 2 = = 0){
                //表达式的值为 true,即 x 被 2 整除说明 x 是一个偶数
            System.out.println(" x 是一个偶数");
            }
            System.out.println(" x = " + x);
        }
    }
```

上述案例定义了一个整型变量 x,其初始值为 6。在 if 单分支语句的表达式中判断 x 是否能被 2 整除,由于 6 能被 2 整除,故条件成立,{}中的语句体会被执行,程序会在控制台中打印“x 是一个偶数”,最后在控制台中输出 x 的值,运行结果如图 3-3 所示。

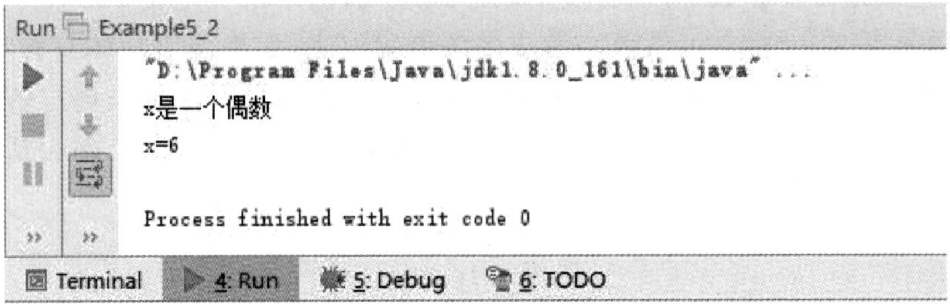

图 3-3　运行结果

2. if…else 双分支语句

if…else 双分支语句的操作比 if 单分支语句多了一步,它是指如果满足某种条件,就进行某种处理,否则就进行另一种处理,具体的语法格式如下:

```
if(表达式){
    语句体 1;
}else {
    语句体 2;
}
```

功能:判断表达式的结果是 true(真值)还是 false(假值),如果是 true 就执行语句体 1,如果是 false 就执行语句体 2。

其中,表达式是必要参数,可以由多个表达式组成,但结果一定是 boolean 类型:true 或 false。语句体 1 是可选参数,可以由一条或多条语句组成,当表达式的值为 true 时执行语句体 1。语句体 2 是可选参数,可以由一条或多条语句组成,当表达式的值为 false 时执行语句体 2。else 后面没有表达式,只有 if 后面有表达式。

if…else 双分支语句的执行流程如图 3-4 所示。

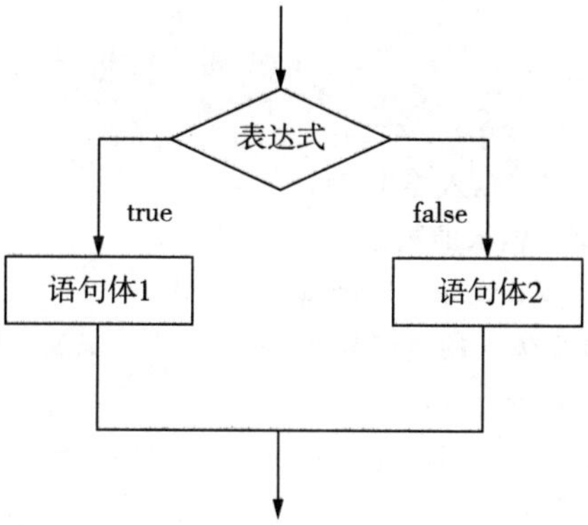

图 3－4　if…else 双分支语句的执行流程

【例 3－3】 判断一个整型变量 x 是奇数还是偶数。

```
public class Example3_3 {
    public static void main(String[] args){
        int x = 9;
        if(x % 2 = = 0){ //判断表达式 x 是否能被 2 整除
            //如果 x 能被 2 整除说明 x 是一个偶数
            System.out.println("x 是一个偶数");
        } else {
            //否则 x 不能被 2 整除说明 x 是一个奇数
            //if…else 语句二选一
            System.out.println("x 是一个奇数");
        }
        System.out.println("x = " + x);
    }
}
```

上述案例是在例 3－2 的基础上新增了 else 部分，整型变量 x 的初值为 9，判断表达式 x 是否能被 2 整除。如果条件成立，则执行 if 后面{}中的语句体；否则执行 else 后面{}中的语句体。由于 9 不能被 2 整除，故打印"x 是一个奇数"，最后在控制台输出 x 的值，运行结果如图 3－5 所示。

图 3－5　运行结果

【例 3-4】 输入年份判断是否为闰年。

```
public class Example3_4 {
    public static void main(String[] args){
        System.out.println("请输入年份:");
        //Scanner 类接收键盘输入的数据
        Scanner scanner = new Scanner(System.in);
        //nextInt()方法读取输入的整型数据
        int year = scanner.nextInt();
        if(year % 4 = = 0 && year % 100! = 0 || year % 400 = = 0){
        //如果表达式条件成立,
        //即 year 能被 4 整除且不能被 100 整除,或者能被 400 整除,则是闰年
        System.out.println(year + "年是闰年");
        }else {
        //否则表达式条件不成立,year 就不是闰年
            System.out.println(year + "年不是闰年");
        }
        scanner.close();//关闭 scanner
    }
}
```

上述案例利用 java.util 包下的 scanner 类接收用户从键盘输入的年份并赋值给 year 整型变量。如果输入的年份能被 4 整除且不能被 100 整除,或者能被 400 整除,则说明表达式条件成立,执行 if 后面{}中的语句体;否则执行 else 后面{}中的语句体,最后关闭 scanner,运行结果如图 3-6 所示。

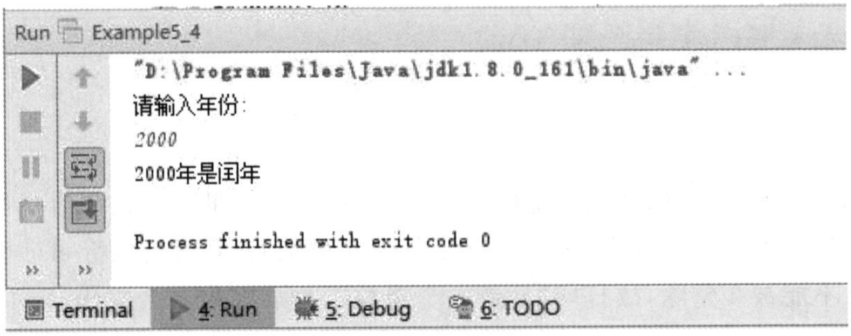

图 3-6 运行结果

3. if…else if…else 多分支语句

if…else if…else 多分支语句常用于对某一事件的多种情况进行处理,具体的语法格式如下:

```
if(表达式 1){
    语句体 1;
```

```
}else if(表达式 2){
    语句体 2;
}…
else{
    语句体 n+1;
}
```

功能：首先判断表达式 1 的结果是 true 还是 false，如果是 true 就执行语句体 1；如果是 false 就继续判断表达式 2 的结果是 true 还是 false，如果是 true 就执行语句体 2；以此类推，如果没有任何表达式为 true，就执行语句体 n+1。

if…else if…else 多分支语句是从上到下逐个对表达式进行判断，一旦发现条件满足就执行与该条件相关的语句，并跳过其他的条件判断；若没有一个条件满足，则执行最后一个 else{}后面的语句体；如果没有最后的 else 语句，则不执行任何操作，直接执行该多分支语句后面的语句。同样，语句体中包含多条语句时，必须使用大括号{}把多条语句括起来。

if…else if…else 多分支语句的执行流程如图 3-7 所示。

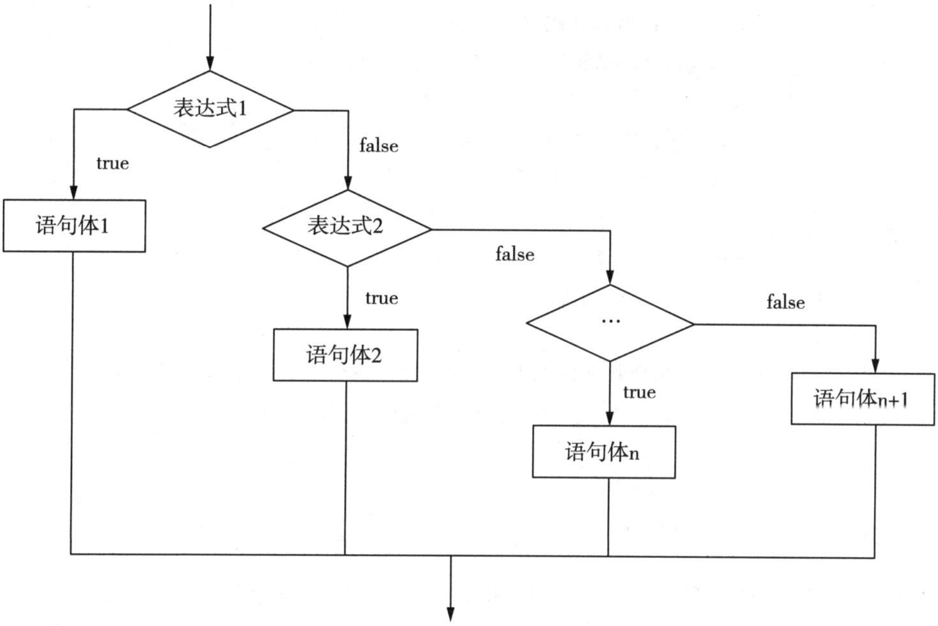

图 3-7　if…else if…else 多分支语句的执行流程

【例 3-5】　假设程序使用数字 1～7 表示星期一到星期日，实现根据给定的数值输出对应的星期值。

```
public class Example3_5 {
    public static void main(String[] args){
        int week = 2;
        if(week = = 1){
```

```
            //判断 week 是否等于 1
            //如果 week 等于 1,条件成立,输出星期一
            System.out.println("星期一");
        }else if(week = = 2){
            //如果 week 不等于 1,继续判断 week 是否等于 2
            //如果 week 等于 2,条件成立,输出星期二
            System.out.println("星期二");
        }else if(week = = 3){
            //如果 week 不等于 1 且不等于 2,继续判断 week 是否等于 3
            //如果 week 等于 3,条件成立,输出星期三
            System.out.println("星期三");
        }else if(week = = 4){
            //以此类推
            //如果 week 等于 4,条件成立,输出星期四
            System.out.println("星期四");
        }else if(week = = 5){
            //如果 week 等于 5,条件成立,输出星期五
            System.out.println("星期五");
        }else if(week = = 6){
            //如果 week 等于 6,条件成立,输出星期六
            System.out.println("星期六");
        }else if(week = = 7){
            //如果 week 等于 7,条件成立,输出星期日
            System.out.println("星期日");
        }else {
            //当前面所有的判断条件都不成立的时候,执行 else{}后面的语句体
            System.out.println("给定的数值不在星期值范围内");
        }
    }
}
```

上述案例定义一个整型变量 week,其初始值为 2,它不满足第一个判断条件 week==1,会执行第二个判断条件 week==2,条件成立,打印“星期二”,并跳过其他的条件判断,运行结果如图 3-8 所示。

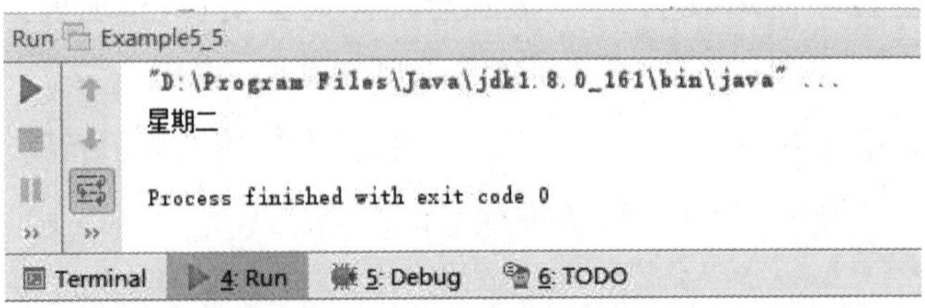

图 3-8 运行结果

4. if 语句的嵌套

if 语句的嵌套是指 if 语句中又包含一个或多个 if 语句，只有当外层 if 语句的条件成立时，才会判断内层 if 语句的条件，一般形式如下：

```
if(表达式 1){
    if(表达式 2){
        语句体 1;
    }else {
        语句体 2;
    }
}else {
    语句体 3;
}
```

功能：首先判断表达式 1 的结果是 true 还是 false，如果是 false 就执行语句体 3，如果是 true 就继续判断表达式 2 的结果是 true 还是 false，如果是 true 就执行语句体 1，如果是 false 就执行语句体 2。

if 语句嵌套的执行流程如图 3 - 9 所示。

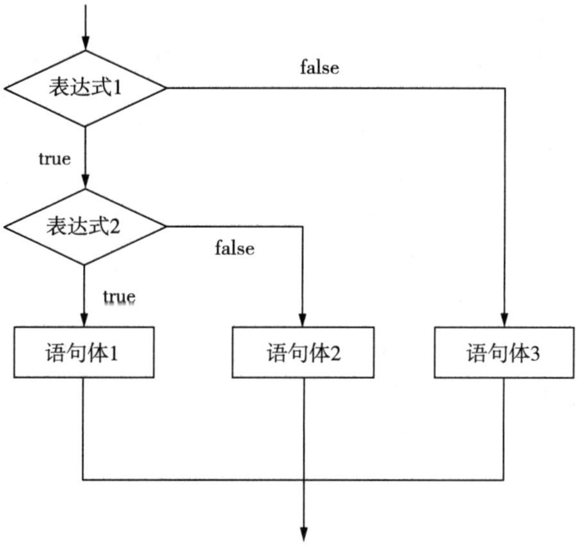

图 3 - 9　if 语句嵌套的执行流程

需要注意的是，if 语句分为三种形式，而 if 语句的嵌套是指 if 语句中包含一个或多个 if 语句，甚至可能层层嵌套。因此 if 语句的嵌套形式有很多种。上述内容为了给读者展示 if 语句嵌套的轮廓，给出了其一般形式。但在实际程序开发过程中，读者可能需要根据不同的情况编写对应的嵌套 if 语句。

【例 3 - 6】 从键盘上输入年份、月份，程序用数字 1～12 表示月份。如果输入的月份不是 2，提示“输入的月份不是 2 月份”，否则计算并输出该年 2 月份的天数。

```
public class Example3_6 {
    public static void main(String[] args){
        System.out.println("请输入年份、月份:");
        //Scanner 类接收键盘输入的数据
        Scanner scanner = new Scanner(System.in);
        //nextInt()方法读取输入的整型数据
            int year = scanner.nextInt();
            int month = scanner.nextInt();
            int day = 0;
            if(month = = 2){
          if(year % 4 = = 0 && year % 100!  = 0 || year % 400 = = 0){
            //year 能被 4 整除且不能被 100 整除，或者能被 400 整除，则是闰年
            //闰年 2 月份是 29 天
              day = 29;
            } else {
              //非闰年 2 月份是 28 天
              day = 28;
            }
            System.out.println(year + "年" + month + "月有" + day + "天");
        } else {
            System.out.println("输入的月份不是 2 月份");
        }
        scanner.close();//关闭 scanner
    }
}
```

上述案例利用 Scanner 类接收用户从键盘输入的年份、月份，并分别赋值给整型变量 year 和 month。判断输入的月份是否等于 2，如果条件不成立，则控制台打印“输入的月份不是 2 月份”，如果条件成立，则继续判断输入的年份是否是闰年。如果是闰年，则说明 2 月份有 29 天，否则有 28 天。最后关闭 scanner，运行结果如图 3 - 10 所示。

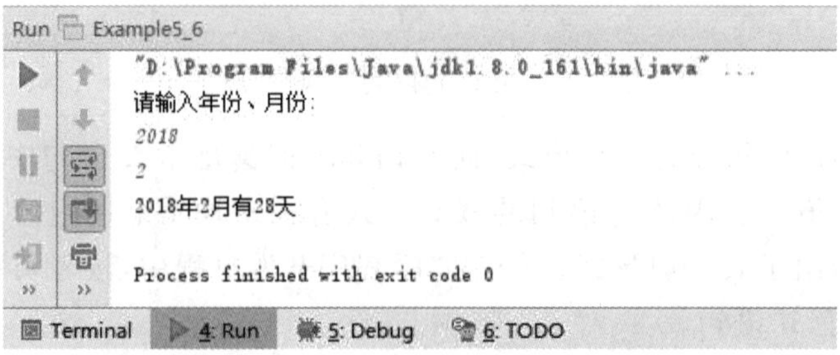

图 3 - 10　运行结果

3.1.2　switch 语句

前面我们讲到 if…else if…else 多分支语句可以对某一事件的多种情况进行处理，但是当分支比较多时，程序的可读性差且容易出错。Java 提供了 switch 语句来实现“多选一”的功能，switch 语句是多分支的开关语句，它由一个表达式和多个 case 标签组成，具体的语法格式如下：

```
switch (表达式){
    case 目标值 1:
        语句体 1;break;
    case 目标值 2:
        语句体 2;break;
    …
    case 目标值 n:
        语句体 n;break;
    default:
        语句体 n + 1;break;
}
```

功能：先计算出表达式的值，然后与每一个 case 进行匹配，如果有匹配的就会执行相应的语句体，在执行过程中，遇到 break 就跳出 switch 语句。最后，如果所有的 case 都与表达式的值不匹配，就会执行 default 语句体部分。

其中，switch 是关键字，标识这是一个 switch 语句。switch 语句中的表达式在 JDK1.5 版本之前只能是 byte、short、int、char 类型的值，如果传入其他类型的值，程序会报错。在 JDK1.5 版本及以上，新增 enum 枚举类型作为 switch 语句表达式的值，在 JDK1.7 版本及以上，新增 String 类型作为 switch 语句表达式的值。case 后面的目标值就是要和表达式进行比较的值。语句体 i(i＝1，2，…，n＋1)可以是空语句，也可以是一条或多条语句。

switch 语句的执行流程如图 3 - 11所示。

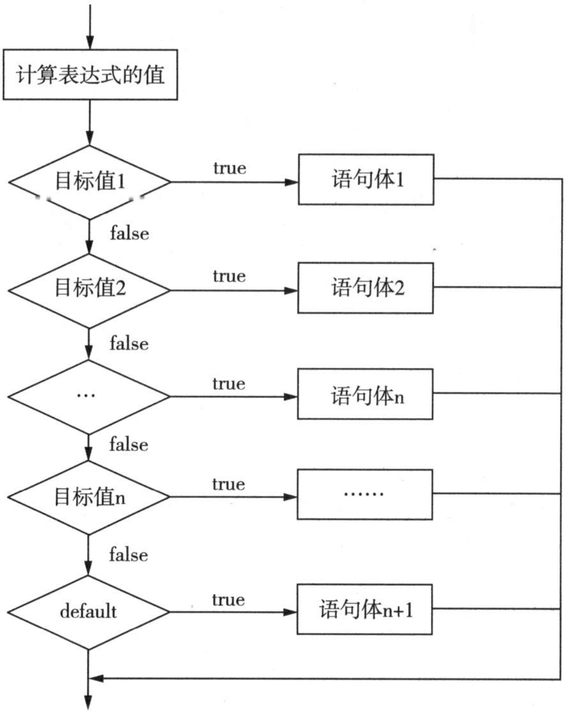

图 3 - 11　switch 语句的执行流程

switch 语句表达式的值在与每

一个 case 进行匹配时，程序会自动从上到下扫描，寻找匹配的 case，可能存在以下情况：

(1)所有的 case 都和表达式的值不匹配，则执行默认的 case 后的语句。

```
int i = 3;
    switch(i){
        case 0:
            System.out.println("0");break;
        case 1:
            System.out.println("1");break;
        case 2:
            System.out.println("2");break;
        default:
            System.out.println("not found");break;
    }
```

输出：

```
not found
```

(2)如果每一个 case 都不存在 break，所有的 case 匹配不成功则返回默认 case。

```
int i = 3;
    switch(i){
        case 0:
            System.out.println("0");
        case 1:
            System.out.println("1");
        case 2:
            System.out.println("2");
        default:
            System.out.println("not found");
    }
```

输出：

```
not found
```

(3)如果每一个 case 都不存在 break，则其中一个 case 匹配成功后，从当前 case 开始，依次执行后面所有 case 的语句。

```
int i = 1;
switch(i){
    case 0:
        System.out.println("0");
```

```
        case 1:
            System.out.println("1");
        case 2:
            System.out.println("2");
        default:
            System.out.println("not found");
    }
```

输出：

```
1
2
Not found
```

(4)如果当前匹配成功的case不存在break，则从当前case开始，依次执行后面case的语句，直到遇到break，跳出switch语句。

```
int i = 1;
switch(i){
        case 0:
            System.out.println("0");
        case 1:
            System.out.println("1");
        case 2:
            System.out.println("2");break;
        default:
            System.out.println("not found");
    }
```

输出：

```
1
2
```

使用switch语句的注意事项：

(1)不允许有重复的case取值。

(2)case后面必须紧跟常量数值或常量表达式，不能是变量。

(3)可以把功能相同的case语句合并，例如：

```
case 1:
case 2:
    System.out.println("good");break;
```

(4)default 块可以出现在任意位置,也可以省略。

【例 3-7】 利用 switch 语句实现考试成绩等级划分的程序。

```
public class Example3_7 {
    public static void main(String[] args){
        System.out.println("-----请输入考试成绩-----");
        //从键盘上输入考试成绩,利用 Scanner 类的 System.in 接收数据
        Scanner scanner = new Scanner(System.in);
        int score = scanner.nextInt();
        int n = score/10;
        switch (n){
        case 10:
        case 9:
            System.out.println("成绩等级为优 = " + score);
            break;
        case 8:
            System.out.println("成绩等级为良 = " + score);
            break;
        case 7:
            System.out.println("成绩等级为中 = " + score);
            break;
        case 6:
            System.out.println("成绩等级为及格 = " + score);
            break;
        default:
            System.out.println("成绩等级为不及格 = " + score);
            break;
        }
        scanner.close();
    }
}
```

从上述案例我们可以看出,利用 switch 语句处理多分支情况,程序易于阅读。定义一个整型变量 n=score/10,如果 score 等于 100 分,则 n=10;如果 score 大于等于 90 分且小于 100 分,则 n=9。因此 case 10 和 case 9 两种情况可以共用同一个语句体,也就是说我们可以把功能相同的 case 语句合并。如果 score 大于等于 80 分且小于 90 分,则 n=8 执行 case 8 后面的语句体,以此类推,如果 score 在 60 分以下,则执行 default 语句后面的语句体,运行结果自行验证。

【例 3-8】 应用 switch 语句重写例 3-5,根据给出的数值输出对应的星期值。

```
public class Example3_8 {
```

```
public static void main(String[] args){
    int week = 2;
    switch (week){
    case 1:
        System.out.println("星期一");
        break;
    case 2:
        System.out.println("星期二");
        break;
    case 3:
        System.out.println("星期三");
        break;
    case 4:
        System.out.println("星期四");
        break;
    case 5:
        System.out.println("星期五");
        break;
    case 6:
        System.out.println("星期六");
        break;
    case 7:
        System.out.println("星期日");
        break;
    default:
        System.out.println("给定的数值不在星期值范围内");
        break;
        }
    }
}
```

上述案例中定义变量 week 的值为 2，switch 语句判断的结果满足 case 2 的条件，因此打印“星期二”，运行结果和例 3 - 5 的一致。default 语句用于处理和前面 case 都不匹配的情况，如果 week 赋值为 10，则控制台会打印“给定的数值不在星期值范围内”，运行结果如图 3 - 12 所示。

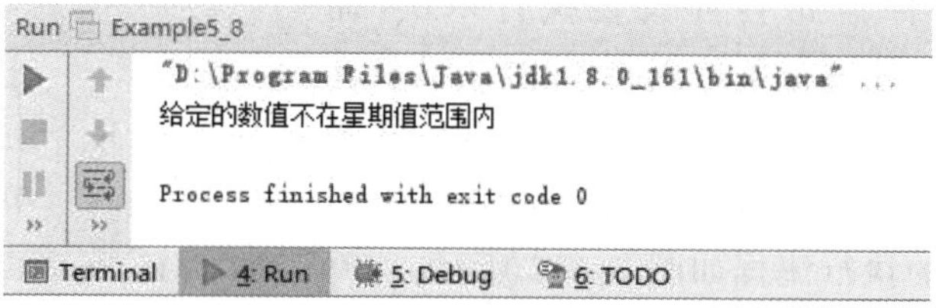

图 3 - 12　运行结果

3.2 循环语句

在实际生活中我们经常会将同一件事情重复做很多次，比如车子的轮胎在行驶过程中就一直在循环转，长跑也要求运动员不停地一圈一圈跑，那么我们为什么要学循环语句呢？如果要求在程序中打印 100 遍"我要学好 Java"，那么你可能很快在程序中写 100 条 System. out. println("我要学好 Java ")；语句。如果让你打印 1 万遍呢？难道你要在程序里面写 1 万条打印语句吗？这种方式虽然能够解决问题，但很显然这使得代码冗长，不易于阅读。Java 提供了能够重复执行某段代码，直到满足特定条件为止的循环语句。Java 包含三种循环语句：while 循环语句、do…while 循环语句和 for 循环语句。接下来我们将针对循环语句进行详细的讲解。

3.2.1 while 循环语句

while 循环语句是循环语句中最基本的结构，它的语法格式如下：

```
while(循环条件){
    循环体;
}
```

功能：首先判断循环条件，如果循环条件为 false，则直接执行 while 语句后续的代码；如果循环条件为 true，则执行循环体代码，然后再判断循环条件，直到循环条件不成立为止。

while 关键字的中文意思是"当……的时候"，也就是当条件成立时循环执行对应的代码。其中，循环条件的类型为 boolean 类型，表示循环成立的条件，循环体部分则是需要重复执行的代码，循环体是否执行取决于循环条件。

while 循环语句和前面所学的 if 条件语句有些类似，都是根据条件判断来决定是否执行{}内的语句。不同之处在于，if 条件语句会且只会执行一次，而 while 循环语句会重复地进行条件判断，只要条件成立 true，循环体就会执行，直到条件不成立 false，整个 while 循环过程才会结束，可能执行 0 次或多次。

while 循环语句的执行流程如图 3 - 13 所示。

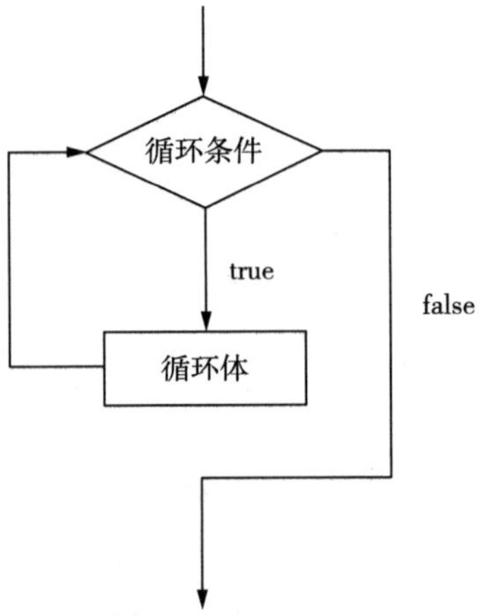

图 3 - 13 while 循环语句的执行流程

【例 3-9】 应用 while 循环语句计算 1～100 的整数和。

```
public class Example3_9 {
    public static void main(String[] args){
        //定义 sum 变量用于记录 1～100 整数累加的和
        int sum = 0;
        int i = 1;//定义变量 i,初始值为 1
        //循环条件判断 i 是否小于等于 100
        while(i< = 100){
            //条件成立,执行整数累加
            sum + = i;//等价于 sum = sum + i;
            i+ +;//i 自增,等价于 i = i + 1;
        }
        System.out.println(" 1 + 2 + 3 + … + 100 = " + sum);
    }
}
```

上述案例定义变量 sum 用于记录 1～100 的整数累加的和，变量 i 初始值为 1，在满足循环条件 i<=100 的情况下，循环体会重复执行，i 的值会在 1～100 之间变化。sum 通过 sum+=i 不断地进行累加，当 i=101 时，循环条件不成立，跳出循环语句，执行下一条语句打印 sum 累加的和，运行结果为 1+2+3+…+100=5050。

【例 3-10】 打印 1～10 的奇数。

```
public class Example3_10 {
    public static void main(String[] args){
        int i = 1;//定义变量 i,初始值为 1
        while(i< = 10){//循环条件,判断 i 是否小于等于 10
            //条件成立
            if(i%2! = 0){//判断 i 是否不能被 2 整除
                //i 不能被 2 整除说明 i 是奇数
                System.out.println(i + "是奇数");
            }
            i+ +;//自增,等价于 i = i + 1;
        }
    }
}
```

上述案例定义了一个变量 i，初始值为 1，反复对循环条件 i<=10 进行判断，只要条件成立，循环体就会执行。判断 i 的值是否是奇数，如果 i 不能被 2 整除，则说明 i 是奇数，打印 i 的值，之后让 i 自增，运行结果如图 3-14 所示。

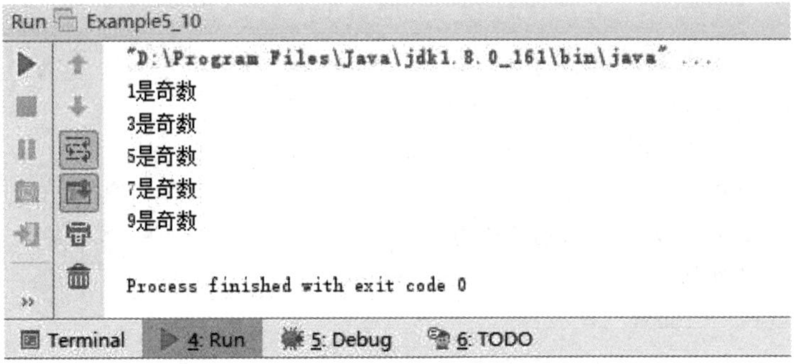

图 3-14 运行结果

下面列举一些初学者在使用 while 语句时容易犯的错误：

(1)在 while 循环条件的括号后面加“;”，例如：

```
while(i<=10);
```

这时程序会认为要执行一条空语句，从而进入无限循环，也称死循环。

Java 编译器不会报错，这时可能会浪费时间去调试，需要注意。

(2)循环条件永远成立，进入死循环，例如：

```
int i=1;
while(i<=10){
    System.out.println(i);
}
```

在这里 1 永远小于等于 10，运行后程序将不停地输出 1。因此我们在例 3-9 和例 3-10 中写了一段代码 i=i+1;用于在每次循环时改变变量 i 的值，从而达到最终改变循环条件的目的。如果没有这段代码，整个循环就会进入无限循环的状态，永远不会结束。

3.2.2 do…while 循环语句

do…while 循环语句的语法格式如下：

```
do{
    循环体;
} while(循环条件);
```

功能：先执行一遍循环体部分的语句，然后判断循环条件是否成立；如果条件成立，则再次执行循环体，直到循环条件不成立为止。

do…while 循环语句的执行流程如图 3-15 所示。

do…while 循环语句和 while 循环语句功能类似，但两者之间也存在区别：

(1)语法格式不同，在 while 循环条件的括号后面不能加“;”，否则会进入无限循环；

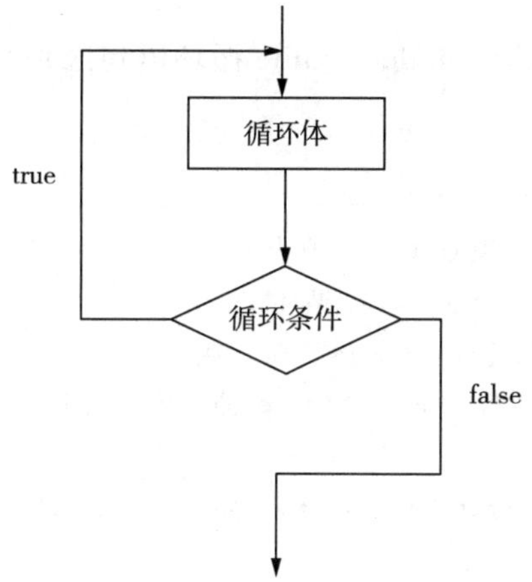

图 3-15　do…while 循环语句的执行流程

do…while 循环条件的括号后面必须加“;”，否则程序会报错。

(2)while 循环语句的特点是先判断，再执行，如果判断循环条件不成立，那么循环体不会执行；do…while 循环语句的特点是先执行，后判断，循环体会无条件执行一次，然后根据循环条件来决定是否继续执行。换句话说，如果循环条件在循环语句开始时就不成立，那么 while 循环的循环体一次都不执行，do…while 循环的循环体不管在任何情况下都至少执行一次。

【例 3-11】 应用 do…while 循环语句执行例 3-9，计算 1～100 的整数和。

```
public class Example3_11 {
    public static void main(String[] args){
        //定义 sum 变量用于记录 1～100 整数累加的和
        int sum = 0;
        int i = 1;//定义变量 i,初始值为 1
        //循环条件判断 i 是否小于等于 100
        do{
            //条件成立,执行整数累加
            sum + = i;//等价于 sum = sum + i;
            i + + ;//i 自增,等价于 i = i + 1;
        }while(i< = 100);//循环条件一开始是成立的 1< = 100
        System. out. println(" 1 + 2 + 3 + … + 100 = " + sum);
    }
}
```

上述案例运行结果与例 3-9 的结果一致，通常情况下，如果 while 循环语句和 do…while 循环语句的循环体相同，并且循环条件一开始是成立的(true)，那么它们的输出结果就相同。如果 while 和 do…while 循环条件一开始是不成立的(false)，那么它们的输出结果就有所不同。

【例 3 - 12】 while 循环语句和 do…while 循环语句区别测试示例。

```
public class Example3_12 {
    public static void main(String[] args){
        int i = 0;//定义一个变量 i,初始值为 0
        System.out.println("开始 while 循环");
        while(i<0){ //判断循环条件 i<0 是否成立
            //一开始循环条件就不成立 false,循环体一次都不执行
            i++;
            System.out.println("进行第" + i + "次 while 循环");
        }
        System.out.println("结束 while 循环");
        System.out.println("开始 do…while 循环");
        i = 0;
        do {
            i++;//do…while 不管怎样会执行一次循环体
            System.out.println("进行第" + i + "次 do…while 循环");
        }while(i<0);//判断循环条件 i<0 是否成立
        System.out.println("结束 do…while 循环");
    }
}
```

上述案例中变量 i 的初始值为 0,while 循环语句先判断循环条件 i<0 是否成立,由于条件一开始就不成立,故 while 循环体一次都不执行。将 i 重置为 0,继续 do…while 循环语句,先执行一遍 do…while 循环体,i++自增变成 1,打印“进行第 1 次 do…while 循环”,然后判断循环条件 i<0 是否成立,条件也不成立,故 do…while 循环体不再执行,运行结果如图 3 - 16 所示。

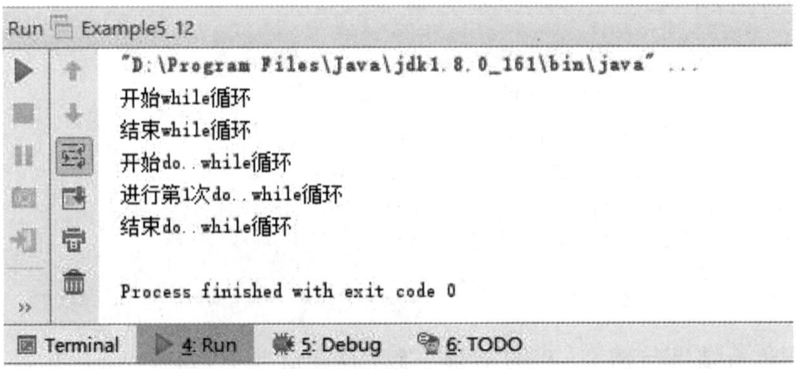

图 3 - 16 运行结果

3.2.3　for 循环语句

for 循环语句是最常用的循环语句，其语法格式如下：

```
for(初始化语句;循环条件;控制条件语句){
    循环体;
}
```

功能：首先执行初始化语句，其次判断循环条件的结果是 true 还是 false。如果结果是 false，则循环结束；如果结果是 true，则继续执行循环体，然后执行控制条件语句，重复执行循环条件判断，直到循环条件不成立为止。

其中，初始化语句一般用于初始化循环体变量，循环条件用于判断是否继续执行循环体，其值为 boolean 类型，只能是 true 或 false，控制条件语句用于改变循环条件。初始化语句、循环条件和控制条件语句之间用“;”隔开。

循环体如果是一条语句，则大括号可以省略；如果是多条语句，则大括号不能省略。建议读者最好不要省略大括号。一般来说，有左大括号就没有分号，有分号就没有左大括号。

for 循环语句的执行流程如图 3－17 所示。

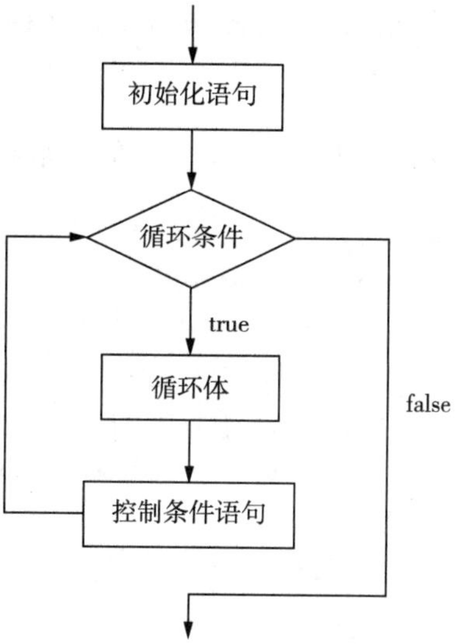

图 3－17　for 循环语句的执行流程

for 循环语句使用的注意事项：

(1)for 关键字后面括号中的初始化语句、循环条件和控制条件语句之间必须用“;”隔开，且都可以省略，但“;”不能省略。

① 省略“初始化语句”，可以在 for 循环语句之前由赋值语句进行变量初始化操作，如下：

```
int i = 0;//变量 i 在 for 循环语句之前赋值
for(;i<= 5;i++){//省略初始化语句
    System.out.println("hello world");
}
```

② 省略“循环条件”，可能会造成循环一直执行下去，进入无限循环，也就是死循环，如下：

```
for(int i = 0;;i++){//省略循环条件
    System.out.println("hello world");
}
```

③ 省略“控制条件语句”，可以在循环体中对循环变量进行变化，如下：

```
for(int i = 0;i<= 5;){//省略控制条件语句
    System.out.println("hello world");
    i++;
}
```

(2)for 循环变量初始化和循环变量变化部分，可以使用“,”同时初始化或改变多个循环变量的值，如下：

```
//初始化变量部分同时对两个变量 i 和 j 赋值
//循环变量变化部分也同时对两个变量进行变化
for(int i = 0,j = 5;i<= 5;i++,j--){
    System.out.println("i = " + i + " j = " + j);
}
```

【例 3-13】 求 1～10 的阶乘和，即 1！+2！+…+10！。

```
public class Example3_13 {
    public static void main(String[] args){
        int sum = 0;//定义变量 sum,用于记录 1～10 各阶乘的和
        for(int i = 1,j = 1;i<= 10;i++){
            j *= i;//等价于 j = j * i;
            sum += j;//等价于 sum = sum + j;
        }
        System.out.println("1! +2! +…+10! = " + sum);
    }
}
```

上述案例中，变量 sum 初始值为 0。在 for 循环的初始化语句中初始化变量 i 和 j 的值为 1,i 变量用于控制循环条件变化，j 变量用于记录各阶乘的值。当判断条件 i<=10 为 true 时，会执行循环体中的“j *=i;”及“sum+=j;”这两条语句。执行完毕后，执行控制条件语句 i++改变循环条件，然后继续进行条件判断，直到 i>10 条件不成立为止。为了让读者尽快掌握 for 循环语句的执行过程，下面以表格形式呈现程序在运行期间每次循环时变量 i、j 和 sum 的值变化，见表 3-1。

表 3-1　i、j 和 sum 变量循环中的值

循环次数	变量 i	变量 j	变量 sum
1	1	1	1
2	2	2	3
3	3	6	9

（续表）

循环次数	变量 i	变量 j	变量 sum
4	4	24	33
5	5	120	153
6	6	720	873
7	7	5040	5913
8	8	40320	46233
9	9	362880	409113
10	10	3628800	4037913

运行结果如图 3－18 所示。

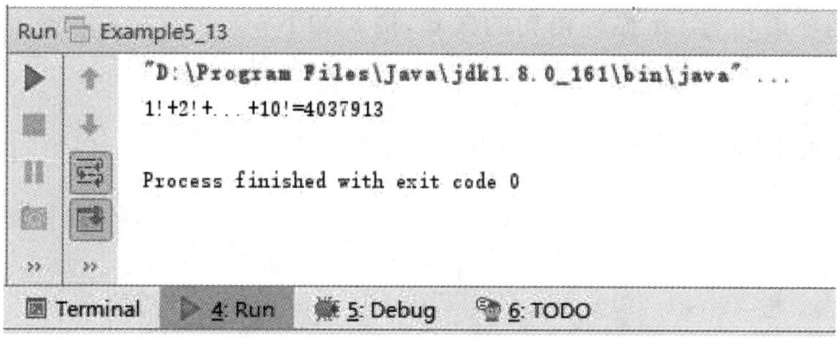

图 3－18　运行结果

3.2.4　循环的嵌套

循环的嵌套就是一个循环语句的循环体内又包含另一个完整的循环结构。循环语句分为 while、do…while 和 for 三种，这三者之间可以相互嵌套。下面列举几种常见的循环嵌套形式。

（1）for 循环语句的嵌套是最常见的循环嵌套，格式如下：

```
for(初始化语句;循环条件;控制条件语句){
    for(初始化语句;循环条件;控制条件语句){
        循环体;
    }
    ……
}
```

（2）while 循环语句的嵌套，格式如下：

```
while(循环条件){
```

```
    while(循环条件){
        循环体;
    }
    ……
}
```

(3)for 循环语句与 while 循环语句的嵌套,格式如下:

```
for(初始化语句;循环条件;控制条件语句){
    while(循环条件){
        循环体;
    }
    ……
}
```

(4)while 循环语句与 for 循环语句的嵌套,格式如下:

```
while(循环条件){
        for(初始化语句;循环条件;控制条件语句){
            循环体;
    }
    ……
}
```

【例 3-14】 使用“*”打印如下的平行四边形。

```
* * * * * * * * * * * * * * *
* * * * * * * * * * * * * * *
* * * * * * * * * * * * * * *
* * * * * * * * * * * * * * *
* * * * * * * * * * * * * * *
```

```
public class Example3_14 {
    public static void main(String[] args){
        //使用 for 循环嵌套实现平行四边形的打印
        for(int i = 1;i< = 5;i + + ){ //外层循环控制打印的行数
            for(int j = 1;j< = i;j + + ){ //内层循环控制打印空格
                System.out.print(" ");
            }
            //每一行的 * 个数都是 15 个
            for(int k = 1;k< = 15;k + + ){//内层循环控制打印 *
                System.out.print("*");
```

```
            }
            System.out.println("");//换行
            //等价于 System.out.print("\n");
        }
    }
}
```

上述代码定义了两层 for 循环，分别为外层循环和内层循环。其中，外层循环用来控制打印的行数。第一个内层循环用于打印每一行的空格数，分析可知，每一行的空格数与行数有关，即第几行就打印多少个空格；第二个内层循环用于打印“*”，每一行的“*”个数都是 15 个，每打印完一行换行。

【例 3-15】　打印九九乘法口诀表。

```
public class Example3_15 {
    public static void main(String[] args){
        int j;
        //使用 for 循环语句与 while 循环语句嵌套实现
        //当然也可以使用 for 循环嵌套等其他方式实现
        for(int i=1;i<=9;i++){ //外层循环
            j=1;//列变量
            while(j<=i){//内层循环
                System.out.print(j+"*"+i+"="+(i*j)+"\t");
                j++;//等价于 j=j+1;
            }
            System.out.println();//换行
            //等价写法 System.out.print("\n");
        }
    }
}
```

如果我们把九九乘法口诀表中如 1×1=1 等式全部看作一个个整体，将九九乘法口诀表看作一个直角三角形，可用循环嵌套来实现直角三角形，那么最后输出应为 System.out.print[变量 1+"*"+变量 2+"="+(变量 1*变量 2)+" "]。上述案例采用 for 循环语句与 while 循环语句嵌套实现，i 变量是行变量，j 变量是列变量，for 外层循环用于控制打印的行数，以及控制每行输出的乘法表达式数量，分析可知，每一行的乘法表达式数量与行数有关，所处第几行就有多少个乘法表达式。while 内层循环用于打印行列变量组成的乘法表达式，循环条件 j<=i 确保列数小于或等于行数，每执行完一次外层循环换行，最后输出九九乘法口诀表，运行结果如图 3-19 所示。

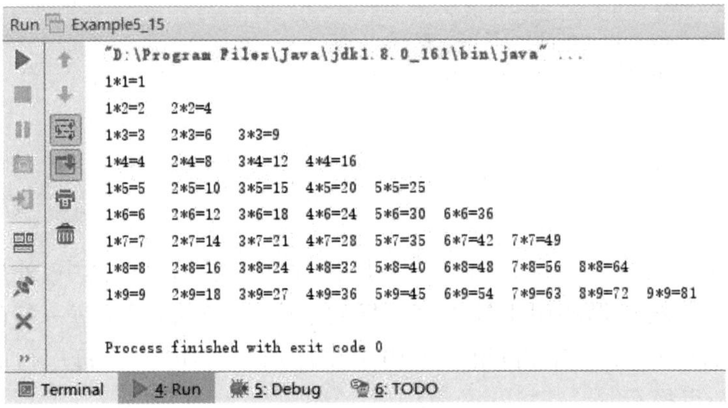

图 3－19　运行结果

3.3　跳转语句

在使用循环语句时，只有循环条件不成立 false 时，才能结束循环。有时我们想要提前中断循环，该怎么办呢？要实现这一点，只需在循环体中添加跳转语句。Java 提供了 break 和 continue 两种跳转语句，接下来分别对其进行介绍。

3.3.1　break 语句

break 语句可以出现在 while、do…while、for 和 switch 语句体中。如果用在循环语句的循环体中，其作用是强行退出循环，忽略循环体中其他语句和循环条件的限制，直接执行循环后面的代码。如果用在 switch 条件语句中，其作用是终止某个 case 并跳出 switch 语句，执行 switch 语句后面的代码。

【例 3－16】 打印 10 以内的素数，并统计个数。素数是指一个大于 1 的自然数，除了 1 和它自身，不能被其他自然数整除的数。

```
public class Example3_16 {
    public static void main(String[] args){
        int count = 0;//记录素数的个数
        boolean isPrimeNum;//变量 isPrimeNum 素数标识
        for(int i = 2;i<10;i + + ){
            //isPrimeNum 变量记录该数是不是素数，默认是素数
            isPrimeNum = true;
            for(int j = 2;j<i;j + + ){
                //大数对小数取余，如果能被其除了 1 和自身的数整除外，则不是素数
                if(i % j = = 0){
```

```
                    isPrimeNum = false;
                    break;//跳出内层循环
                }
            }
            if(isPrimeNum){
                System.out.println(i + "是素数");
                count + + ;
            }
        }
        System.out.println(" 2～10 以内总共有" + count + "个素数");
    }
}
```

上述案例变量 count 用于统计素数的个数，变量 isPrimeNum 用于标识某个数是否是素数，采用 for 循环嵌套实现素数的打印和统计。外层 for 循环使变量 i 的值在 2～9 内循环，内层 for 循环主要是判断 i 是否是素数，一旦发现 i 能被 1 和自身以外的数整除，用 break 语句跳出内层循环。值得注意的是，当 break 语句出现在嵌套循环中的内层循环时，它只能跳出内层循环。换句话说，break 语句如果用在循环语句的循环体中，则只能跳出离它最近的循环语句。运行结果如图 3 - 20 所示。

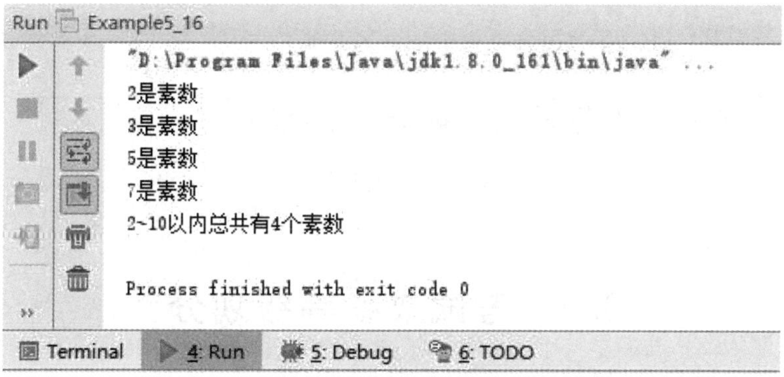

图 3 - 20　运行结果

3.3.2　continue 语句

continue 语句用于循环语句中，用于终止本次循环过程，跳过循环体中 continue 语句后面未执行的语句，开始下一次循环过程。continue 语句只能应用在 for、while 和 do…while 循环语句中。

【例 3 - 17】　计算 1～100 的偶数和。

```
public class Example3_17 {
    public static void main(String[] args){
```

```
        int sum = 0;//定义 sum 变量用来记录偶数和
        for(int i = 1;i< = 100;i + +){//for 循环遍历 1～100 的每一个数
            if(i % 2!  = 0){//判断 i 是否不能被 2 整除
                continue;//如果条件成立,则结束本次循环
            }
            sum + = i;//等价于 sum = sum + i;
        }
        System.out.println(" 1～100 以内的偶数和:" + sum);
    }
}
```

上述案例变量 sum 记录 1～100 的偶数和，使用 for 循环让变量 i 在 1～100 之间变化，循环体内判断 i 是否不能被 2 整除，如果条件成立，则利用 continue 语句结束本次循环，不执行 continue 语句之后未执行的循环体语句，也就是 sum+=i;不执行，直接进入下一次循环；如果条件不成立，说明 i 是偶数，则将 sum 和 i 累加，运行结果如图 3-21 所示。

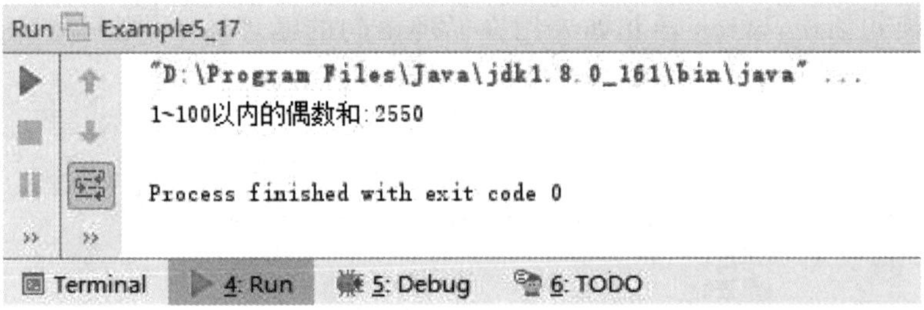

图 3-21　运行结果

3.4　考试成绩等级划分

通过本节的案例，读者可以更好地了解选择结构语句的基本语法，掌握 Java 语言提供的 if 语句和 switch 语句两种选择结构语句的用法。

3.4.1　案例描述

编写一个划定考试成绩等级的程序，用户通过键盘输入一位学生的考试成绩，如果成绩大于或等于 90 分，等级为优；如果成绩大于或等于 80 分且小于 90 分，等级为良；如果成绩大于或等于 70 分且小于 80 分，等级为中；如果成绩大于或等于 60 分且小于 70 分，等级为及格；如果成绩小于 60 分，等级为不及格。假设用户输入的考试成绩只在 0～100 分范围内，运行结果如图 3-22 所示。

3.4.2 案例分析

根据问题描述，需要解决划定考试成绩等级程序的编写问题，程序要使用键盘输入学生的考试成绩，利用 java.util 包下的 Scanner 类从 System.in 中读取输入的成绩，然后确定成绩在哪一个分数段内，从而划分成绩等级且输出结果在控制台，具体的实现流程参照图 3-22 所示。

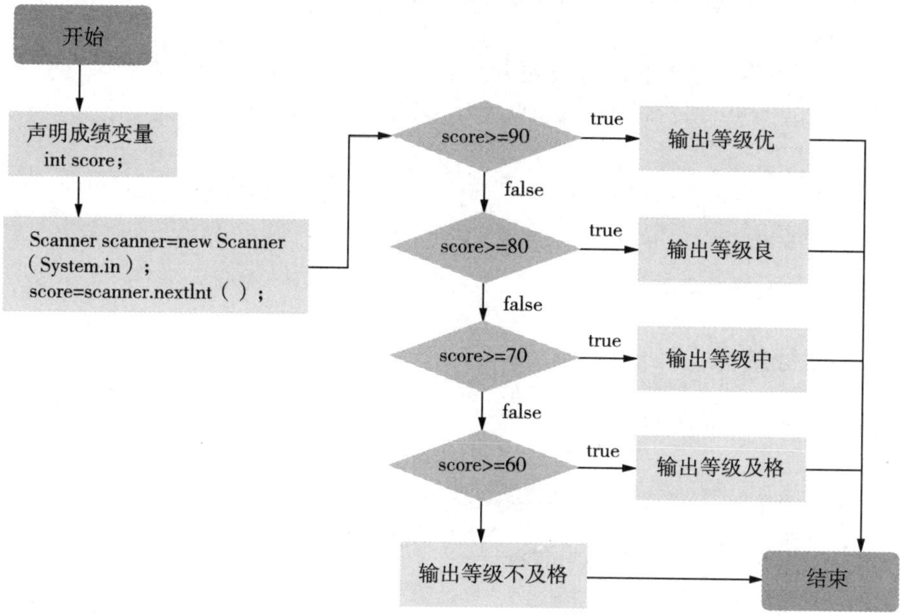

图 3-22　考试成绩等级划定流程

3.4.3 案例解决

根据图 3-22，在 Java 开发工具 IntelliJ IDEA 中编写符合要求的划定考试成绩等级程序，具体实现的程序代码如下：

```
public class ScoreLevel{
    public static void main(String[] args){
        System.out.println("-----请输入考试成绩-----");
        //从键盘中输入考试成绩，利用 Scanner 类的 System.in 接收数据
        Scanner scanner = new Scanner(System.in);
        int score = scanner.nextInt();
        if(score>=90){
            //如果成绩大于或等于 90 分 等级为优
            System.out.println("成绩等级为优 =" + score);
        } else if(score>=80){
            //如果成绩大于或等于 80 分且小于 90 分 等级为良
```

```
            System.out.println("成绩等级为良 =" + score);
        } else if(score>= 70){
            //如果成绩大于或等于 70 分且小于 80 分 等级为中
            System.out.println("成绩等级为中 =" + score);
        } else if(score>= 60){
            //如果成绩大于或等于 60 分且小于 70 分 等级为及格
            System.out.println("成绩等级为及格 =" + score);
        } else {
            //如果成绩小于 60 分 等级为不及格
            System.out.println("成绩等级为不及格 =" + score);
        }
        scanner.close();//关闭 scanner
    }
}
```

3.4.4 运行结果

运行结果如图 3-23 所示。

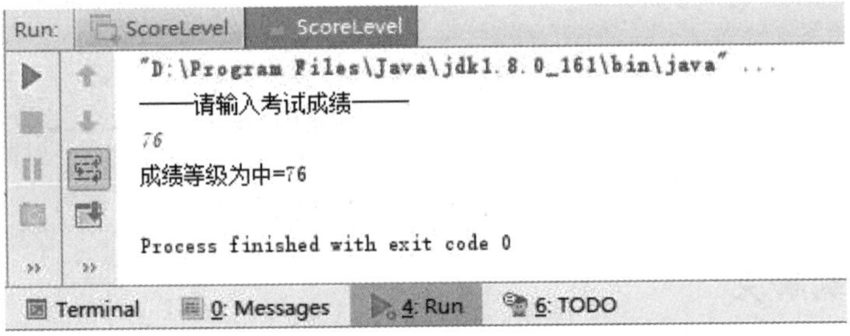

图 3-23 运行结果

3.5 计算 1～100 的整数和

通过本节的案例，读者可以更好地了解循环语句的基本语法，掌握 Java 语言提供的 while 语句、do…while 语句和 for 语句三种循环结构语句的用法。

3.5.1 案例描述

请利用循环语句计算 1～100 的整数和。

3.5.2 分析问题

根据问题描述，需要解决 1～100 的整数和程序的编写问题。运用之前所学的知识，读者可能会想到一种解决方法：将 100 个整数相加，定义一个整型变量 sum＝1＋2＋3＋…＋100，但是该方法会导致代码冗长，不便于阅读。利用循环语句计算 1～100 的整数和的具体实现流程如图 3－24 所示。

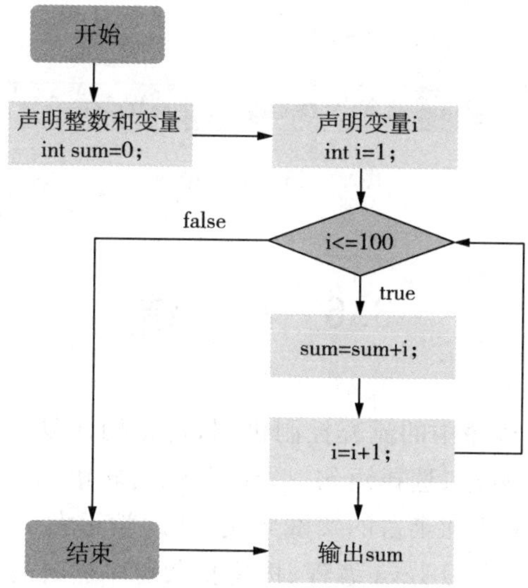

图 3－24　利用循环语句计算 1～100 的整数和的具体实现流程

3.5.3　案例解决

根据图 3－24 编写符合要求的计算 1～100 的整数和的程序，具体实现的程序代码如下：

```
public class NumberSum{
    public static void main(String[] args){
        //定义 sum 变量用于记录 1～100 整数累加的和
        int sum = 0;
        for(int i = 1;i< = 100;i + + ){
            //i 的值会在 1～100 之间变化
            sum + = i;//等价于 sum = sum + i;
        }
        System.out.println(" 1 + 2 + 3 + … + 100 = " + sum);
    }
}
```

3.5.4　运行结果

运行结果如图 3－25 所示。

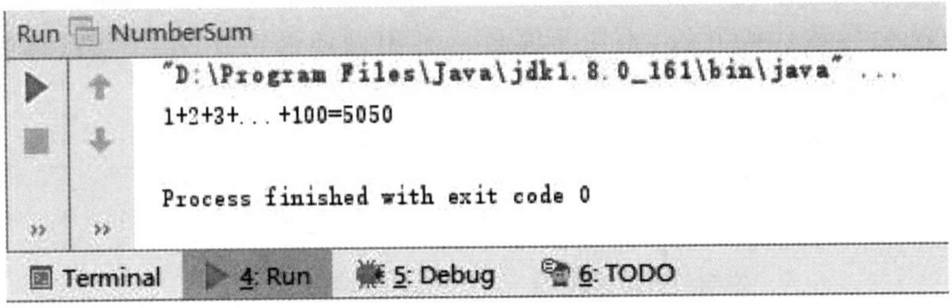

图 3-25 运行结果

3.6 小 结

本章详细阐述了 Java 程序中的流程控制机制，这是构建复杂程序逻辑的核心部分。主要内容包括：程序流程结构概述、选择语句、循环语句、跳转语句。

本章通过详细的理论讲解和丰富的实践案例，帮助学习者全面掌握 Java 程序中的流程控制机制。这些知识是后续学习 Java 编程、构建复杂程序逻辑的重要基础。

习 题

一、填空题

1. 条件语句有________语句和________语句两种。
2. if 语句括号中的条件是________表达式。
3. switch 语句中 switch 关键字后面的表达中的类型应为________类型。
4. Java 语句中，________循环语句的循环体至少被执行一次。
5. ________语句可以用于跳出当前循环。

二、选择题

1. (多选)下列关于条件语句的描述中，错误的是(　　)。

A. if 语句可以有多个 else 子句和 else if 子句

B. if 语句可以没有 else 子句和 else if 子句

C. if 语句中的条件可以使用任何表达式

D. if 语句的 if 体、else 体内可以有循环语句

2. (多选)下列关于开关语句的描述中，错误的是(　　)。

A. 开关语句中，default 子句可以省略

B. 开关语句中，case 子句中一定含有 break 语句

C. 开关语句中，case 子句和 default 子句都可以有多个

D. 退出开关语句的唯一条件是执行 break 语句

3. 下列关于循环语句的描述中，错误的是(　　)。

A. 任何一种循环体内都可以包含另一种循环语句

B. 循环体可以是空语句，也可以是空

C. 循环体内可以出现多个 break 语句

D. 循环语句中，循环体至少被执行一次

4. 下列循环语句的循环次数是(　　)。

```
int i=5;
do{
    System.out.println(i--);
    i--;
}while(i!=0);
```

A. 0　　B. 1　　C. 5　　D. 无限

5. 下列循环语句中，循环体被执行的次数为(　　)。

```
for(int i=0,j=0;(j!=18)||(i<4);i++);
```

A. 3　　B. 4　　C. 不确定　　D. 无限

扫二维码查看习题答案

第4章

字符串与数组

在Java编程领域，字符串(String)与数组是两种极为关键且频繁使用的数据结构，各自在程序中发挥着不可替代的作用，共同促进了程序的高效执行与灵活操控。本章将深入阐述字符串与数组的基本概念、特性及其相关常用操作，旨在帮助读者掌握这两种数据结构的核心运用，进而提升程序编写和维护的效率与质量。

学习目标

- 理解字符串的基本概念与特性。
- 掌握字符串的常用操作。
- 熟悉数组的基本概念和类型。
- 掌握数组的常用操作。
- 理解字符串与数组的性能差异。

思政目标

- 学生通过学习字符串与数组的基本概念、特性及操作，培养逻辑思维能力和系统思维能力，能够有条理地分析问题、设计解决方案，并运用所学知识解决实际问题。
- 在课程学习过程中，学生可以通过小组合作、项目实践等方式培养团队合作意识。学生与他人协作、沟通、分享资源和知识，共同完成任务和解决问题。通过这一过程，学生能够提升沟通能力和团队协作能力，为未来的职业生涯和社会生活奠定良好的基础。

4.1 字符串

字符串是由零个或多个字符按顺序组成的序列。在 Java 编程语言中，有两个核心类专门用于字符串的处理：

(1)String 类，专门用于处理不可变的字符串，即一旦创建，其内容便无法更改。

(2)StringBuffer 类，用于处理内容可变的字符串。

4.1.1 字符串常量

字符串常量是用双引号括起来的一个字符串。例如，“我正在学习 Java 程序设计”“123.456”。在 Java 语言中，字符串常量是匿名的 String 对象。

4.1.2 字符串声明和创建

如同用类声明和创建对象一样，可用 String 类声明和创建字符串。

例如，以下代码声明字符串：String s;

利用 String 类的构造方法可以创建字符串对象，String 类的构造方法有以下几种。

(1)String()，创建一个空字符串对象。

【例 4－1】 创建一个空字符串对象。

```
s = new String();
```

(2)String(String str)，根据给定的字符串 str 创建字符串对象。

【例 4－2】 利用字符串常量创建字符串。

```
s = new String("I am a student.");
```

或简写成：

```
s = "I am a student.";
```

字符串声明和创建可同时完成：

```
Sting s = new String("I am a student.");
```

以下代码用字符串对象创建新字符串：

```
String newStr = new String(s);
```

以上代码使字符串 newStr 与字符串 s 的内容相同，但它们是两个字符串。

(3)String(char a[])，根据字符数组 a 创建一个字符串。

例如:代码

```
char charArray[] = {'g','I','r','l'};
String str = new String(charArray);
```

所生成的字符串内容是“girl”。

(4)String (char a[],int startIndex,int charNum),根据字符数组的起始下标位置以及字符个数创建字符串。

例如:代码

```
char a[] = {'1','2','3','4','5','6','7'};
String s = new String (a,2,4);
System.out.println(s);
```

输出 3456。

4.1.3 字符串基本操作

为了提升 Java 程序中字符串操作的便捷性,Java 语言为字符串提供了多种操作方法,本小节将重点介绍其中一些常用的操作。

(1)字符串的连接[使用+运算符或 concat()方法]

Java 中的字符串支持通过+运算符进行连接,从而得到两个字符串合并后的新字符串。此外,字符串类还提供了一个名为 concat(String s)的方法,该方法的作用是将传入的字符串参数 s 的内容复制到当前字符串对象的末尾,并生成一个新的字符串作为结果。

例 4-3 是说明字符串连接运算的应用程序。

【例 4-3】 一个说明字符串连接运算和连接方法的应用程序。

```
public class Example4_4{
public static void main(String args[]){
String s1 = "ABC";
String s2 = "DEFG";
System.out.println(s1 + s2);
s1 = "ABC";
s2 = "XYZ";
s1 = s1.concat(s2);
System.out.println(s1);
}
}
```

程序输出:

```
ABCDEFG
ABCXYZ
```

(2)获取字符串的长度 length()

运用 length()方法可以获取一个字符串的长度。例如,以下代码输出 4。

```
String s = "我是学生";
int strlen = s.length();
System.out.println(strlen);
```

字符串常量也可以使用 length()方法获得长度。例如:"我是好学生".length()的值是 5。

(3)字符串前缀或后缀的比较

使用 boolean startsWith(String s)方法可以判断一个字符串的前缀是否为字符串 s,例如,

```
String str1 = "220302620629021";
String str2 = "21079670924022";
```

str.startsWith(" 220");的值是 true;str2.startsWith(" 220")的值是 false。

用 boolean endsWith(String s)方法可以判断一个字符串的后缀是否为字符串 s,例如,

```
String str1 = "220302620629021";
String str2 = "21079670924022";
```

str1.endsWith(" 021")的值是 true;str2.endsWith(" 021")的值是 false。

(4)比较两个字符串是否相同

使用 boolean equals(String s)方法比较某字符串是否与字符串 s 相同,例如,

```
String str1 = "abc";
String str2 = "Abc";
String str3 = "abc";
String str4 = new String("abc");
```

在 Java 编程语言中,字符串的比较操作十分丰富。当 str1.equals(str3)的结果为 true 时,这表明两个字符串的内容完全一致。相反,str1.equals(str2)的结果为 false,原因是这两个字符串的首字母存在差异。值得注意的是,字符串内容的比较与字符串引用对象的比较是两个不同的概念。

例如,str1.equals(str2)关注的是两个字符串的内容是否相同,而 str1==str2 则用于判断 str1 与 str2 是否指向同一个字符串对象。在给定的代码上下文中,由于 str1 和 str2 分别指向不同的对象,因此 str1==str2 的结果为 false。然而,str1 和 str3 由于指向同一个字符串常量,所以 str1==str3 的结果为 true。尽管 str1 与 str4 的内容相同,但它们指向的是不同的对象(str1 指向编译时确定的常量,而 str4 指向运行时创建的对象),因此 str1==str4 的结果为 false。

Java 还提供了 boolean equalsIgnoreCase(String s)方法,用于在忽略大小写的情况下比

较两个字符串是否相同。以之前的 str1 和 str2 为例，str1. equalsIgnoreCase(str2)的结果为 true。此外，int compareTo(String another)方法则按字典顺序比较两个字符串的大小。若 s1 和 s2 内容相同，则返回 0；若 s1 大于 s2，则返回正数；若 s1 小于 s2，则返回负数。同样地，int compareToIgnoreCase(String another)方法也是在忽略大小写的情况下，按字典顺序比较两个字符串的大小。

(5)字符串检索

我们可以利用 String 类中的 indexOf 方法实现字符串的检索功能。具体来说，有两种形式的 indexOf 方法可供使用。

① int indexOf(String s)：该方法从目标字符串的起始位置开始，搜索参数字符串 s，并返回 s 首次出现的位置索引。

② int indexOf(String s,int startpoint)：该方法允许指定一个起始搜索点 startpoint，从该位置开始在目标字符串中搜索参数字符串 s，并返回 s 首次出现的位置索引。

如果在这两种搜索过程中均未找到参数字符串 s，则 indexOf 方法会返回－1，表示搜索失败。

```
String s = “ABCDEFGHIJABC”;
s. indexOf(“C”);//值是 2
s. IndexOf(“EFG”,2);//4
s. indexOf(“A”,7);//值是 10
s. IndexOf(“D”,4);// - 1
```

(6)取字符串的子串

在 String 类中，可以使用以下两种方法来提取子字符串。

① String substring(int startpoint)：此方法根据给定的起始下标 startpoint 截取子字符串，从该下标开始直至字符串的末尾。

② String substring(int startpoint,int end)：此方法允许我们指定起始下标 startpoint 和结束下标 end(注意，是结束下标的前一个位置)，并在这个范围内截取子字符串。

在这两种情况下，子字符串的起始位置都是从 startpoint 开始的，而对于第二种方法，子字符串的结束位置则是 end 下标之前的那个字符。例如，通过以下代码示例及其注释，我们可以清晰地看到这些方法的实际运用效果。

```
String s = “0123456789”,s1,s2;
s1 = s. substring(2);//s1 是 23456789
s2 = s. substring(2,5);//s2 是 234
```

(7)替换字符串的某个字符得到一个新字符串

String 类中包含一个名为 replace 的方法，该方法的功能是使用指定的新字符 newChar 替换字符串 s 中所有出现的旧字符 oldChar，从而生成一个新的字符串。举例来说，通过调用此方法并传入相应的参数，我们可以轻松实现字符的替换操作。例如，代码

```
String s1 = “1234567788”;
String s2 = s1. replace(“7”,”A”);
```

创建两个 String 对象，s1 为“1234567788”，s2 为”123456AA88”。

(8)去掉前后空格得到一个新字符串

运用方法 trim()可以去掉字符串的前后空格。

【例 4-4】 一个说明字符串的字符替换和去掉字符串前后空格的应用程序。

```
public class Example4_5{
public static void main(String args[]){
String s = “1234567788”,str;
str = s. replace(‘7’,‘A’);
System. out. println(“s = ” + s + “str = ” + str);
String s2 = “ 1234567788”,str2;
str2 = s2. trim();
System. out. println(“s2 = ” + s2 + “| str2 = ” + str2 + “|”);
}
}
```

程序输出：

```
s = 1234567788 str = 123456AA88
s2 = 1234567788| str2 = 1234567788
```

注意：方法 trim()不能改变字符串本身，而是生成一个新的字符串。

(9)基本类型值的字符串表示

例如，设有 double 类型变量 d，boolean 类型变量 b，代码

```
String dStr = String. valueOf(d);
String bStr = String. valueOf(b);
```

将数值和逻辑值分别转换成字符串。

(10)将字符串转换成基本类型对象

字符串能转换成基本类型对象，例如：代码

```
Double dObj = Double. valueOf(“1234. 567”);
```

将字符串转换成 Double 类的对象。类似地，可以将字符串转换成其他基本类型对象。

(11)字符串得到基本类型值

① 将字符串转化为整型值

将字符串转化为 int 类型值用 Integer. parseInt(String s)方法，例如：

```
int x;String s = “6542”;x = Integer. parseInt(s);
```

将字符串转化为 long 类型值用 Long. parseLong(String s)方法，例如：

```
long x;String s = "46046542";x = Long.parseLong(s);
```

② 将字符串转化为类型值

将字符串转化为 float 类型值用 Float. parseFloat(String s)方法，例如：

```
float f = Float.parseFloat("12.35"),使 f 的值为 12.35。
```

将字符串转化为 double 类型值用代码 Double. parseDouble(String s)方法，例如：

```
double d = Double.parseDouble ("12.35"),使 f 的值为 12.35。
```

4.1.4 StringTokenizer 类

java. util 包中的 StringTokenizer 类专门用于对字符串中的单词或语言符号进行解析。假设我们采用空格作为分隔符，那么字符串“We are learning java programming”就包含 5 个独立的单词。为了解析出这些单词，我们需要利用 StringTokenizer 类的构造器，根据给定的字符串创建一个 StringTokenizer 对象，这个对象我们通常称之为字符串解析器。随后，通过循环调用解析器的 nextToken()方法，我们可以逐个获取字符串中的单词。为了控制循环进程，我们可以使用 hasMoreTokens()方法，只要字符串中还存在未解析的单词，该方法就会返回 true，否则返回 false。另外，countTokens()方法能够告诉我们字符串解析器中包含多少个单词。

StringTokenizer 类提供了如下两种常用的构造器。

(1)StringTokenizer(String s)：这个构造器会根据字符串 s 创建一个解析器，并使用一组默认的分隔符，这组分隔符包括空格符（多个空格被视为一个空格）、换行符、回车符、制表符(Tab)以及进纸符。

(2)StringTokenizer(String s,String delim)：这个构造器允许我们为字符串 s 指定一个自定义的分隔符集合 delim，解析器会根据这些分隔符来解析字符串。

4.1.5 字符串与字节数组

String 类提供了两种构造方法，用于从字节数组创建字符串。

(1)String(byte[] b)：该方法接受一个字节数组 b 作为参数，用于创建对应的字符串。

(2)String(byte[] b,int offset,int length)：该方法同样接受一个字节数组 b，但额外需要指定一个起始偏移量 offset 和一个长度 length，用于从数组中截取指定部分的字节创建字符串。

4.1.6 对象的字符串表示

String 类还提供了一种实例方法 getBytes()，它使用默认的字节字符映射表将字符串转换回字节数组。

在 Java 中，每个对象都可以通过调用 Object 类提供的 toString()方法获取其字符串表示。这种方法返回对象的字符串描述，通常包含有关对象状态的信息。

4.2 数　组

数组是一种数据结构，用于将一组相同类型的数据按序存储，形成复合数据类型。其主要特征包括：数组内的所有元素均保持相同数据类型，且这些元素在内存中连续存储。数组中，每个元素根据其存储顺序被赋予唯一的下标，这些下标从 0 开始依次递增。要引用数组中的某个元素，需通过数组名及其对应的下标来实现。此外，数组还分为一维数组和多维数组，其中，数组元素下标的数量决定了数组的维度。

4.2.1 一维数组

数组元素只有一个下标的数组称为一维数组。

1. 声明一维数组

在 Java 编程语言中，数组被视为一种引用数据类型，数组名称的作用类似于对象名称的作用，都扮演引用的角色。声明数组实际上是声明一个能够指向数组的标识符，并且在这个过程中，需要明确数组元素的数据类型。对于一维数组的声明，存在两种不同的格式：

```
数组元素类型 数组名[]；　或者　数组元素类型[] 数组名；
```

【例 4-5】 一维数组的两种格式。

```
float boy[];double girl[];char cat[]
Student stu[];//与 Student[] stu;等价
```

2. 创建一维数组

(1)一维数组的创建过程涉及为数组分配相应的存储空间，并明确其长度。一旦一维数组被成功创建，数组名称便成为指向那片用于存储数组元素的内存空间的标识符。在 Java 编程语言中，可以运用三种不同的方法创建一维数组：

(2)先声明后创建

创建数组代码的一般形式为：

```
数组名字 = new 数组元素类型[元素个数]；
```

【例 4-6】 创建数组代码。

```
int intArray [];
intArray = new int[5];
```

(3)声明时创建

将声明数组和创建数组的代码结合在一起。

【例 4－7】 声明时创建。

```
int intArray[] = new int[5];
```

(4)直接赋值创建

在声明数组时,直接给出数组的初值。

【例 4－8】 直接给出数组的初值。

```
int [] intArray = {1,2,3,4,5};
```

数组初始化是另一种创建数组的方法,它直接在代码中为数组赋值。在这个过程中,使用花括号"{}"包含数组的初始值,这些初始值以逗号","分隔。系统会根据初始化时提供的初始值数量确定数组的元素个数,随后为数组分配相应的存储空间,并按照顺序为数组的每个元素赋予初始值。

上述代码的功能相当于例 4－9。

【例 4－9】 依次赋值。

```
int intArray[] = new int[5];
intArray[0] = 1;intArray[1] = 2;intArray[2] = 3;intArray[3] = 4;
intArray[4] = 5;
```

在采用前两种数组创建方法时,系统会自动为数组元素赋予默认初始值:对于数值型数组,其元素默认值为 0;对于 char 型数组,元素默认值为空字符(即 ASCII 码为 0 的字符);对于布尔型数组,元素默认值为 false。

在 Java 编程语言中,每个数组都含有一个名为 length 的成员,该成员可被程序访问以获取数组的元素数量,但不可被修改。以之前定义的 intArray 数组为例,其 length 属性的值为 5,代表该数组包含 5 个元素。

3. 引用一维数组元素

引用一维数组元素代码的一般形式为:

```
数组名[下标]
```

数组下标可以是整型常数,也可以是整型表达式。

【例 4－10】 引用一维数组元素。

```
intArray[3] = 25;
```

数组下标范围是 0 到数组名.length－1。为了确保程序的安全性,Java 运行系统自动对数组下标进行范围越界检查。

如果下标越界,则系统将发生异常。

4. 数组是一种引用类型

数组是一种引用类型，一个数组名在不同时间内可引用不同数组。例如：

```
myArray = firstArray;
myArray = secondArray;
```

4.2.2　多维数组

拥有多个下标索引其元素的数组被称为多维数组。多维数组实质上是数组的数组结构，例如，当一个数组的每个元素又是一个一维数组时，它就构成了一个二维数组。在 Java 编程环境中，我们不仅可以创建二维数组，还能创建三维、四维甚至更高维度的数组。接下来，我们将以二维数组为例，详细阐述多维数组的声明、创建以及引用方法。

1. 声明二维数组

声明二维数组的一般形式有以下三种。

```
类型 数组名 [ ][ ]
类型 [ ][ ] 数组名
类型 [ ] 数组名 [ ]
```

类似的代码可以声明多维数组。

2. 创建二维数组

创建二维数组的方法有以下三种。

(1)直接分配(平衡二维数组——矩阵)

```
类型 数组名[][] = new 类型[长度 1][长度 2]
```

例 4 - 11 展示了创建一个 3 行 3 列的矩阵。

【例 4 - 11】 3 行 3 列的矩阵。

```
int myTowArray[][] = new int[3][3];
```

(2)从最高维开始，分别为每一维分配不等长的空间(非平衡数组)

以二维数组为实例，我们首先需要明确第一维的大小，也就是确定二维数组中子数组的数量。接着，针对每一个子数组，我们需要分别指定其包含的元素个数，并据此创建相应的子数组。例 4 - 12 展示了如何创建一个名为 a[][]的二维数组，它包含 3 个子数组。其中，第一个子数组包含 4 个元素，第二个子数组包含 5 个元素，第三个子数组包含 2 个元素。

【例 4 - 12】 创建一个二维数组 a[][]。

```
int a[][] = new int[3];
a[0] = new int[4];
a[1] = new int[5];
a[2] = new int[2];
```

(3)直接赋值创建

声明二维数组,同时直接给出各子数组的元素。如果子数组的元素个数不同,则创建一个非平衡的二维数组。

【例 4 - 13】 直接赋值创建。

```
int [][]x = {{5,6,7},
{8,9,10,11},
{18,19,20,15},
{2,9}
};
```

3. 引用二维数组

二维数组中的元素可以通过以下方式被引用:

使用“数组名[下标 1][下标 2]”的形式,其中“下标 1”代表第一维的下标,“下标 2”代表第二维的下标。以二维数组 x 为例,x[0][1]的值为 6,x[2][3](如果索引有效)可能代表某个具体的值,如 15(这里假设了一个具体的值以作说明)。

4. 使用二维数组要注意的问题

在使用二维数组时,有两点需要注意:

(1)区分二维数组名后的 . length 属性与二维数组名[下标 1]. length 属性的不同含义。二维数组名后的 . length 属性表示二维数组中子数组的数量;二维数组名[下标 1]. length 则表示特定子数组中元素的数量。

(2)二维数组名[下标]是一维数组。

【例 4 - 14】 一个含三角二维数组的应用程序。

```
public class Example4_3{
public static void main(String args[]){
    boolean bTbl[][] = new boolean[4][];
for(int i = 0;i<bTbl. length;i + + )
{
bTbl[i] = new boolean[i + 1];
}
for(int i = 0;i<bTbl. length;i + + ){
    for(int k = 0;k<bTbl[i]. length;k + + ){
        System. out. print(bTbl[i][k] + " “);
    }
    System. out. println(“");
}
}
}
```

运行以上程序,输出结果如下：

```
false
false false
false false false
false false false false
```

4.3 小　结

本章全面阐述了 Java 中字符串与数组这两种核心数据结构的特性及操作方法。在字符串部分,重点介绍了 String 类(不可变字符串)和 StringBuffer 类(可变字符串)的使用,包括字符串的声明与创建(通过构造方法从常量、字符数组生成)、基本操作(连接、长度获取、前缀/后缀判断、内容比较、检索、子串提取、字符替换、前后空格去除等),以及字符串与基本类型的转换(如 Integer. parseInt()、String. valueOf())。还讲解了 StringTokenizer 类对字符串的解析功能,通过指定分隔符拆分字符串为单词,并介绍了字符串与字节数组的相互转换方法。字符串操作中需注意 equals()与==的区别,前者比较内容,后者比较对象引用。在数组部分,详细说明了一维数组和多维数组的声明、创建(直接赋值、动态分配)、元素引用及特性,强调数组是引用类型,元素需同类型且内存连续存储,一维数组通过单一下标访问,多维数组本质是“数组的数组”,可通过 length 属性获取长度。

习　题

一、填空题

1. 在 Java 编程语言中,处理不可变字符串的核心类是________。
2. 字符串连接可以通过“+”运算符或________方法实现。
3. 获取字符串长度的方法是________。
4. 使用“StringTokenizer”类时,默认的分隔符包括空格符、换行符、制表符和________。
5. 一维数组的两种声明格式是________和________。

二、单项选择题

1. 下列哪种方法用于比较两个字符串的内容是否相同?(　　)

A. ==　　B. equals()　　C. compareTo()　　D. substring()

2. 以下哪种方式可以直接为数组赋初值?(　　)

A. int[] arr=new int[5]　　B. int[] arr={1,2,3}

C. int arr[];arr=new int[3]　　D. int[] arr=new int[]{5}

3. “StringTokenizer”类的默认分隔符不包括以下哪一项?(　　)

A. 空格　　B. 逗号　　C. 换行符　　D. 制表符

4. 要将字符串中的字符“7”全部替换为“A”，应使用以下哪种方法？(　　)

A. replace(7,A)　　B. replaceAll(7,A)

C. substring()　　D. concat()

5. 声明二维数组的正确方式是(　　)。

A. int[][] arr　　B. int arr[][]　　C. int[] arr[]　　D. 以上三项都包括

扫二维码查看习题答案

第5章

面向对象技术(上)

面向对象是Java语言的重要特性,其旨在将现实问题抽象为类、对象和关系,用以模拟现实世界的行为与交互,能够更好地适应程序开发中用户随时变化的需求。目前,面向对象的思想已经深入软件开发的各个方面,极大地提升了程序代码的编写效率、灵活性和可拓展性,成为现代软件开发的主流思想之一。本章主要介绍面向对象技术上半部分,包括面向对象中关于对象、类、封装、继承、多态的概述,类的定义,对象的创建与引用,权限修饰符,this关键字与super关键字,Java类包等。

学习目标

- 了解面向对象中对象、类、封装、继承、多态的基本含义。
- 掌握类的定义格式,以及对象的创建与使用方式。
- 熟悉不同的权限修饰符及其作用域范围。
- 熟悉this关键字和super关键字的含义与用法。
- 了解Java类包的定义与引用方式。

思政目标

- 提升逻辑思维与问题解决能力,通过面向对象编程深化抽象思维。
- 强化团队协作意识,遵守软件工程规范,提升职业道德素养。

5.1 面向对象概述

在软件开发初期，面向过程编程语言因软件规模增大而逐渐难以满足实际开发需求。于是，人们引入面向对象的开发思想，构建了面向对象语言（Object-oriented Programming，OOP）。这种思想依据人类自然思考方式，将现实问题转化为对象，并调用其属性和行为解决问题。面向对象概念的引入，有效降低了程序开发难度与规模，给软件开发带来了诸多优势。

5.1.1 对象

观察现实世界，我们可以将存在的实体抽象归纳为对象，如手机、房子、大象、人类等。在构建对象时，通常将其划分为两个部分，即属性部分和行为部分。属性部分是静态部分，指其自身具备的固定属性，代表了对象的状态或者数据，如手机，其属性包括 CPU 型号、价格、屏幕尺寸、拍照像素等。行为部分是动态部分，指具备这些属性的对象执行的一系列动作，代表了对象的行为，如手机可以听音乐、打电话、发消息、网上冲浪等。

在面向对象的软件开发中，我们正是通过对现实世界的观察，将现实实体抽象为对象，然后明确对象的属性和行为来了解对象，从而进一步构建复杂的软件开发系统，以解决现实问题。例如，我们现在面临一辆汽车从 A 地开往 B 地的现实问题，以面向对象的思想来解决这一实际问题，具体步骤如下：

(1)从这个现实问题中抽象出对象，对象为汽车。

(2)识别这辆汽车的属性。这些属性即汽车自身的特性，如该汽车的品牌型号为红旗 h5、黑色车身、行驶年限为 5 年等。识别对象的属性如图 5-1 所示。

(3)识别这辆汽车存在的行为，即汽车在行驶中可能出现的动作。例如，停车、加速、转向等，识别对象具有的行为如图 5-2 所示。

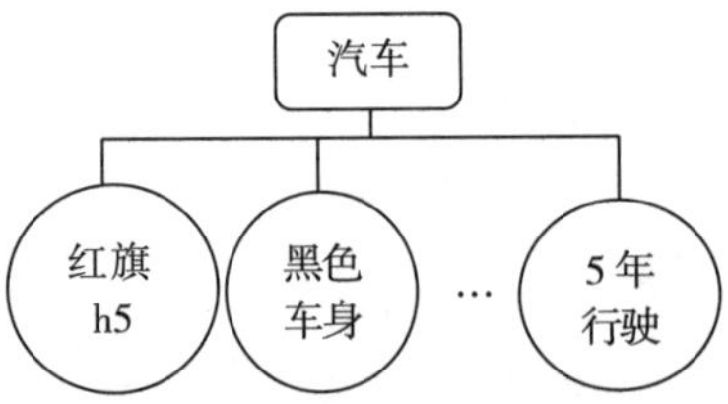

图 5-1 识别对象的属性

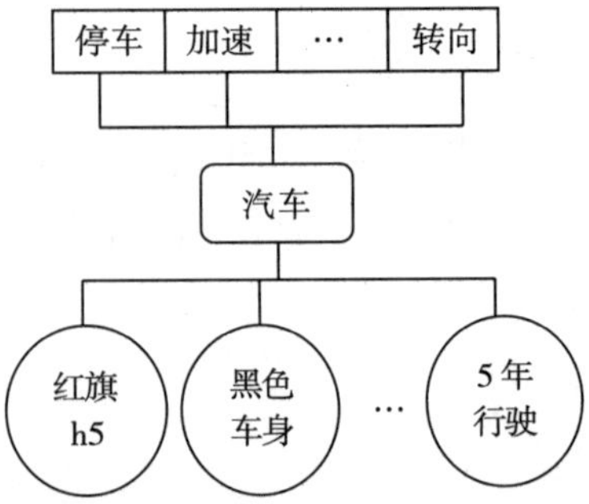

图 5-2 识别对象具有的行为

(4)当识别这个对象的属性和行为后，这个对象就定义完成，然后根据对象的特性解决这辆汽车从 A 地开往 B 地的现实问题。

究其根本,所有从 A 地开往 B 地的汽车都具有以上属性和行为,如果将这些属性和行为封装起来就可以描述汽车类。由此可见,汽车类实质上为所有相似汽车对象提供了统一的抽象描述,而汽车对象则是描述客观事物的一个实体。类与对象的关系如图 5－3 所示。

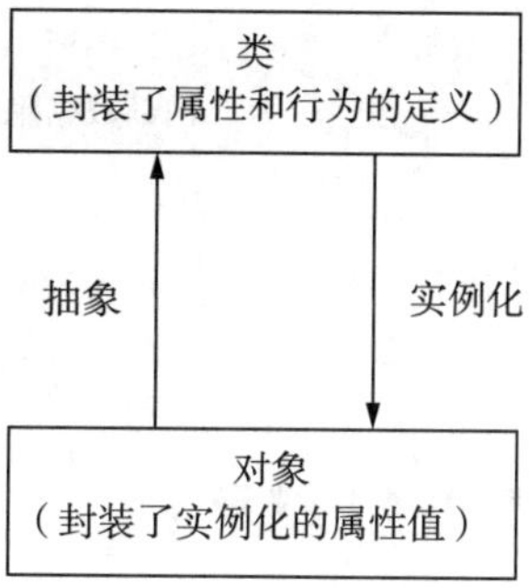

图 5－3　类与对象的关系

5.1.2　类

类是对同一类事物的统称,现实世界中具备相同特征与行为的事物可归为一类,如汽车类、电脑类、鸟类等。在汽车类中,汽车都具备品牌型号、行驶年限、车身颜色、发动机型号等特性,汽车在这些特性下可以进行转弯、停车、加速等动作。现实世界中,所有的汽车都具备以上特征属性与行为,可以把它们归纳为汽车类,类的思想就是这样产生的。在图 5－3 中,我们已经对类与对象的关系进行了描述,可以看出,类是将所有相似对象抽象出属性和行为的称呼,而对象则是类的实例化个体。在面临实际的现实问题时,通常需要使用实例化对象来解决。例如,解决一辆汽车从 A 地开往 B 地的问题,就需要实例化汽车,以具体的汽车来解决问题,而不是使用汽车类。

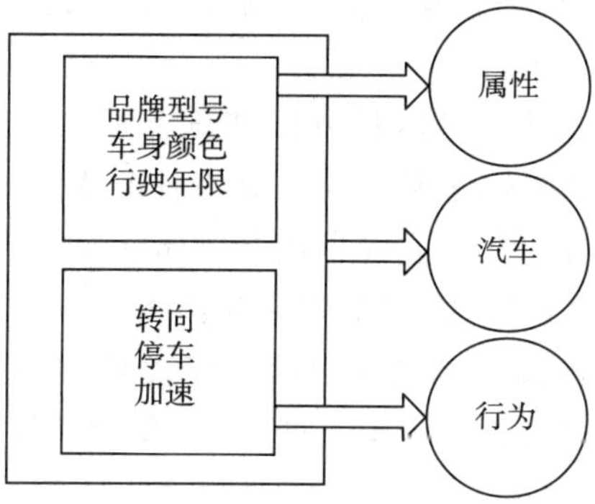

图 5－4　汽车类的结构

类封装了对象的属性与行为,对具有相同特征的事物进行统一归纳。例如汽车类就封装了所有汽车共有的属性与行为,所有存在的汽车都是汽车类的一个实例化对象,汽车类的结构如图 5－4所示。

定义完汽车类后,可以实例化出一个汽车对象,以汽车对象模拟现实中一辆汽车从 A 地开往 B 地的问题。在 Java 编程语言中,类中属性以成员变量的形式展现,而行为则通过成员方法的形式进行描述。

5.1.3　封装

面向对象程序思想的三个基本特征:封装、继承、多态。

封装是面向对象的重要思想之一,将类中的成员变量与方法封装起来,以权限控制内部的访问,隐藏具体的实现细节,从而有效提高类的安全性,这就是封装的思想。例如,用户在开汽车的时候,可以进行转向、加速等,但是不知道汽车内部是如何运行的,发动机等是怎样工作的,但是能够使用汽车,不需要了解内部的实现原理和运行流程。

对类进行封装后,用户只能调用类中公开的成员变量与方法,而其内部未公开的数据则无法修改,这保证了类中数据结构的完整性,提高了程序编码的可维护性。类的封装如图 5－5所示。

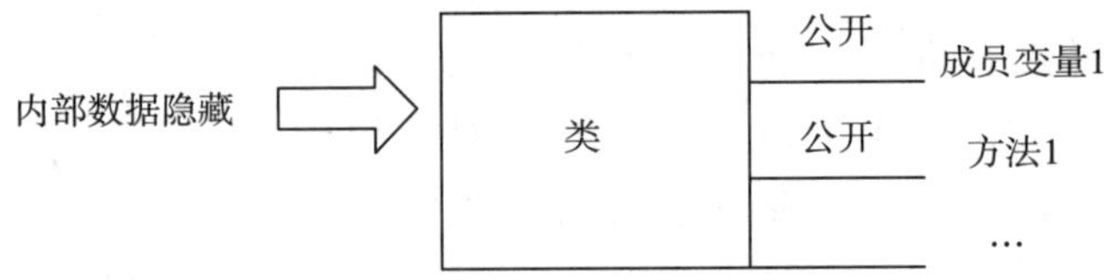

图 5－5　类的封装

5.1.4　继承

现实事物之间是存在一定关系的，同样类与类之间也存在一定关系，这种关系被称为关联。例如教师类与学生类之间存在教学关系，自行车类与摩托车类之间存在交通关系。类与类之间的关系有多种，继承则是类与类之间的一种典型关系。

当面临一些相同或相似的问题时，我们可以对之前定义的类进行复用，从而有效减少解决问题的时间，降低解决问题的难度。例如，为了解决一辆卡车从 A 地到 B 地的送货问题，由于卡车属于汽车，具备汽车的属性和行为，在构建卡车类时，我们可以考虑使用汽车类进行复用，再添加卡车一些特有的属性和行为。因此，在定义卡车类时，保留了汽车类的属性与行为，节省了构建卡车类和汽车类共有属性与行为的时间，这就是继承的基本思想。在进行项目程序编码时，我们会大量采用继承的思想构建类，以缩减软件开发的时间，提升软件开发的可拓展性与健壮性。

继承主要是基于类之间的共同属性。例如，菱形是四边形，长方形和正方形也是四边形。菱形与四边形具备共同的特性，即有四条边。可以将菱形视为四边形的一个特例，或者是一个细分部分。菱形继承了四边形的属性与行为，同时添加了自身特有的属性与行为，如有一组邻边相等，对角线相互垂直且平分对角等。因此，可以将菱形看作从四边形中继承而来的。在 Java 编程语言中，一般称继承的类为子类，被继承的类为父类。子类的实例对象都是父类的实例对象，而父类的实例对象不能说是子类的实例对象。图 5－6 展示了数学中图形类的继承关系。

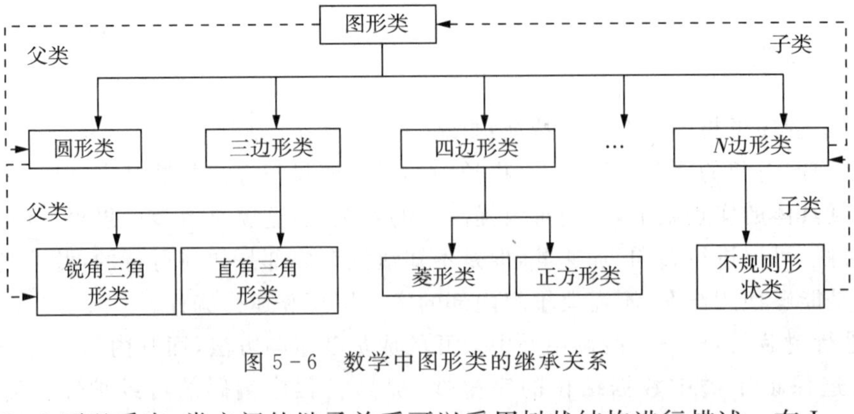

图 5－6　数学中图形类的继承关系

从图 5－6 可以看出，类之间的继承关系可以采用树状结构进行描述。在 Java 编程语言中，一个父类可以有多个子类继承，而一个子类只能继承一个父类。一个类既可以是其他类的子类,也可以是其他类的父类,如四边形类是图形类的子类,同时也是菱形类和正方形类的父类。

5.1.5　多态

多态是指同一个行为具备多种不同的表现形式与形态的能力,是面向对象的一个重要特性。将父类对象的行为应用在子类对象上就是多态。以现实存在的事物来解释、说明多态,例如,打印机类具备打印的功能,彩色打印机类与黑白打印机类都继承了打印机类,当执行打印功能时,彩色打印机的打印效果为彩色,而黑白打印机的打印效果则为黑白,这就是多态的基本思想。

多态性允许统一的编码方式,在父类中定义属性与方法后,子类继承父类可以在父类的基础上有着不同的展现,也就是说同一个属性与行为,在父类与子类中,可能有着不同的含义与表达。

在项目构建中,采用多态机制,在不修改父类代码的基础上,对子类的功能进行拓展,当需要进行通用修改时,只需修改父类代码就能动态调整所有子类代码,这消除了类之间的耦合,使程序具有良好的拓展性。同时,编码将变得更加灵活与整洁,降低了项目编码与维护的难度。

5.2　类与对象

5.1 节介绍了类与对象的基本思想,本节主要介绍在 Java 编程语言中类与对象的定义与使用等,包括类的定义、对象的创建与引用、类的构造方法与类的主方法、局部变量的作用域、权限修饰符、this 关键字、static 关键字、Java 类包等。

5.2.1　类的定义

在 Java 编程语言中,类的定义包含两个部分:类声明与类体。类的一般定义格式如下:

```
[访问修饰符][类型修饰符] class 类名 [extends 父类名][implements 接口 1,接口 2,…]{//类声明部分
        [修饰符] 类型 变量名 1; //成员变量
        [修饰符] 类型 变量名 2;
        …
        [修饰符] 返回值类型 方法名 1([参数列表])[throws 异常列表]{…}; //成员方法
        [修饰符] 返回值类型 方法名 2([参数列表])[throws 异常列表]{…};
        …
}
```
(类体部分)

说明:(1)类的定义中“[]”中为可选择部分,不是定义必需项。

(2)“//”双引号后面的语句为代码注释,不会执行。

(3)关键字 class 引导的是类名,在项目中与文件名一致,通常首字母大写。

(4)关键字 extends 用以继承父类,关键字 implements 用以实现接口。

(5)类体部分包括成员变量与成员方法的定义。成员变量的类型可以定义为 Java 编程语言中的数据类型,包括基本数据类型和引用数据类型等。在定义成员变量时,可以设置初值,如果没有设置初值,那么成员变量的值为默认初始值。类的方法返回值类型可以为基本数据类型,也可以为空类型“void”,方法名首字母一般小写。

【例 5-1】 在项目中创建一个 Cat 类,并在该类中定义成员变量与方法。

```
[1]  public class Cat { //Cat 类
[2]      private String name; //定义一个 String 类的成员变量:猫的名字
[3]      private int age; // 猫的年龄
[4]      public String getName() {//定义一个 getName()方法
[5]          return name; //返回获取类中的成员变量值 }
[6]      public int getAge() {
[7]          return age;}
[8]      public void setName(String name){//定义一个 setName()方法
[9]          this. name = name;//将参数值赋给类中的成员变量}
[10]      public void setAge(int age) {
[11]          this. age = age;}
[12]      public String toString() { //定义一个 toString 方法用以获取 cat 的描述信息
[13]          return " Cat{" +
[14]                 " name ='" + name + '\'' +
[15]                 ", age =" + age +
[16]                 '}';
[17]  }}
```

说明:在 Cat 类中,第 2、3 行定义了两个属性,name 表示猫的姓名,age 表示猫的年龄。第 4、5 行定义了一个 getName()方法,用以获取 name 属性值。

第 6、7 行定义了一个 getAge()方法,用以获取 age 属性值。第 8、9 行定义了一个 setName()方法,该方法将修改 name 属性值。第 10、11 行定义了一个 setAge()方法,该方法将修改 age 属性值。第 12~17 行定义了一个 toString()方法,用以获取 Cat 对象的描述信息,它对 name 属性值与 age 属性值进行拼接作为返回结果。

在成员变量的定义中,一般使用“private”访问控制符进行修饰,以此实现属性值只能在内部调用,外部无法修改类中的属性值。成员方法一般采用“public”访问进行修饰,表示方法对外公开,外部能够调用该类进行操作。

采用访问修饰符能够对类进行封装,以提高类使用的安全性。有关访问修饰符将在后文进行详细阐述。

5.2.2　对象的创建与引用

对象是类的实例化，是类的某一特例。在面向对象的 Java 编程语言中，使用关键字 new 调用类中的构造方法创建类的对象。创建类对象后会将其赋值给引用对象，则可以使用“引用变量名．成员变量”调用成员变量的值，同样地，使用“引用变量名．成员方法”就能够调用成员方法。根据同一个类可以创建不同的实例对象，每个对象都有特定的属性值，在内存中占据单独的空间，具备自己的运行声明周期。在 Java 编程语言中对象的创建格式有两种：

```
引用变量类型 引用变量名 = new 类名([参数列表]);
```

或者

```
引用变量类型 引用变量名;
引用变量名 = new 类名([参数列表]);
```

其中，引用变量类型与类名都是类的名字。当类中只存在无参构造方法时，类名后的参数列表不能填写，参数列表代表的是给对象赋值。对象的创建方法有两种：一是直接使用 new 调用构造方法创建对象；二是先定义引用变量名的类型，再创建对象给其赋值。

【例 5-2】　在 main 方法中创建两个 Cat 对象，并输出结果。

```
[1]  public static void main(String[]args) {
[2]          Cat c1 = new Cat(); //创建对象第一种方式
[3]          Cat c2;
[4]          c2 = new Cat(); //创建对象第二种方式
[5]          c1.setName("小黄"); //调用方法给引用变量的成员变量赋值
[6]          c1.age = 3; //直接给引用变量的成员变量赋值
[7]          c2.name = "小黑";
[8]          c2.setAge(4);
[9]          System.out.println(c1); //调用 toString 方法输出引用变量
[10]         System.out.println(c2);
[11]     }
```

运行结果为：

```
Cat{name = '小黄',age = 3}
Cat{name = '小黑',age = 4}
```

说明：在 main 方法中，采用两种对象定义方法创建了 c1 与 c2，使用 c1 与 c2 就可以直接访问这两个对象。其中第 5 行是访问了 c1 中的成员方法 setName()，并给 c1 中的 name 属性赋值为小黄。第 6 行是访问了 c1 中的成员变量 age，并给其赋值为 3。第 9 行为输出 c1 对象，则调用类中的成员方法 toString()，输出了 c1 对象的 name、age 的值。

在对象之间存在两种比较的方式,分别是“==”运算符和 equals()方法,这两种方法都能衡量对象之间是否相等,但存在一些本质区别。

【例 5-3】 在 Compare 类的 main 方法中创建定义两个 String 对象,并使用“==”运算符和 equals()方法进行对象之间的比较。

```
[1]  public class Compare {
[2]      public static void main(String[]args) {
[3]          String s1 = new String(" qwe"); //创建两个 String 对象,赋值相同
[4]          String s2 = new String(" qwe");
[5]          String s3 = s1; //将 s1 对象引用赋值给 s3
[6]          System. out. println(s1 = = s2); //使用 = = 比较 s1 与 s2
[7]          System. out. println(s1. equals(s2)); //使用 equals 方法比较 s1 与 s2
[8]          System. out. println(s2 = = s3);
[9]          System. out. println(s2. equals(s3));
[10]         System. out. println(s1 = = s3);
[11]         System. out. println(s1. equals(s3));
[12]     }
[13] }
```

运行结果为

```
false
true
false
true
true
true
```

说明:从上述代码的运行结果可以看出“==”与“equals()”在类的比较中是不一样的。“==”运算符是比较两个对象的地址是否相同,由于在创建类对象时,会自动分配内存空间,对象 s1 与 s2 的内存地址不一样,所以 s1 与 s2 是不相等的。“equals()”方法比较的是对象所指的内容是否相等,s1 与 s2 对象中内容都是 qwe,所以使用“equals()”方法比较它们是相等的。第 5 行代码,是将 s1 引用赋值给 s3,s1 与 s3 的地址和内容都是一样的,因此两种方式的比较返回结果都为 true。s1、s2、s3 三个对象的内存布局如图 5-7 所示。

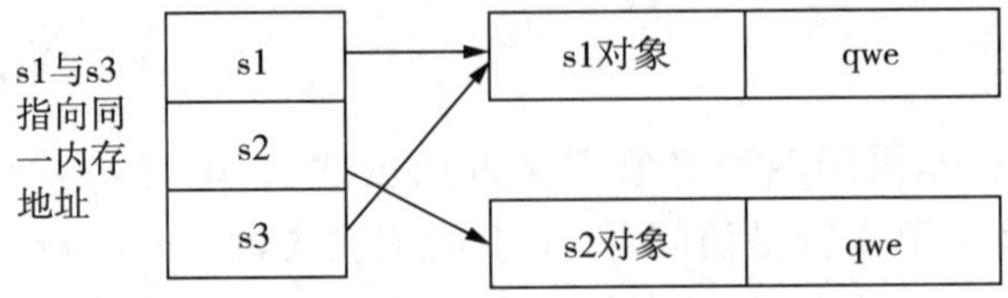

图 5-7 s1、s2、s3 三个对象的内存布局

5.2.3　类的构造方法与类的主方法

类体中存在成员方法，还有一种特殊的方法：构造方法。每个类在定义时，都会默认自带一个无参构造方法。当实例化对象时，会自动调用构造方法创建对象。定义构造方法时，要满足以下条件：

(1)构造方法没有返回值，也不需要 void 关键字修饰，默认的返回值类型为对象类型自身。

(2)构造方法名称与类名完全一致。

类中的构造方法分为无参构造方法与有参构造方法，定义格式如下：

```
(1) 访问修饰符 类名(){
.... //构造方法体}
(2) 访问修饰符 类名([参数列表]){
.... //构造方法体}
```

类的构造方法的修饰符一般为 public，能够在类外被调用。其中第一种为类的无参构造方法，在类的定义中，如果没有定义任何的构造方法，则编译器就会自动构建一种无参构造方法用以实例化对象。第二种为有参构造方法，可以将参数列表赋值给对象中的成员变量。

【例 5-4】　定义一个 Cat 类，使用无参构造方法创建象。

```
public class Cat {
    private String name; //定义一个 String 类的成员变量:猫的名字
    private int age; // 猫的年龄
    public Cat(){//无参构造方法
        System.out.println("使用无参构造方法 Cat()"); }
    public static void main(String[]args) {
        Cat c1 = new Cat(); //使用默认的无参构造 }
}
```

运行结果为：

```
使用无参构造方法 Cat()
```

说明：在 new 关键字创建对象时，自动调用了 Cat 类无参构造方法。无参构造方法是系统默认自带的，如果在类定义中没有写任何构造方法，则会默认有一个无参构造方法，从而实例化对象。

【例 5-5】　定义一个 Cat 类，使用无参构造方法和有参构造方法创建对象。

```
public class Cat {
    private String name; //定义一个 String 类的成员变量:猫的名字
```

```
[3]      private int age; // 猫的年龄
[4]      public String toString() {
[5]          return " Cat{" +
[6]          " name = '" + name + '\'' +
[7]          ", age = " + age +
[8]          '}';}
[9]      public Cat(){//无参构造方法
[10]          System.out.println("使用无参构造方法 Cat()"); }
[11]  public Cat(String name) {//有参构造方法 1
[12]          this.name = name;
[13]          System.out.println("使用了有参构造方法 1"); }
[14]  public Cat(String name, int age) {//有参构造方法 2
[15]          this.name = name;
[16]          this.age = age;
[17]          System.out.println("使用了有参构造方法 2"); }
[18]      public static void main(String[]args) {
[19]          Cat c1 = new Cat(); //使用默认的无参构造
[20]          System.out.println(c1);
[21]          Cat c2 = new Cat(" peter"); //使用有参构造方法 1
[22]          System.out.println(c2);
[23]          Cat c3 = new Cat(" Tom",3); //使用有参构造方法 2
[24]          System.out.println(c3);
[25]  }
[26]
```

运行结果为：

```
使用无参构造方法 Cat()
Cat{name = 'null',age = 0}
使用有参构造方法 1
Cat{name = 'peter',age = 0}
使用有参构造方法 2
Cat{name = 'Tom',age = 3}
```

说明：第 20 行使用了无参构造方法，由于 name 与 age 的属性没有赋值，则 name 为默认值 null，age 为 0。第 22 行使用了定义的第一种有参构造方法，在创建对象时会自动调用，并将参数 name 值赋给 c2 对象的成员变量 name。第 24 行，使用了第二种有参构造方法，将参数 name 与 age 值赋给对象 c2 的成员变量。

如例 5 - 5 所示，在运行程序中，类的创建与使用都是在主方法里面编写运行的，类的主方法是程序运行的开始，是对程序流向的控制。在面向对象语言 Java 中，就是通过控制主方法来运行程序的。主方法的定义格式如下：

```
public static void main(String[]args) {
..../程序运行主体}
```

从主方法的定义中可知，主方法由 static 关键字修饰，此为静态方法。主方法内直接调用其他方法，其他方法必须是静态的。主方法是程序运行的开始，是没有返回值的，是按程序顺序进行操作的。主方法的参数为字符串数组，可以在程序执行前进行设定，具有 args[0]～args[n]个参数。

【例 5-6】 创建一个 TestMain 类，在类中编写主方法，输出主方法中的参数。其中在 IDEA 编辑器中进行参数设定，如图 5-8 所示。

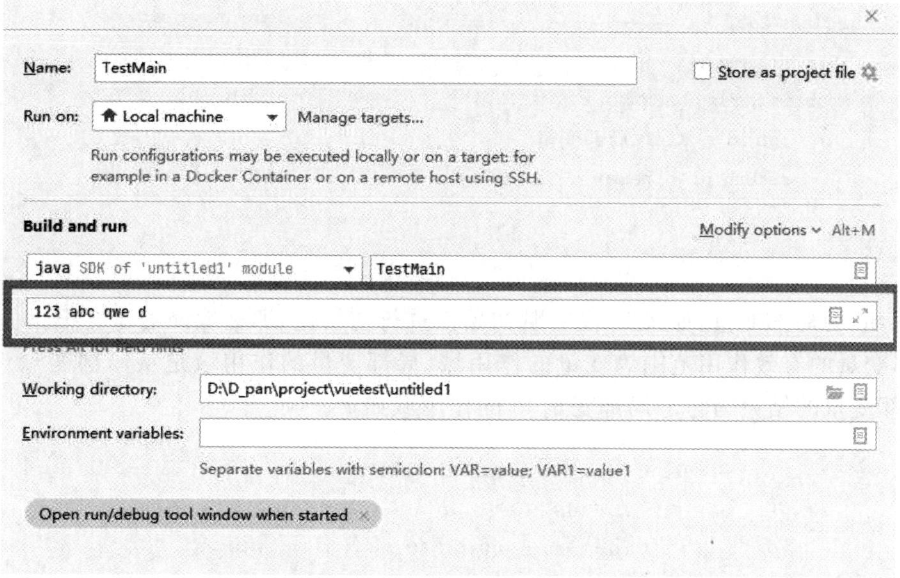

图 5-8　主方法中的参数设定

```
public class TestMain {
    public static void main(String[]args) {//主方法
        for (int i = 0;i<args. length;i + + ){//循环输出参数
        System. out. println(args[i]);
        } }}
```

运行结果为：

```
123
abc
qwe
d
```

说明：如图 5-8 所示，在 arguments 的红色方框内设定主方法参数，不同参数以空格为分界线。在设定完主方法参数后,执行主方法,可以按顺序输出主方法参数,运行结果如上所示。

5.2.4 局部变量的作用域

与全局变量不同,局部变量是在成员方法、构造函数或块内部声明的变量。局部变量在声明时需要进行初始化,否则会导致编译错误,在声明体内执行完成后其会被销毁。

例如,在例 5-1 中定义的 Cat 类,在 Cat 中定义的 setName(String name)中的 name 参数就是局部变量。

【例 5-7】 创建一个 Cat 类,在类中定义成员方法 getName(),同时在方法体内定义局部变量 id。

```
public class Cat1 {
        String name;
        public String getName() {
            int id = 1; //局部变量
            return id + name;
    }
}
```

说明:id 为局部变量,如果 id 没有赋初始值进行初始化,那么编译器将会报错。

局部变量的有效作用范围为变量的作用域,局部变量的作用域是从局部变量声明开始的,到局部变量的结束为止。局部变量 id 的作用域如下。

```
public void TestLocalVariable(){
        int id= 100;
        for (int i =0;i<10;i++){
            System.out.println(i);
        }
        System.out.println(id);
}
```

局部变量 id 的作用域(外层大括号)　局部变量 id 的作用域(for 循环部分)

在相互嵌套的方法体内可以定义两个名称、类型相同的局部变量,但是在方法内不可以定义名称与类型相同的更大范围作用域的局部变量。

```
public void TestLocalVariable(){
        int id= 100;
        for (int i =0;i<10;i++){
            System.out.println(i); }
        for (int i =0;i<10;i++){
            System.out.println(i);
            int id= 5; //在嵌套区定义了 id 变量
}}
```

局部变量 id 的作用域(外层大括号)　局部变量 id 的作用域(第二个 for 循环部分)

说明:id 为局部变量,在方法体内定义了一个 id,在 for 循环中又定义一个 id,局部变量命名冲突,编译器报错。

5.2.5　权限修饰符

面向对象 Java 编程语言中,在成员变量和成员方法、类等的定义中会以权限修饰符控制访问权限,以提升项目的安全性。Java 编程语言中权限修饰符主要包括四种:default、private、public、protected。

(1)default(默认控制修饰符,什么也不写)

默认权限修饰符,是指在定义类、接口、变量、方法等时,没有指定权限修饰符类型,那么默认为 default。在这种情况下,默认权限修饰符控制的访问范围是同一个包内,不同包的子类不能直接访问。

(2)private(私有访问控制符)

私有访问控制符具备最高的保护权限,被 private 修饰的成员变量和成员方法只能在同一类中进行访问,在同一包而不在同一类以及不同包之间都不能直接进行访问。在类的定义中,一般使用 private 修饰符将成员变量私有化,防止类外直接访问类的成员方法,加强了类的安全性,这是类的封装特性的一种体现。

(3)public(公共访问修饰符)

公共访问修饰符可用以控制类以及类中的成员方法、成员变量,被 public 修饰的,具备最低的控制权限,在本类、同一包、不同的包的子类等中都可以直接进行访问,一般类的权限修饰符为 public。

(4)protected(保护访问修饰符)

保护访问修饰符的权限介于 private 与 public 之间,被 protected 修饰的变量与方法可以在同一包的类和子类中进行访问。对于不同包中的子类,protected 是不能直接进行访问的。

由此可见,如果需要子类访问父类,那么父类可以使用 public 或者 protected 进行访问修饰,父类和子类不在一个包内只能采用 public 进行修饰。被 private 修饰的成员变量不允许子类进行访问。四种访问权限修饰符在同一类、同一包不同类、不同包、其他四种情形下的访问情况见表 5-1。

表 5-1　四种访问权限修饰符在不同情形下的访问情况

修饰符	同一类	同一包不同类	不同包	其他
default	可访问	可访问		
private	可访问			
public	可访问	可访问	可访问	可访问
protected	可访问	可访问	子类可访问	

【例 5-8】　在同一个包下,使用默认访问控制符定义 Cat 类,Cat 中的成员变量与成员方法同样使用默认修饰符控制,再定义一个 ReadCat 类读取 Cat 中的成员变量与成员方法。

```
class Cat { //Cat 类使用默认访问修饰符
        String name = " Tom"; // 成员变量使用默认访问修饰符
        int age = 5;
        void display(){
            System. out. println(name + ":" + age); }}
class ReadCat{
        public static void main(String[]args) {
        Cat c1 = new Cat();
            System. out. println(c1. name);
             System. out. println(c1. age);
             c1. display(); //访问 Cat 中的默认修饰符控制的成员方法 }}
```

运行结果为:

```
Tom
5
Tom:5
```

说明:以上实例中,Cat 类和类中的成员变量与成员方法使用了默认访问修饰符。由于默认访问修饰符 default 可以访问同一包下的不同类,因此 ReadCat 类可以直接访问 Cat 类,读取 Cat 类中的成员变量与成员方法,进行输出。

【例 5-9】 在同一个包下,使用默认访问控制符定义 Cat 类,Cat 中的成员变量与成员方法同样使用私有权限修饰符 private 控制,再定义一个 ReadCat 类读取 Cat 中的成员变量与成员方法,运行结果与例 5-8 是否不同?

```
class Cat { //Cat 类使用默认访问修饰符
        private String name = " Tom"; // 成员变量使用私有访问修饰符
        private int age = 5;
        private void display(){
            System. out. println(name + ":" + age); }}
class ReadCat{
        public static void main(String[]args) {
            Cat c1 = new Cat();
            System. out. println(c1. name);
             System. out. println(c1. age);
             c1. display(); //访问 Cat 中的私有修饰符控制的成员方法}
 }
```

运行结果为:

```
程序报错提示:
Java:name 在 Cat 中是 private 访问控制
```

```
Java:age 在 Cat 中是 private 访问控制
Java:display()在 Cat 中是 private 访问控制
```

说明:在上述实例中,第 2～5 行中,类的成员变量与成员方法采用了私有权限修饰符控制。由于 private 访问修饰符只能在同一个包下的同一个类中进行访问,而不同类之间是不能进行访问的,所以 ReadCat 类中的主方法是不能直接读取 Cat 类的成员变量与成员方法的,程序会编译运行报错,提示控制符存在问题,不能进行访问。

【例 5 - 10】 在一个包下定义一个 Cat 类,使用 protected 修饰符控制成员变量,而在另一个包下,创建 ReadCat 类,读取 Cat 中的成员变量值。

```
package sub;
public class Cat {
    protected String name = "Tom";}
package ccb;
import sub.Cat;
public class ReadCat {
    public static void main(String[]args) {
        Cat c1 = new Cat();
        System.out.println(c1.name);
}}
```

运行结果为:

```
程序报错提示:
Java:name 在 sub.Cat 中是 protected 访问控制
```

说明:在上述实例中,Cat 类在 sub 包下,Cat 的成员变量 name 为 protected 访问符修饰。ReadCat 类在 ccb 包下,由于 protected 访问符在不同的包下是不能进行访问的,所以 ReadCat 的主方法在创建 c1 对象后,不能直接调用对象的成员方法,程序运行出错,提示成员方法为 protected 修饰。

5.2.6　this 关键字与 static 关键字

在面向对象 Java 编程语言中,this 关键字常见且重要,常出现在类的实例方法和构造方法中。深入理解 this 关键字的原理和作用,能够更全面地掌握面向对象编程的思想。

this 关键字的用法比较多,主要包含以下几种情形。

(1)使用 this 关键字代替本类对象的应用,以 this 作为前缀访问当前对象的成员变量和调用成员方法,格式如下:

```
访问成员变量:this. 成员变量
```

或者

```
调用成员方法:this. 成员方法([参数列表])
```

【例 5 - 11】 创建一个 Cat 类,类中使用 this 关键字进行成员变量的调用。

```
[1]  public class Cat {
[2]      private String name
[3]      public Cat(String name){
[4]          this. name = name; //this. name 表示成员变量,name 表示构造函数参数 }
[5]      public void setName(String name) {
[6]          this. name  =  name;}
[7]      public String getName() {
[8]          return this. name; //访问当前 Cat 对象的成员变量 }
[9]      public static void main(String[]args) {
[10]           Cat c1 = new Cat(" Tom ");
[11]           System. out. println(c1. getName());//调用 this 关键字,输出 cat 的 name
[12]  }
```

运行结果为:

```
Tom
```

说明:在上述代码中,第 4、6、8 行中的 this. name 指的是 Cat 类的成员变量 name,而单独的 name 是外部传入值的形参。第 10 行调用了构造方法,将 name 形参值 Tom 赋给 c1 类的成员变量 name,即 this. name=name,this 代表了 c1 类。

【例 5 - 12】 创建一个 Cat 类,类中使用 this 关键字进行成员方法的调用。

```
[1]public class Cat {
[2]  private String name;
[3]    public Cat(String name){
[4]          this. name = name; //this. name 表示成员变量,name 表示构造函数参数 }
[5]      public void showCatName() {
[6]            System. out. println(" Cat name:" + this. name); //this. name 对象的成员变量 }
[7]      public void showInfo(){
[8]            this. showCatName(); //调用当前类的 showCatName 信息}
[9]    public static void main(String[]args) {
[10]            Cat c1 = new Cat(" Tom");
[11]            c1. showInfo(); }}
```

运行结果为:

```
Cat name:Tom
```

说明:上述代码第 6 行使用 this 关键字调用当前类的成员方法 showCatName(),用以输出 c1 对象的成员变量值。

(2)调用当前类的构造方法,使用 this 关键字可以进行构造方法的重载,以达到简化函数编写过程的目的。需要注意的是,使用 this 关键字进行构造必须是构造方法的第一条语句,否则会导致编译出错。

【例 5-13】 创建一个 Cat 类,类中使用 this 关键字进行构造方法的调用。

```
[1]  public class Cat {
[2]      private String name;
[3]      private int age;
[4]      public Cat(String name){
[5]          this(name,2); //调用另一种构造方法 }
[6]      public Cat(String name, int age) {
[7]          this.name = name;
[8]          this.age = age; }
[9]  public String toString() {
[10]         return "Cat{" +
[11]         "name='" + name + '\'' +
[12]         ", age=" + age + '}'; }
[13]     public static void main(String[]args) {
[14]         Cat c1 = new Cat("Tom");
[15]         System.out.println(c1);
[16]         Cat c2 = new Cat("Jimmy",5);
[17]         System.out.println(c2);
[18] }}
```

运行结果为:

```
Cat{name='Tom',age=2}
Cat{name='Jimmy',age=5}
```

说明:上述代码第 5 行使用 this 调用了第 7 行的构造方法,this(name,2)表示 Cat(name,2),使用 this 关键字可以进行构造方法的重载。如果在第 4 行与第 5 行之间再插入其他语句,则程序能否正常运行?运行结果是否有误?

(3)this 关键字还可以用在方法中,作为返回值返回当前对象本身。这种用法在实现方法链中比较常见。

【例 5-14】 创建一个 Cat 类,类中使用 this 关键字返回当前对象本身。

```
public class Cat {
    private String name;
    private int age;
    public Cat setName(String name) {
```

```
[5]          this. name = name;
[6]          return this; //返回当前类对象 }
[7]       public Cat setAge(int age) {
[8]          this. age = age;
[9]          return this; }
[10]       public String toString() {
[11]          return "Cat{" +
[12]          "name='" + name + '\'' +
[13]          ", age=" + age + '}'; }
[14]  public static void main(String[]args) {
[15]          Cat c1 = new Cat();
[16]          System. out. println(c1. setName("Tom"));
[17]          System. out. println(c1. setAge(2));
[18]          System. out. println(c1);}}
```

运行结果为：

```
Cat{name='Tom',age=0}
Cat{name='Tom',age=2}
Cat{name='Tom',age=2}
```

说明：上述代码中，第 6、9 行使用了 this 关键字返回当前对象，但第 15 行代码仅给 c1 对象中的成员变量 name 赋值，未给成员变量 age 赋值，因此 age 的值为默认值 0。第 16 行调用 c1 对象的成员方法，将 name 赋值为 Tom，age 赋值为 2，并使用 this 返回当前对象。

在 Java 编程语言的编译阶段，this 关键字就已经确定。调用实例方法时，编译器会将当前对象的引用作为第一个参数传递给方法，this 充当指向当前对象的隐式参数。this 关键字指向当前对象，但并不是在任何地方都代表对象本身，this 关键字只能在实例方法和构造方法中使用。

static 是面向对象 Java 编程语言中比较重要的关键字，static 关键字可用以修变量、常量、方法以及代码块。被关键字 static 修饰的成员有以下特性：

(1)被 static 修饰的常量为静态常量。

(2)被 static 修饰的变量为静态变量，也称类变量。

(3)被 static 修饰的方法为静态方法，也称类方法。

(4)被 static 修饰的代码块为静态代码块。

其中，静态常量、静态变量、静态方法为静态成员，是同一内存区域所共享的数据，不属于单个对象，而是归所有类的实例化对象共同拥有。无论哪个对象对静态成员进行修改，所有对象的静态成员都会被修改。静态类成员不需要使用 new 关键字创建对象后进行调用，而是可以直接通过类名进行访问，格式如下：

(1)类名．静态常量
(2)类名．静态变量
(3)类名．静态方法

【例 5 - 15】 创建一个 Cat 类,类中定义一个类变量 age。

```
[1]  public class Cat {
[2]       private String name;
[3]       private static int age = 2; //定义类变量 age
[4]       public static void main(String[]args) {
[5]            System.out.println("类变量 age:" + Cat.age);
[6]            Cat c1 = new Cat();
[7]            c1.name = " Tom ";
[8]            c1.age = 5;
[9]            Cat c2 = new Cat();
[10]            System.out.println(" c2 的 name:" + c2.name);
[11]            System.out.println(" c2 的 age:" + c2.age); }}
```

运行结果为:

```
类变量 age:2
c2 的 name:null
c2 的 age:5
```

说明:上述代码第 3 行定义了类变量 age,类变量为所有对象共享。第 6 行可以直接使用类名。类变量直接访问类变量,不需要实例化对象,通过对象进行调用。第 8 行中 c1 对象修改了类变量的值,将 age 修改为 5。第 11 行 c2 对象访问 age 值也为 5,类变量为 c2 共享。第 10 行输出 c2 的 name,name 变量并不是类变量,在 c1 修改后,c2 并不共享,因此 c2 的 name 值为 null。成员变量是属于某个对象的,是对象的"私有财产",而静态变量则属于同一个类的所有对象,是它们的"共有财产"。

【例 5 - 16】 创建一个 Cat 类,类中定义一种类方法。

```
public class Cat {
     private static int age = 2; //定义类变量 age
     public static void nextAge(){//定义类方法 nextAge
          age++; }
     public static void main(String[]args) {
          for(int i = 0;i<5;i++){ //循环调用 5 次类方法
          Cat.nextAge(); }
          System.out.println(Cat.age);
}}
```

运行结果为：

```
7
```

说明：上述代码第 3 行定义了一个类方法 nextAge()，在主程序中循环调用 5 次类方法，可以重复对类变量 age 值进行加 1 处理。值得注意的是，类方法中只能使用类的静态成员，而不能使用类的非静态成员，否则编译会出错。类方法也不能使用 this 关键字，this 关键字指向的是当前对象，而类方法是所有对象共享的方法，并不单独归属于某个对象。

static 关键字也能用于修饰代码块，被称为静态代码块。静态代码块不同于实例方法，在 Java 类中只会加载一次。静态代码块的主要作用是处理一些复杂的初始化工作，初始化工作一次完成，后续不再进行。静态代码块格式如下：

```
static{
…//静态代码块主体
}
```

【例 5－17】 创建一个 Cat 类，类中定义一个静态代码块。

```
[1] public class Cat {
[2]      private int age; //定义成员变量 age
[3]      static {//静态代码块
[4]           System.out.println("静态代码块的使用");
[5] }
[6]      public static void main(String[]args) {
[7]           Cat c1 = new Cat();
[8]           Cat c2 = new Cat();
[9] }}
```

运行结果为：

```
静态代码块的使用
```

说明：上述代码第 7、8 行定义了两个对象 c1、c2。由于静态代码块只执行一次，后续不再执行，因此在创建 c1 对象时，会调用一次静态代码块，而创建 c2 对象时，静态代码块已执行过一次，所以不再执行。

5.2.7 Java 类包

Java 项目的体系结构庞大且复杂，使用包可以对项目进行有效的管理，再与权限修饰符配合使用，能够有效控制其他人对类成员的访问，属于类的高级特性。

面向对象的 Java 编程语言中，定义好的类进行编译后都会生成 .class 文件。但当定义的类过多时，容易出现类名冲突的问题，这时就需要使用类包机制管理类文件。

一个完整的类名是包名加类名的组合，每个类都属于一个包，即使类名相同，但包名不同，则类也是不同的。只要控制同一类包下所有的类不同名，就能有效控制同名类冲突问题。例如两个Date类，一个属于java.util，一个属于java.sql，虽然两个都是Date类，但并不冲突，java.util.date是Java标准库中的类，表示一个特定的时间，可以精确到毫秒级，而java.sql.date是数据类编程中的类，表示一个日期，不包含时间信息。完整的类名定义如下：

```
包的名称.类的名称
```

在Java编程语言中，采用类包机制非常重要，可以在庞大的应用程序中解决类名冲突。在项目中可以按照以下步骤创建使用包：

(1)在项目的src源文件上右击，选择New/Package选项。

(2)在弹出的New Package窗口中，输入新建的包名，如com.ccb，然后按回车键完成类包的创建，如图5-9所示。

图5-9　New Package窗口

(3)在com.ccb包下创建类，右击com.ccb包，选择new/Java Class命令，输出类的名称，完成类包的创建。

在实际的项目开发中，需要为所有的类设置包名，类中指定的包名放置在程序代码第一行，且包名的命名需要全部使用小写字母。包名是类名的一部分。外部包访问类时，需要使用类的全名。例如访问com.ccb包下的Cat类，需要使用com.ccb.Cat表达式。在类中定义包名的格式如下：

```
package 包名
```

【例5-18】 在com.ccb包下，定义一个Cat类，获取完整的Cat类名。

```
[1] package com.ccb;//指定类包
[2] public class Cat {
[3]     public static void main(String[]args) {
[4]         System.out.println(Cat.class.getName()); //使用Java反射获取类名
[5] }}
```

运行结果为：

```
com.ccb.Cat
```

说明：在上述代码实例中，第1行指定了包名，同时在包内定义了一个Cat类。回顾例5-10，在sub包下也定义一个Cat类，虽然两类名称相同，但二者属于不同的包，它们不是一个类。所以在Java中使用类包机制，可以有效管理各种功能的类。

当在 com. ccb 下定义好 Cat 类后，那么其他的包下的类怎么能调用 Cat 类，如何区分是 com. ccb 下的 Cat 类，还是 sub 下的 Cat 类呢？针对这个问题，Java 编程语言中存在关键字 import，它是导包的关键。例如，如果在程序中使用 import com. ccb，那么在程序中使用 Cat 类就会选择 com. ccb. Cat 类，当然也可以在使用 Cat 类时，指定 com. ccb. Cat 类。import 关键字导包的格式如下：

```
import 包名
```

在使用 import 关键字时，包名可以为完整的类名，但如果为了使用包下更多的类，可以在指定包后加上 *，这样就可以使用包中的全部类，如 com. ccb. *，就可以调用 com. ccb 下的所有类。

import 关键字同样可以导入静态成员，以降低代码编写量，为程序员提供更多的便利，使用 import 导入静态成员的格式如下：

```
import static 静态成员
```

【例 5－19】 在 com. ccb 包下，定义 Cat 类，同时导入静态方法 max 用以比较对象 c1 与 c2 之间 age 的值。

```
[1]   package com.ccb;//指定类包
[2]   import static java.lang.Math.max; //导入静态成员方法
[3]   import static java.lang.System.out; //导入静态成员变量
[4]   public class Cat {
[5]        private int age;
[6]        public static void main(String[]args) {
[7]
[8]             Cat c1 = new Cat();
[9]             c1.age = 2;
[10]            Cat c2 = new Cat();
[11]            c2.age = 4;
[12]            //在主方法中直接调用静态成员
[13]            out.println("c1 与 c2 中 age 最大值为:" + max(c1.age,c2.age));
[14]  }
[15]  }
```

运行结果为：

```
c1 与 c2 中 age 最大值为 4
```

说明：从上述实例可以看出，第 2 行使用 import static 调用了 java. lang. Math 类中的静态成员方法 max()，第 3 行调用了 java. lang. System 类中的 out 成员变量，第 13 行直接引用了这些静态成员 max()方法和 out. println()表达式。

5.3 小　结

本章介绍了面向对象技术的上半部分内容,包括对象、类、封装、继承、多态的基本思想。其具体涉及类的定义、成员变量与成员方法、对象的创建与引用、类的构造方法与类的主方法、局部变量的作用域、权限修饰符、this 关键字与 static 关键字,以及 Java 类包。

通过对本章的学习,学生可以更全面地理解面向对象的思想,对类与对象有更深入的理解,为学习面向对象 Java 编程语言的学习打下坚实的基础。

习　题

1. 以下代码的运行结果为(　　)。

```
public class Test {
    static int a = 1;

    public static void main(String[]args) {
        Test c1 = new Test();
        c1.a = c1.a + 1;
        Test c2 = new Test();
        c2.a = c2.a + 1;
        System.out.println("c2 的静态变量 a is:" + c2.a);
    }
}
```

A. c2 的静态变量 a is:2　　B. c2 的静态变量 a is:3

C. 无法进行编译　　D. 可以编译,但运行无结果

2. 编写并测试一个代表地址的 Address 类,地址信息由国家、省份、城市、街道、邮编组成,并可以返回完整的地址信息。

3. 尝试编写一个圆形类,定义一个静态常量 π,一个成员变量半径 r,再定义两个成员方法,一个求圆的周长,一个求圆的面积。

4. 尝试编写一个 Dog 类,成员属性包括姓名 name,年龄 age,性别 gender,尝试创建三个不同的构造方法,包括无参构造方法与有参构造方法,并用这些构造方法实例化不同的对象。

扫二维码查看习题答案

第 6 章

面向对象技术(下)

本章是面向对象技术的下半部分,主要介绍面向对象思想中的封装、继承、多态三个基本特征,super 关键字和 final 关键字,以及 Java 编程语言中的一些特殊类。通过对以上知识的学习,学生能够更加深入地了解面向对象的思想,提升代码编写能力。

学习目标

- 理解面向对象的三种基本特征:封装、继承、多态。
- 了解 Object 类,以及类中的几种重要方法。
- 理解 super 关键字的作用与用法。
- 理解 final 关键字修饰类、方法、属性变量的作用与用法。
- 了解面向对象中的几种特殊的类。

思政目标

- 培养严谨、细致的编程态度,强化面向对象设计的规范性。
- 强化批判性思维,提升面向对象问题的分析与解决能力。
- 树立团队协作意识,培养面向对象软件开发的合作精神。

6.1 类的封装

在面向对象语言 Java 中,封装是一种重要的功能,是指将对象的属性和行为结合为一个整体,并尽可能隐藏内部的实现细节。封装实际上就是将类包围起来,对数据进行访问只能通过开发的接口,控制用户对类进行修改与访问。在 Java 编程语言中,通过使用权限修饰符实现类的封装。

封装技术对于类的安全性非常重要,以下是封装的基本步骤:

(1)使用关键字 private 对类的成员变量或者成员常量进行控制隐藏。其中成员属性在类中的定义格式如下:

```
private 类型 成员变量
private 类型 成员常量 = 常量值
```

(2)构建 setter/getter 方法来访问修改成员变量,方法的访问修饰符为 public。

其中 setter/getter 方法格式如下:

```
public 类型 set + 属性名(类型 属性名){
    this. 属性名 = 属性名;
    ....}
public 类型 get + 属性名(){
    ....
    return 属性名 }
```

(3)可以在方法中加入条件控制语句进行限制。

【例 6-1】 设置一个 Cat 类,类中包含名字与年龄两个成员属性,对 Cat 进行封装。

```
public class Cat {
    private String name;//对 name 成员属性设置 private 访问权限
    private int age;
    public String getName() { //成员变量 Name 的 get 方法
        return name; }
    public void setName(String name) { //成员变量 Name 的 set 方法
        this. name  =  name; }
    public int getAge() { //成员变量 age 的 get 方法
        return age; }
     public void setAge(int age) { //成员变量 age 的 set 方法
         this. age  =  age; }}
```

说明：在上述代码中，第 2 行、第 3 行对成员变量 name 和 age 进行了访问控制修饰，采用 private 修饰符对成员属性进行了隐藏。第 4 行、第 8 行构建了 get＋属性名()方法，为 getName()和 getAge()，调用方法能够访问到类中的成员属性值。第 6 行、第 10 行构建了 set＋属性名()方法，为 setName()和 setAge()，调用方法能够对类中的成员属性进行修改。通过 private 修饰成员变量，构建 setter/getter 方法，实现对 Cat 类的封装。

6.2 类的继承

类的继承是 Java 编程语言的另一大特性，是面向对象思想的重要概念。在项目开发过程中，使用类的继承技术，能够使程序架构更富有层次结构性。同时复用一些已构建完成的类，不仅可以较大程度减少软件开发的时间，还能提升程序代码的可拓展性与可维护性。本节将详细介绍类的继承。

在第 5 章的类和对象基本概念中，简要介绍了继承。其基本思想是从父类中衍生出多个子类，子类在继承父类属性与方法的基础上，能够增加其特有的属性与方法，或者重写父类中的方法，相当于站在父类的“肩膀”上。例如，菱形是一种特殊的四边形，具备四边形所有的特性，同时也具备自身的特性，因此菱形继承了四边形。所以四边形是菱形的父类，而菱形是四边形的子类。

下面展示类的继承性。创建一个父类 Example，同时新建一个子类 Example_new 继承 Example，子类在父类的基础上新增了一个成员方法，同时对父类的方法进行了重写。图 6-1 所示为 Example 类与 Example_new 类之间的继承关系。

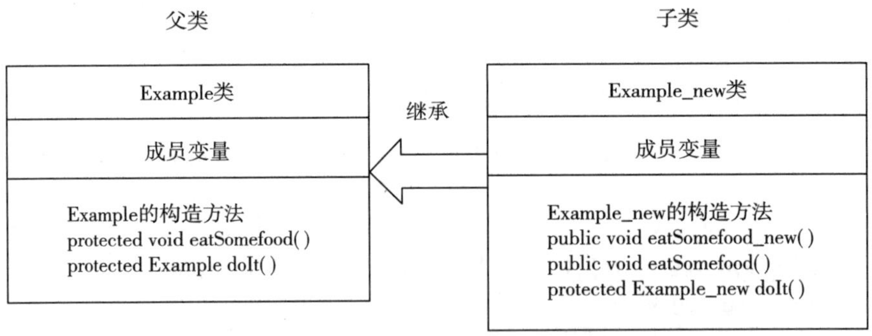

图 6-1 Example 类与 Example_new 类之间的继承关系

在 Java 编程语言中，使用 extend 关键字来标识子类对父类的继承，下面将以 Java 代码的形式阐述 Example 与 Example_new 之间的继承关系，如例 6-2 所示。

【例 6-2】 在项目中新建 Example 类和 Example_new 类，在 Example 类中设置 int 型成员变量 ex，同时编写成员方法 eatSomefood()和 doIt()方法，使 Example_new 类继承 Example 类，重写父类的两个方法和构造方法，并新增 eatSomefood_new()方法。其中

Example_new 类的构造方法调用父类的构造方法和成员方法。

```
public class Example {
    private int ex;
    public Example() { //无参构造方法 }
    protected void eatSomefood(){//成员方法 }
    protected Example doIt(){//成员方法返回值为 Example 类型
        return new Example(); }}
public class Example_new extends Example{//继承父类
    public Example_new() { //构造方法
        super(); //调用父类构造方法
         super. eatSomefood(); //调用父类成员方法
 }
     public void eatSomefood_new(){ //新增方法
 }
     public void eatSomefood(){ //重写父类方法
 }
     protected Example_new doIt() { //重写父类方法,返回值为 Example_new 类型
         return new Example_new();
 }
 }
```

说明:在上述实例中定义了两个类 Example 和 Example_new,Example_new 类为子类,使用关键字 extend 继承了 Example 类。构造方法不能继承,在子类 Example_new 定义构造方法时,需要使用 super 关键字调用父类 Example 的构造方法,且 super 必须放在第一条语句中。super 关键字在后续章节会进行详细介绍。

继承不仅可以扩展父类的功能,新增成员方法,还可以重写父类中的方法,实现功能的改进。重写就是在子类中保留父类方法的名称,重新编写方法内的实现主体,或者更改成员方法的访问权限(权限只能从小的范围往大的范围更改),或者修改成员方法的返回值。例如在子类 Example_new 中,eatSomefood()方法的权限就从 protected 更改为 public,以及 doIt()方法的返回值更改为 Example_new 类,实现了类方法的重写。权限修饰符范围如图 6-2 所示。

public　>　protected　>　private

图 6-2　权限修饰符范围

如果在方法的重写中,子类只重写了父类方法中的实现内容,那么这种特殊的重写方式被称为重构。

在子类继承父类后,当对子类对象进行实例化时,父类对象也会被实例化。子类对象的构造方法被调用时,会自动调用父类的无参构造方法,调用顺序是从父类到子类。为了使读

者更好地理解这种情况，以如下实例进行阐述。

【例 6－3】 在项目中构建三个类，分别为 Cat 类，Cat_1 类，Cat_2 类。Cat_1 类继承 Cat 类，Cat_2 类继承 Cat_1 类。在三个类的无参构造方法中输出构造方法名称，最后实例化 Cat_2 类对象 cat_2。

```
public class Cat { //父类
    public Cat() {
        System.out.println("调用了 Cat 类的构造方法"); }}
public class Cat_1 extends Cat{ //继承 Cat 类
    public Cat_1() {
        System.out.println("调用了 Cat_1 类的构造方法"); }}
public class Cat_2 extends Cat_1{ //继承 Cat_1 类
    public Cat_2() {
        System.out.println("调用了 Cat_2 类的构造方法"); }
     public static void main(String[]args) {
         Cat_2 cat_2 = new Cat_2(); //实例化对象
}}
```

运行结果为：

```
调用了 Cat 类的构造方法
调用了 Cat_1 类的构造方法
调用了 Cat_2 类的构造方法
```

说明：从上述实例的运行结果可以看出，实例化 Cat_2 子类对象时，会调用父类 Cat_1 类和 Cat_2 类的构造方法。调用构造方法的顺序是先调用最上层父类的构造方法，然后调用父类下子类的构造方法。换言之，实例化子类对象先要实例化父类对象，再实例化子类对象。

在 Java 编程语言中，所有的类都有一个共同的父类——Object 类，也就是说所有的类都是直接或者间接地继承 Object 类。Object 类是所有类的最上层，除非指明继承了其他类，否则该类就继承了 java.lang.Object 类。用户自定义的类继承自 Object 类，而且 Java 编程语言中自定义的 String，Integer 也继承自 Object 类。在定义类时，常常会省略 extends Object，如图 6－3 所示。

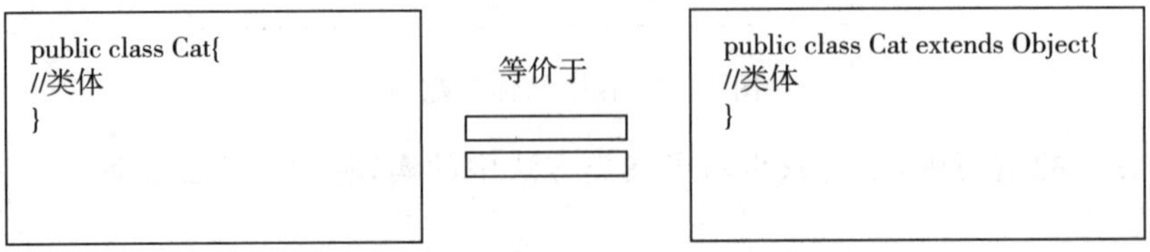

图 6－3 省略 extends Object

Object 类包括许多方法，如 toString()，finalize()，clone()，wait()等，其中最常见的两种方法是 equals()和 toString()。由于 Object 类是所有类的父类，因此所有的类都可以直接调用 Object 类的方法，或者是重写 Object 类的方法。下面主要介绍 Object 类中的三种重要方法：hashCode()，toString()，equals()。这三种方法在类的使用中比较常见，能够提升我们对类的使用能力。

1. hashCode()方法

在 Java 编程语言中，hashCode()是非常重要的一种方法，利用 hashCode()方法能够快速定位对象，返回的是对象的哈希码，hashCode()方法格式如下：

```
对象名称.hashCode()
```

【例 6-4】 定义 Cat 类的三个对象，使用 hashCode()方法返回对象哈希码。

```
[1] public class Cat {
[2]     public static void main(String[]args) {
[3]         Cat c1 = new Cat();
[4]         Cat c2 = new Cat();
[5]         Cat c3 = c2;
[6]         System.out.println(c1.hashCode()); //输出 c1 对象的 hashcode 码
[7]         System.out.println(c2.hashCode()); //输出 c2 对象的 hashcode 码
[8]         System.out.println(c3.hashCode()); //输出 c3 对象的 hashcode 码 }}
```

运行结果为：

```
284720968
189568618
189568618
```

说明：从上述实例中可以看出，第 6、7、8 行采用了 hashCode()方法输出对象的哈希码。其中 c2 对象与 c3 对象相同，所以 c2 与 c3 的哈希码一致，c1 属于不同对象，不同对象的哈希码是不一致的。

2. toString()方法

toString()方法在类的定义中比较常用，其主要功能是将对象信息以字符串形式返回，返回一个 String 类型。在实际的类定义中，往往会重写 toString()方法，对类中的成员属性进行拼接，为类对象实例化提供适配的输出形式。

【例 6-5】 定义一个 UseObject 类，在类中重写 toString()方法，并在主方法中输出该类的实例化对象。

```
public class UseObject {
    public String toString() { //重写 toString()方法
```

```
        return " UseObject{}"; }
    public static void main(String[]args) {
        System. out. println(new UseObject());
}}
```

运行结果为：

```
UseObject{}
```

说明：在 UseObject 类中重写父类 Object 类的 toString()方法，返回了类的形式。当用户定义输出 UseObject 类对象的时候，其会自动调用 toString()方法。

3. equals()方法

Object 类中的 equals()方法是比较两个引用类型的地址时是否相等再确定是否相似的。第 5 章曾讲解了 String 类型的“==”与“equals()”方法，其中==用以比较字符串地址是否相同，而 equals()方法用以比较字符串内容是否相同。但是在 Object 类中 equals()方法仍然用以比较类的地址是否相同，而不是比较类的内容。String 类中的 equals()被重写，所以在 String 类中的 equals()方法用来比较字符串内容。

【例 6-6】 定义一个 UseObjectEquals 类，调用 Object 类的 equals()方法，比较两个对象相同。

```
public class UseObjectEquals {
    private int ex; //定义成员变量 ex
    public UseObjectEquals(int ex) {//构造方法
        this. ex = ex; }
    public static void main(String[]args) {
        UseObjectEquals u1 = new UseObjectEquals(12);
        UseObjectEquals u2 = new UseObjectEquals(12);
        System. out. println(u1 = = u2);
        System. out. println(u1. equals(u2)); //调用 equals()方法
}}
```

运行结果为：

```
false
false
```

说明：从上述实例中可以看出，自定义的类继承 Object 类，调用 equals()方法进行对象的比较时，和“==”一样是比较两个对象的引用地址，而不是比较对象的内容。如果想和 String 类中的 equals()方法一样比较对象的内容，那么需要重写 Object 类中的 equals()方法。

6.3　对象的类型转换

在 Java 编程语言中,继承对象之间可以进行类型的转换,即将一个类型强制转换为另一个类型。按照类型转化的层级关系,其可以分为对象向上转型和对象向下转型。本节将详细介绍这两种类型的转换。

6.3.1　对象向上转型

向上转型是将子类类型对象转化为父类类型对象,即把子类类型对象直接赋值给父类类型对象。由于子类类型对象相较于父类类型对象范围更加精确,那么可以说是从一个具体的对象转为较为具体的对象,向上转型是安全的。例如,菱形是四边形的一种,那么可以把菱形看成四边形,将菱形对象赋值给四边形,向上转型的格式如下。

```
父类类型 对象名称 = new 子类();
```

采用父类声明对象,用子类实例化对象,将子类对象看成父类对象,子类是父类对象的一个实例。需要注意的是,运用向上转型的过程中,父类无法调用子类的特有属性和方法。

【例 6-7】　定义 Animal 类、Cat 类,Cat 类继承 Animal 类,运用向上转型,实例化子类 Cat 对象,并将其转化为 Animal 类。

```
[1]  public class Animal {
[2]      public void call(){
[3]          System.out.println("调用 Animal 中的 call 方法");
[4]  }}
[5]  public class Cat extends Animal{
[6]      public int age;
[7]      public static void main(String[]args) {
[8]          Animal a1 = new Cat(); //类型转换,将子类对象转化为父类对象
[9]          a1.call();
[10]         //无法调用 age
[11]          //System.out.println(a1.age);
[12] }}
```

运行结果为:

```
调用 Animal 中的 call 方法
```

说明:在上述实例中,第 8 行实例化了一个子类对象 new Cat(),将子类对象向上转型为父类对象 a1,由于向上转型是安全的,可以自动进行类型转换。

但是在类型转换后无法调用子类对象中的属性与方法，a1 对象就无法访问子类对象 new Cat()中的成员变量 age。

6.3.2 对象向下转型

与向上转型相对的是向下转型，它是将父类类型对象赋值给子类类型对象，是从一个较为具体的对象转化为一个具体的对象，这种转型是从一个大的范围的对象转化为一个小的范围的对象，通常会出现问题。例如，菱形是四边形的一种，不是说四边形是菱形的一种，四边形可以转化为菱形。子类对象是父类对象的一个实例，但父类对象不一定是子类对象的实例。在向下转型时通常要借助强制类型转换，格式如下。

```
父类类型 父类对象名称 = new 子类()；
子类类型 子类对象名称 =(子类类型)父类对象名称
```

【例 6-8】 定义 Animal 类、Cat 类，Cat 类继承 Animal 类，运用向下转型，实例化子类 Animal 对象，将其强制转化为 Cat 类对象。

```
public class Animal {}
public class Cat extends Animal{
    public int age;
    public static void main(String[]args) {
        Animal a1 = new Cat();
        Cat c1 = (Cat)a1; //向下进行类型转换
        c1.age = 6;
        System.out.println(c1.age); }
}
```

运行结果为：

```
6
```

说明：从上述实例中可以看出，父类对象需要经过强制类型转换为子类对象。如果直接将父类对象赋值给子类对象，则编译器会报错。例如，一个四边形如果不强制指明为菱形，那么它可能是正方形，也可能是梯形或长方形等。在使用向下类型转换时，必须使用强制类型转换，向编译器指明将父类对象转化为其下的一个具体子类对象。

使用向上转型和向下转型的对象必须具有继承关系，否则编译器会报错。在 Java 编程语言中，存在关键字 instanceof 用以判断父类对象是否是某个子类对象的实例，也可以用来判断一个实例对象是否属于某个类。instanceof 关键字的使用格式如下：

```
实例对象 instanceof 某个类
```

使用 instanceof 关键字，如果返回值为 true，则说明实例对象属于某个类；如果返回值为 false，则说明对象不是某个类的实例对象。

【例 6-9】 定义 Animal 类、Cat 类、Cat_1 类，Cat 类、Cat_1 类继承 Animal 类，实例化子类 Animal 对象和 Cat_1 对象，使用 instanceof 关键字判断 Animal 的对象和 Cat_1 对象是否属于 Cat 类。

```
[1]  public class Animal {}
[2]  public class Cat_1 extends Cat{ //继承 Cat 类}
[3]  public class Cat extends Animal{
[4]       public int age;
[5]       public static void main(String[]args) {
[6]            Animal a1 = new Cat();
[7]            if(a1 instanceof Cat){
[8]          Cat c1 = (Cat)a1; //向下进行类型转换
[9]          System.out.println("a1 对象属于 Cat 类");
[10]            }else {
[11]          System.out.println("a1 对象不属于 Cat 类");
[12]            }
[13]          Cat_1 c_1 = new Cat_1();
[14]            if (c_1 instanceof Cat){
[15]          Cat c2 = (Cat) c_1;
[16]          System.out.println("c_1 对象属于 Cat 类");
[17]            }else {
[18]          System.out.println("c_1 对象不属于 Cat 类");
[19]            } }}
```

运行结果为：

```
a1 对象属于 Cat 类
c_1 对象不属于 Cat 类
```

说明：从上述实例中，第 6 行实例化了一个 Cat 对象，将其赋值给 Animal 类 a1 对象，a1 对象属于 Cat 类，所以第 7 行使用 instanceof 的代码返回值为 true。第 13 行代码实例化了一个 Cat_1 对象 c_1，c_1 对象不属于 Cat 类，因此返回值为 false。

6.4　类的多态

Java 编程语言的多态性是其另一大特性。在项目编码中，使用多态能够使程序具备很好的可拓展性，使同一个行为名称具备不同的表现形式与能力，能够对所有类对象进行通用的处理与操作。面向对象语言 Java 中的多态性主要体现在两个方面：方法的重载与方法的覆盖。

6.4.1 方法的重载

方法的重载也叫参数多态，是指在类中的方法名称相同，但是参数的形态并不完全一致的方法。在类的实例化中，需要调用类的构造方法，而构造方法名称是与类名一致的，但是如果希望用不同的方法实例化对象，那么就必要在构造方法中使用方法的重载，一个类具备多种不同的构造方法称为构造方法的多态性。

一个类中方法名称相同，但方法中参数的个数、位置、类型不同，这就是方法重载的体现。为了更好地理解重载，来看一下例 6－10。

【例 6－10】 定义 MinusTest 类，利用方法的重载思想，在类中编写 minus()方法的多个形态，然后输出返回值。

```
public class MinusTest {
    public static int minus(int a,int b){ //定义一种方法
        return a - b; }
    public static double minus(double a,double b){ //参数类型不一
        return a - b; }
    public static int minus(int a){ //参数个数不一
        return a;}
    public static int minus(int a ,double b){
        return 1; }
    public static int minus(double b,int a ){ //与上一种方法参数顺序不一
        return 1; }
    public static void main(String[]args) {
        System.out.println(" minus(5,3)调用 minus(int,int)方法:" + minus(5,3));
        System.out.println(" minus(4.3,3.2)调用 minus(double,double)方法:" + minus(4.3,3.2));
        System.out.println(" minus(2.1,3)调用 minus(double,int)方法:" + minus(2.1,3));
}}
```

运行结果为：

```
minus(5,3)调用 minus(int,int)方法:2
minus(4.3,3.2)调用 minus(double,double)方法:1.0
minus(2.1,3)调用 minus(double,int)方法:1
```

说明：在上述实例中，定义了五种方法，每种方法的名称都为 minus，但每种方法的参数形式都有所不同。前两种方法的参数类型不同，一个为 int 型，一个为 double 型，且返回值的类型也不相同。第三种方法的参数个数和其他方法的参数个数都不一致，只有一个参数。第四、第五种方法，参数的顺序位置不同，其他都一致。上述五种方法都是 minus()方法的

重载形式。图 6-4 展示了 minus()方法的重载结构。

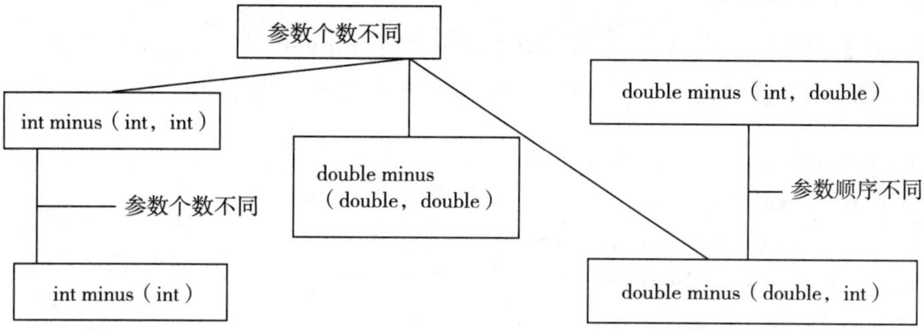

图 6-4 minus()方法的重载结构

方法的重载中,参数个数不同是其中的一种形式。在 Java 编程语言中,存在一种不定长的参数方法,参数的个数根据实际情况而定。不定长的参数方法格式如下:

```
修饰符 返回值类型 方法名(参数类型…参数名称)
```

【例 6-11】 定义 MinusTest 类,在类中编写 minus()方法的不定长参数形态,然后输出返回值。

```
public class MinusTest {
    public static int minus(int...a){ //不定长参数方法
        int s = 0;
        for(int i = 0;i<a.length;i++){//根据参数个数做循环操作
        s = s-a[i]; }
        return s; }
    public static void main(String[]args) {
        System.out.println("调用不定长参数方法:" + minus(1,2,3));
        System.out.println("调用不定长参数方法:" + minus(5));
}}
```

运行结果为:

```
调用不定长参数方法:-6
调用不定长参数方法:-5
```

说明:不定长参数方法是重载方法的一种形式,不定长参数类似于一个数组形式。

6.4.2 方法的覆盖

方法的覆盖是多态性的另一种体现。覆盖是子类方法对父类方法的重写,子类方法可以定义一个与父类方法名称一致,参数和返回值类型也一致的方法,但是子类方法可以重新编码父类方法中的代码主体,即父类方法外壳不变,而核心内容被重写。

方法的覆盖可以根据子类的需要定义子类的特有行为，这样子类对象在调用方法的时候，执行的是子类中的方法而不是父类中的方法。

【例 6 - 12】 定义一个 Animal 类，类中定义一个 move()方法，定义一个 Cat 类，Cat 类继承 Animal 类，Cat 类中定义一个 move()，对父类方法进行覆盖。

```
public class Animal {
    public void move(){
        System. out. println("动物会移动"); }}
public class Cat extends Animal{
    public void move(){
        System. out. println("猫会攀爬"); }
    public static void main(String[]args) {
        Animal a1 = new Animal(); //定义一个 Animal 对象
        Animal c1 = new Cat(); //定义一个 Cat 对象
         a1. move(); //执行 Animal 中方法
         c1. move(); //执行 move()的覆盖方法
}}
```

运行结果为：

```
动物会移动
猫会攀爬
```

说明：从上述实例结果可以看出，c1 属于 Animal 类，但执行的是 Cat 类中的 move()方法。这是由于在运行阶段，执行的是特定对象的方法。

【例 6 - 13】 定义一个 Animal 类，类中定义一个 move()方法，定义一个 Cat 类，Cat 类继承 Animal 类，Cat 类中定义一个 move()，对父类方法进行覆盖，同时定义一个 bark()方法。

```
public class Animal {
    public void move(){
        System. out. println("动物会移动"); } }
public class Cat extends Animal{
    public void move(){
        System. out. println("猫会攀爬"); }
    public void bark(){
        System. out. println("猫会喵喵叫");}
  public static void main(String[]args) {
         Animal a1 = new Animal(); //定义一个 Animal 对象
         Animal c1 = new Cat(); //定义一个 Cat 对象
         a1. move(); //执行 Animal 中方法
         c1. move(); //执行 move()的覆盖方法
```

```
            c1.bark(); }}
```

运行结果为：

```
Java:找不到符号
符号:方法 bark()
```

说明：上述实例代码抛出错误，指明没有 bark()方法，这是由于 c1 引用类型 Animal 类没有 bark()，因此无法调用。

6.5　super 关键字

在 Java 编程语言中，super 关键字是比较重要的，常常用在类继承和多态的编码中。理解 super 关键字的用法和原理，对于我们掌握面向对象的思想有着非常重要的作用。super 关键字是指子类中代替父类对象的一个特殊引用，使用 super 关键字可以在子类中访问父类的成员变量、成员方法和构造方法，可以将 super 关键字理解为"父类对象"的代称。以下是 super 关键字的主要用法。

super 关键字访问父类中的成员变量与成员方法。如果子类中的成员变量与父类中的成员变量同名，那么可以使用 super 关键字访问父类中的同名成员变量。同时，可以使用 super 关键字直接调用父类中的成员方法。

【例 6 - 14】 定义一个 Animal 类，类中定义一个成员变量和成员方法。定义一个 Cat 类，Cat 类继承 Animal 类，Cat 类中定义一个与父类同名的成员变量，在子类中使用 super 关键字访问父类成员变量和成员方法。

```
public class Animal {
    protected String name = "Animal"; //成员变量 name
    public void display(){
        System.out.println("Animal display method"); }}
public class Cat extends Animal{
protected String name = "Cat"; //成员变量 name
public void displayName(){
        System.out.println(this.name);
        System.out.println(super.name); //访问父类中成员变量 name }
 public void display(){
         System.out.println("Cat display method"); }
 public void show(){
         super.display(); //调用父类中的成员方法 dispaly()
         this.display(); //调用当前类的成员方法 dispaly() }
       public static void main(String[]args) {
```

```
[16]         Cat c1 = new Cat();
[17]         c1.displayName();
[18]         c1.show(); }}
```

运行结果为：

```
Cat
Animal
Animal display method
Cat display method
```

说明：在上述实例代码中，Animal 类和 Cat 类中都定义了一个同名的成员变量 name。第 9 行代码，在 Cat 类的 displayName()方法中使用了 this 关键字调用自身类 Cat 的成员变量 name 值，使用 super 关键字调用父类 Animal 中的成员变量 name 值，super. name 就是指父类 Animal 中的成员变量 name。第 14 行代码，在 Cat 类中定义了成员方法，使用 this 关键字访问本类 Cat 的成员方法 display()，同时使用了 super 关键字调用了父类 Animal 中的 display()方法。使用 super 关键字可以在子类中访问父类的成员变量和成员方法。

子类中的构造方法可以使用 super 关键字调用父类的构造方法，以初始化父类中的成员变量，减少代码量。但值得注意的是，使用 super 关键字调用父类的构造方法必须是子类构造方法内的第一条语句。

【例 6－15】 定义一个 Animal 类，类中定义一个成员变量 name，有参构造方法。定义 Cat 类继承 Animal 类，Cat 类的构造方法使用 super 关键字调用父类构造方法。

```
public class Animal {
    protected String name;
    public Animal(String name) {
        this.name = name; }}
public class Cat extends Animal{
    private int age;
    public Cat(String name, int age) {
        super(name); //调用父类的构造函数
        this.age = age;
}
     public String toString() {
         return "Cat{" + "name =" + super.name +','+"age =" + age +
         '}'; }
     public static void main(String[]args) {
         Cat c1 = new Cat("Tom",5);
         System.out.println(c1);
}}
```

运行结果为：

```
Cat{name = Tom,age = 5}
```

说明：在上述实例代码中，第 3 行代码定义了父类 Animal 的构造方法，第 8 行子类的构造方法中使用了 super 关键字调用父类的构造方法，并初始化了父类的成员变量 name。

一方面，super 关键字可用于子类中，对父类的成员变量、成员方法以及构造方法进行访问调用。另一方面，super 关键字还可用于类的方法多态上，当子类需要重载父类方法时，可以使用 super 关键字调用父类被重载的方法，以便在新的实现功能上保留原有的功能。

6.6　final 关键字

final 关键字是面向对象 Java 编程语言中重要的概念。final 关键字可以用来修饰类中的变量、方法以及类本身，确保其修饰后不可更改。使用 final 关键字可以防止变量、方法和类被重写或继承，以提升代码的稳定性与安全性，增强代码的可维护性。下面将从 final 关键字修饰变量、方法、类三个方面，对 final 关键字进行介绍，以加深读者对其的理解。

6.6.1　final 修饰变量

final 关键字可以用来修饰类中的变量，包括成员变量、局部变量和形参等。一旦变量被设定为 final 类型，就不可以对其进行更改，之后不能再对其进行赋值操作。final 关键字修饰变量时，必须赋予初值；如果 final 关键字修饰对象，那么其只能恒定指向一个对象，无法改变其指向另一个对象。为了更好地理解 final 关键字在变量中的使用，来看例 6 - 16。

【例 6 - 16】　定义一个 TestFinal 类，类中定义一个 final 常量，定义一个 final 修饰符的 Cat 类对象，对常量和对象值进行修改。

```
public class Animal {
}
public class TestFinal {
    final static int a = 10; //定义一个 final 常量
    final static Cat c1 = new Cat(); //定义一个 final 对象
    public static void main(String[]args) {
        c1  =  new Cat();
        a = 15;
        System.out.println(a); }}
```

运行结果为(程序报错)：

```
Java:无法为 static final 变量 c1 分配值
Java:无法为 static final 变量 a 分配值
```

说明：在上述实例中，第 4 行定义了一个 final 常量，第 5 行定义了一个 final 对象，final 关键字修饰的成员都是不可以进行修改的。因此，程序报错，无法给变量 a 以及对象 c1 分配值。

6.6.2 final 修饰方法

final 关键字能够修饰类中的成员方法，修饰的方法可以被子类继承，但是子类不能重写父类中的 final 方法，防止子类修改该类 final 方法的定义与内容。以下通过例 6 - 17 来验证 final 方法不能重写特性。

【例 6 - 17】 定义一个 Animal 类，类中定义 final 方法，定义一个 Cat 类，Cat 类继承 Animal 类，对 Animal 类中的 final 方法进行重写。

```
public class Animal {
    public final void display(){//类中定义 final 方法
        System. out. println(" final display method"); }}
public class Cat extends Animal{
    public void display(){ //对 final 方法进行重写
        System. out. println(" Cat display method");
}
    public static void main(String[]args) {
        Cat c1 = new Cat();
         c1. display(); }}
```

运行结果为(程序报错)：

```
Java:Cat 类中的 display()无法覆盖 Animal 类中的 display()
被覆盖的方法为 final
```

说明：在上述实例中，Animal 类中定义了一个 final 方法 display()，Cat 类继承了 Animal 类，但是不能对 final 方法进行重写，final 定义的方法为最终方法，因此程序报错，提示不能进行方法覆盖。

6.6.3 final 修饰类

final 关键字能用来修饰类，修饰定义的类不能被其他类继承，并且不允许其他人对 final 类进行任何修改，final 类为最终类，类中的方法都自动设置为 final 方法。final 类的语法格式如下：

```
final 类名{}
```

【例 6 - 18】 定义一个 Animal 类，类定义为 final 类，定义一个 Cat 类，Cat 类继承 Animal 类。

```
[1] public final class Animal {
[2]     public void display(){//类中定义 final 方法
[3]         System.out.println("final display method");
[4] }}
[5] public class Cat extends Animal{//继承 final 类
[6]     public static void main(String[]args) {
[7]         System.out.println("final 类的使用");
[8] }}
```

运行结果为(程序报错):

```
Java:无法从最终 Animal 类进行继承
```

说明:在上述实例中,第 1 行定义了 final 最终类 Animal,而最终类是不能被继承修改的,因此 Cat 类无法继承 Animal 类,程序报错。

final 关键字能用以修饰变量、方法和类,修饰后不可进行修改,为最终的成员与类。图 6-5所示为 final 关键字的作用。

图 6-5　final 关键字的作用

6.7　面向对象的类

在面向对象语言 Java 中,存在一些特殊形式的类。学习这些特殊的类,有助于我们加深对面向对象概念的理解,并能提升代码编写水平。本节将介绍 Java 编程语言中的一些特殊类:包装类、数字处理类、内部类、抽象类与接口。

6.7.1　包装类

Java 编程语言中定义了基本数据类型,为了将基本数据类型转化为对象,并能使用其中的特殊方法,我们对每个基本类型都定义了对应的包装类。例如 int 型的包装类为 Integer,那么 int 型的数值就能使用 Integer 包装类中的方法。

1. Integer 包装类

Integer 包装类在对象中包装了一个 int 型的值，此外，该类还提供了许多方法，能够对 int 型数据进行操作。Integer 包装类为一个类，类中的对象定义格式如下：

```
Integer 对象名 = number;
```

Integer 包装类中的方法是已经定义好的，表 6-1 所列是 Integer 类中的几种常见方法。

表 6-1　Integer 类中的几种常见方法

方法名	返回值	功能
intValue()	int	将 Integer 类型对象以 int 型返回
toString()	String	将 Integer 类型对象以 String 对象返回
parseInt(String str)	int	将字符串参数返回等价整数数值
valueOf(String str)	Integer	将 str 字符串转化为 Integer 类型返回
comparerTo(Integer anotherInteger)	int	两个 Integer 类型的对象进行值的比较，若相同则返回 0，如果调用对象值大于参数值对象返回 1，否则为 -1
equal(Object obj)	boolean	比较两个对象是否相等

【例 6-19】 在项目中创建 IntegerTest 类，类中使用 Integer 类中的方法。

```
public class IntegerTest {
public static void main(String[]args) {
  Integer x1 = 123; //x1 为 Integer 对象
  Integer x2 = 234;
  System.out.println(x1.intValue());//将 Integer 对象转化为 int 型
  System.out.println(x1.toString());//将 Integer 对象转化为 String 对象
  System.out.println(Integer.parseInt("112233")); //将字符串值转化为整数数字
  System.out.println(Integer.valueOf("5677")); //将 String 对象转化为 Integer 对象
  System.out.println(x1.compareTo(x2)); //两个 Integer 对象的比较 }
}
```

运行结果为：

```
123
123
112233
5677
-1
```

2. Boolean 包装类

Boolean 包装类将基本数据类型 boolean 包装在一个对象中。Boolean 类为处理

boolean 基本类型提供了多种方法，以下是 Boolean 对象的定义格式：

```
Boolean 对象名 = true/false;
```

Boolean 包装类中的方法是已经定义好的，表 6 - 2 所列是 Boolean 类中的几种常见方法。

表 6 - 2　Boolean 类中的几种常见方法

方法名	返回值	功能
toString()	String	将 Boolean 类型对象以 String 对象返回
parseBoolean(String str)	int	将字符串参数返回为 boolean 值
valueOf(String str)	Integer	将 str 字符串转化为 Boolean 类型返回
equal(Object obj)	boolean	比较两个对象是否相等

【例 6 - 20】 在项目中创建 BooleanTest 类，类中使用 Boolean 类中的方法。

```
public class BooleanTest {
    public static void main(String[]args) {
        Boolean b1 = true;
        Boolean b2 = false;
        System.out.println(b1.equals(b2)); //比较两个 Boolean 对象是否相等
        System.out.println(b1.toString()); //将 b1 对象转化为 String 对象
        System.out.println(Boolean.parseBoolean("ok")); //返回 boolean 值
        System.out.println(Boolean.valueOf("ok")); //将字符串 String 转化为 Boolean 类型
}}
```

运行结果为：

```
false
true
false
false
```

3. Character 包装类

Character 包装类在对象中包装了一个基本类型为 char 的值。Character 包装类为处理单个字符提供了多种方法，包括大小写转换，确认字符是否大小写等。以下是 Character 包装类对象的定义方法。

```
Character 对象名 = 字符;
```

Character 包装类中的方法是已经定义好的，表 6 - 3 所列是 Character 类中的几种常见方法。

表 6-3 Character 类中的几种常见方法

方法名	返回值	功能
charValue()	char	将 Character 类型对象以 char 值返回
compareTo(Character another)	int	比较 Character 两个对象,相同返回 0
toUpperCase(char ch)	char	将字符转化为大写
toLowerCase(char ch)	char	将字符转化为小写
isUpperCase(char ch)	boolean	判断字符是否为大写
isLowerCase (char ch)	boolean	判断字符是否为小写

【例 6-21】 在项目中创建 Character 类,类中使用 Character 类中的方法。

```
public class CharacterTest {
    public static void main(String[]args) {
        Character c1 = 'a';
        Character c2 = 'b';
        System.out.println(c1.charValue()); //返回对象 c1 的值
        System.out.println(c1.compareTo(c2));//比较两个对象是否相等
        System.out.println(Character.toUpperCase('e')); //将字符转为大写
        System.out.println(Character.toLowerCase('H')); //将字符转为小写
        System.out.println(Character.isUpperCase('e')); //判断字符是否小写
        System.out.println(Character.isLowerCase('h')); //判断字符是否大写
}}
```

运行结果为:

```
a
-1
E
h
false
true
```

6.7.2 数字处理类

在实际的项目编程中,我们会遇到很多数学问题,因此数字问题的处理方法就变得重要。面向对象 Java 编程语言提供了许多数字处理类,包括 Math 类(用于数学计算),Random 类(用于处理随机数),BigInteger 类(用于大数字的处理与操作)等。本节主要介绍这些数字处理类,以提高读者面向对象编程的能力。

1. Math 类

Math 类提供了许多数字处理的函数方法,包括三角函数、指数函数、对数函数、取最大值、取最小值函数,以及求平均数函数等。

(1)Math 类中的三角函数方法包括求解正弦、余弦以及正切等方法,函数的方法名称如下:

- public static double sin(double a):三角函数正弦方法。
- public static double cos(double a):三角函数余弦方法。
- public static double tan(double a):三角函数正切方法。
- public static double to Radians(double a):将角度转换为弧度。
- public static double to Degrees(double a):将弧度转换为角度。

以上三角函数方法,其参数和返回值都是 double 类型,这是由于 π 为浮点型,而参数中普遍需要使用 π,因此方法参数和返回值都为浮点数。由于 π 本身是一个近似值,所以这些结果也接近真实值,但不完全精确。

【例 6-22】 在项目中创建 MathTest 类,类中使用三角函数的一些方法。

```
[1] public class MathTest {
[2]     public static void main(String[]args) {
[3]         System. out. println(" 30 度角的正弦值:" + Math. sin((Math. PI)/6));
[4]         System. out. println(" 60 度角的余弦值:" + Math. cos((Math. PI)/3));
[5]         System. out. println(" 45 度角的余弦值:" + Math. cos((Math. PI)/4));
[6]         System. out. println(" 120 度的弧度值:" + Math. toRadians(120. 0));
[7]         System. out. println(" π 的角度值:" + Math. toDegrees(Math. PI));
[8]     }
[9] }
```

运行结果为:

```
30 度角的正弦值:0. 49999999999999994
60 度角的余弦值:0. 5000000000000001
45 度角的余弦值:0. 9999999999999999
120 度的弧度值:2. 0943951023931953
π 的角度值:180. 0
```

说明:在上述代码中,第 3 行中的 Math. PI 为 Math 类中成员常量,为数字常量 π。第 3 行代码 Math. sin((Math. PI)/6)就是取 30 度的正弦值,由于 π 是一个不精确的数,所以得到的结果也不完全精确。

(2)Math 类中包含指数函数和对数函数,其主要方法格式如下:

- public static double exp(double a):求 e 的 a 次方。
- public static double log(double a):求对数 a 的值,即 ln a。
- public static double log10(double a):求底数为 10 的对数 a 的值,即 $\log_{10}a$。
- public static double sqrt(double a):求数 a 的平方根。
- public static double pow(double a,double b):求数 a 的 b 次方。

【例 6-23】 在项目中创建 MathTest 类,类中使用对数函数和指数函数的一些方法。

```
public class MathTest {
    public static void main(String[]args) {
        System.out.println("e 的 0 次方:" + Math.exp(0));
        System.out.println("以 e 为底 e 的对数:" + Math.log(Math.E));
        System.out.println("16 的平方根:" + Math.sqrt(16));
        System.out.println("2 的三次方:" + Math.pow(2,3));
}
}
```

运行结果为:

```
e 的 0 次方:1.0
以 e 为底 e 的对数:1.0
16 的平方根:4.0
2 的三次方:8.0
```

(3)Math 类中也包含一些取整操作的方法,其方法的格式如下:

- public static double ceil(double a):大于等于 a 的最小整数。
- public static double floor(double a):小于等于 a 的最大整数。
- public static double rint(double a):与 a 最接近的整数。

【例 6-24】 在项目中创建 MathTest 类,类中使用取整的一些方法。

```
public class MathTest {
    public static void main(String[]args) {
        System.out.println("向上取整 ceil()方法:" + Math.ceil(11.3));
        System.out.println("向下取整 floor()方法:" + Math.floor(8.7));
        System.out.println("就近取整 rint()方法:" + Math.rint(4.6));
}
}
```

运行结果为:

```
向上取整 ceil()方法:12.0
向下取整 floor()方法:8.0
就近取整 rint()方法:5.0
```

(4)Math 类中也包含取最大值、最小值、绝对值等方法,方法体格式如下:

- public static double max(double a,double b):取 a,b 的最大值。
- public static double min(double a,double b):取 a,b 的最小值。
- public static double abs(double a):取 a 的绝对值。

在取最大值、最小值、绝对值的方法中，参数和返回值的类型是多样的，不仅限于 double 类型，还包括 int、float 等类型。

【例 6 - 25】 在项目中创建 MathTest 类，类中使用最大值、最小值、绝对值的一些方法。

```
public class MathTest {
    public static void main(String[]args) {
        System.out.println("1 和 1.3 中最大值:" + Math.max(1,1.3));
        System.out.println("4.4 和 -1 中最小值:" + Math.min(4.4, -1));
        System.out.println("-12 的绝对值:" + Math.abs(-12));
    }
}
```

运行结果为：

```
1 和 1.3 中最大值:1.3
4.4 和 -1 中最小值:-1.0
-12 的绝对值:12
```

2. Random 类

在实际软件开发中，可能需要生成随机数。针对这种情况，Java 编程语言提供了 Random 类，用以产生各种类型的随机数。Random 类对象的定义格式如下：

```
Random 对象名 = new Random()
Random 对象名 = new Random(Seed)
```

两种方式都能实例化 Random 对象。Seed 是随机数生成种子，相同随机数种子的对象同一方法所生成的随机数一致。如果未设置随机数生成种子，那么编译器会将当前时间作为种子。以下是 Random 类中的一些方法。

- public int nextInt()：返回一个随机数。
- public int nextInt(int n)：返回一个[0,*n*)范围的随机整数。
- public long nextLong()：返回随机 long 类型值。
- public boolean nextBoolean()：返回随机 boolean 类型值。
- public float nextFloat()：返回随机 float 类型值。
- public double nextDouble()：返回随机 double 类型值。

【例 6 - 26】 在项目中创建 RandomTest 类，类中使用 Random 类中的一些方法。

```
public class RandomTest {
    public static void main(String[]args) {
        Random s = new Random(12); //创建种子数为 12 的 Random 对象
```

```
            System.out.println("随机生成一个数:" + s.nextInt());
            System.out.println("随机生成一个[0,10)之间的数:" + s.nextInt(10));
            System.out.println("随机生成一个 long 类型数:" + s.nextInt());
            System.out.println("随机生成一个 boolean 类型数:" + s.nextBoolean());
            System.out.println("随机生成一个 float 类型数:" + s.nextFloat());
            System.out.println("随机生成一个 double 类型数:" + s.nextDouble());
    }
}
```

运行结果为：

```
随机生成一个数:- 1160101563
随机生成一个[0,10)之间的数:2
随机生成一个 long 类型数:1181413113
随机生成一个 boolean 类型数:false
随机生成一个 float 类型数:0.48098648
随机生成一个 double 类型数:0.03526836540993261
```

3. BigInteger 类

在实际的数字运算中，常常要处理比较大的一些数，而 int 型的最大值为 $2^{31}-1$，如果使用 int 型，则数据容易丢失，所以 Java 编程语言提供了一种 BigInteger 类，用以处理更大范围的数字。BigInteger 类的对象定义如下：

```
BigInteger 对象名 = new BigInteger(String str);
```

其中，str 是十进制的字符串，将字符串转化为 BigInteger 对象。BigInteger 类中封装了许多方法，包括加、减、乘、除等，以下是 BigInteger 类中的常用方法：

- public BigInteger add(BigInteger b)：加法操作。
- public BigInteger subtract(BigInteger b)：减法操作。
- public BigInteger multiply(BigInteger b)：乘法操作。
- public BigInteger divide(BigInteger b)：除法操作。
- public BigInteger negate()：取相反数。
- public BigInteger remainder(BigInteger b)：取余数。
- public BigInteger[] divideAndRemainder(BigInteger b)：作除法运算，返回商和余数的数组，数组第一个数为商，第二个数为余数。

【例 6-27】 在项目中创建 BigIntegerTest 类，类中使用 BigInteger 类中的一些方法。

```
public class MathTest {
    public static void main(String[]args) {
    BigInteger a = new BigInteger(" 3331111111111112131231231231231123123");
```

```
        BigInteger b = new BigInteger("1231232133123123");
            System.out.println("加法操作:" + a.add(b));
            System.out.println("减法操作:" + a.subtract(b));
            System.out.println("乘法操作:" + a.multiply(b));
            System.out.println("a 的相反数:" + a.negate());
            System.out.println("除法操作:" + a.divide(b));
            System.out.println("余数操作:" + a.remainder(b));
            System.out.println("取商:" + a.divideAndRemainder(b)[0]);
            System.out.println("取余数:" + a.divideAndRemainder(b)[1]);
    }
}
```

运行结果为:

```
加法操作:3331111111111112131232462463364246246
减法操作:3331111111111112131229999999098000000
乘法操作:4101371039003470982671338203978494821599780931273129
a的相反数:-3331111111111112131231231231231123123
除法操作:2705510213302727047360
余数操作:914750099017843
取商:2705510213302727047360
取余数:914750099017843
```

6.7.3　内部类

在项目中类的构建中,每个类都对应一个 class 文件。如果在类中再定义一个类,那么可以为类提供更多的设计模式。其中类中定义的类称为内部类,最外层的类称为外部类。内部类包括静态内部类、成员内部类、局部内部类等。内部类的主要格式如下:

```
修饰符 class 外部类类名{
    修饰符 class 内部类类名{
}
}
```

1. 静态内部类

被 static 关键字修饰的内部类为静态内部类。静态内部类可以直接访问外部类的静态方法,但不能直接访问外部类的非静态成员,外部类的非静态成员必须通过外部对象进行访问。静态内部类对象的创建格式如下:

```
外部类类名.内部类类名 对象名 = new 外部类类名.内部类类名();
```

【例 6-28】 在项目中创建 Outer 类,类中定义静态内部类 Inner,创建静态内部类对象，并进行实例化。

```
[1]  public class Outer {
[2]          private static int a = 123; //静态成员
[3]          private String hobby; //非静态成员
[4]          public static class Inner{
[5]              private String name;
[6]              public void show(){
[7]              System.out.println(a); //直接访问外部类静态成员
[8]              //不能直接访问外部类非静态成员
[9]              //System.out.println(hobby);
[10]             }
[11]             public String getName() {
[12]             return name;
[13]             }
[14]             public void setName(String name) {
[15]             this.name = name;
[16]             }
[17]  }
[18]         public static void main(String[]args) {
[19]             Outer.Inner i = new Outer.Inner();
[20]             i.setName("Tom");
[21]             i.show();
[22]  }
[23]  }
[24]
```

运行结果为：

```
123
```

说明：在上述实例中，定义了一个外部类 Outer 以及内部类 Inner。第 9 行说明内部类不能直接访问外部类的非静态成员，但可以通过创建外部类对象，再通过对象进行访问。代码编译完成后，会生成 Outer$Inner 独立类和 Outer 类，只要使用独立类就能运行主方法中的内容。

2. 成员内部类

在类定义中的内部类没有被 static 关键字修饰的，称为成员内部类。成员内部类可以直接访问外部类中的静态成员与非静态成员。成员内部类的对象创建格式如下：

```
外部类类名.内部类类名 对象名 = new 外部类类名.new 内部类类名();
```

【例 6-29】 在项目中创建 Outer 类，类中定义成员内部类 Inner，创建成员内部类对象,并进行实例化。

```
public class Outer {
    private static int a = 123; //静态成员
    private String hobby = "打羽毛球"; //非静态成员
    public class Inner{
        private String name;
        public void show(){
        System.out.println(a); //直接访问外部类静态成员
        System.out.println(hobby);//直接访问外部类非静态成员
        }
         public String getName() {
         return name;
         }
         public void setName(String name) {
         this.name = name;
         } }
     public static void main(String[]args) {
         Outer.Inner i = new Outer().new Inner();
         i.setName(" Tom ");

         i.show();
 }
 }
```

运行结果为:

```
123
打羽毛球
```

3. 局部内部类

局部内部类是一个在类中的局部位置进行定义,如类的方法或者作用域中。

局部内部类类似于方法中的局部变量,不能用权限修饰符进行修饰。

【例 6-30】 在项目中创建 Outer 类,类中定义局部内部类 Inner,创建外部类对象,并进行实例化操作。

```
public class Outer {
    public void display(){
        class Inner{
        int inner = 1; }
        System.out.println(new Inner().inner);//使用局部内部类 }
```

```
[6]        public static void main(String[]args) {
[7]            Outer i = new Outer();
[8]            i.display(); }}
```

运行结果为：

```
1
```

说明：在上述实例中，第 3 行构建了局部内部类。由于局部内部类只能在定义的局部使用，所以在外部时无法进行直接调用。

6.7.4 抽象类

在项目的实际开发中，一般将父类定义为抽象类，用来表述事物的一般状态和行为，然后可以在子类中对父类中的抽象行为进行重写，转化为具体的行为。抽象类使用关键字 abstract 进行修饰，格式如下：

```
abstract class 类的名称{
    成员变量定义；
    方法(){..} //具体方法
    abstract 方法名();//抽象方法}
```

抽象类规定如下：

(1)抽象类既包含具体的方法，也包含抽象的方法。由于抽象类是一个抽象的概念，所以不能构建实例化对象。

(2)抽象类中不一定包含抽象方法，但包含抽象方法的类必定是抽象类。

(3)抽象类中的抽象方法只是声明，不包含方法体，即不给出方法的具体实现也就是方法的具体功能。

(4)构造方法、类方法(用 static 修饰的方法)不能声明为抽象方法。

(5)抽象类的子类必须给出抽象类中的抽象方法的具体实现，除非该子类也是抽象类。

【例 6－31】 在项目中创建 Animal 抽象类，定义抽象方法。创建 Cat 类，继承 Animal 类，对抽象方法进行实现。

```
public abstract class Animal {//抽象类
  public abstract void bark(); //定义抽象方法}
public class Cat extends Animal{//继承 final 类
    public void bark() { //对抽象方法进行重写
        System.out.println("猫会喵喵叫"); }
    public static void main(String[]args) {
        Cat c1 = new Cat();
        c1.bark(); }}
```

运行结果为：

```
猫会喵喵叫
```

说明：在上述实例中，定义了抽象类 Animal，其中包含抽象方法 bark()，当子类 Cat 继承抽象类时，必须实现父类中的抽象方法，即对方法进行重写。

6.7.5　接口

接口可以看作抽象类的一种特殊形式，接口中的方法都没有方法体。接口可以继承多个父类接口，接口的定义格式如下：

```
Interface 接口名{
    成员变量定义;
    方法名();//抽象方法
}
```

其中，接口中的成员变量定义都是 public static final，为静态常量。接口方法的修饰符默认为 public abstract。接口的实现使用关键字 implements，一个类可以实现多个接口，并用逗号隔开。

【例 6-32】 在项目中创建 MathAdd 接口和 MathDivide 接口，定义 MathTest 类实现这两个接口。

```
public interface MathAdd {
    int addMethod(int a ,int b);//接口方法}
public interface MathDivide {
    int divideMethod(int a,int b); //接口方法}
public class MathTest implements MathAdd,MathDivide{
    public int addMethod(int a, int b) { //对接口方法 addMethod 进行实现
        return a + b; }
    public int divideMethod(int a, int b) { //对接口方法 divideMethod 进行实现
        return a/b; }
    public static void main(String[]args) {
        MathTest m = new MathTest();
        System.out.println(m.addMethod(1,3));
        System.out.println(m.divideMethod(6,2)); }
}
```

运行结果为：

```
4
3
```

说明：在上述实例中，定义了两个接口，类实现接口时，必须实现接口中的方法，对接口方法进行重写。

一个接口也能够继承其他接口，与类的继承思想相似，接口之间的继承也采用关键字 extends，子接口继承父接口的形式。

【例 6－33】 在项目中创建 Sport 接口，创建 Basketball 和 Football 两个接口继承 Sport 接口。

```
// 文件名：Sports.java
public interface Sports
{
        public void setHomeTeam(String name);
        public void setVisitingTeam(String name);
}

// 文件名：Football.java
public interface Football extends Sports
{
        public void homeTeamScored(int points);
        public void visitingTeamScored(int points);
        public void endOfQuarter(int quarter);
}
// 文件名：Basketball.java
public interface Basketball extends Sports
{
        public void homeGoalScored();
        public void visitingGoalScored();
        public void endOfPeriod(int period);
        public void overtimePeriod(int ot);
}
```

说明：Basketball 接口声明了四种方法，即 homeGoalScored()，visitingGoalScored()，endOfPeriod(int period)，overtimePeriod(int ot)，从 Sports 接口继承了两种方法。因此，实现 Basketball 接口的类需要实现六种方法。相似地，实现 Football 接口的类需要实现五种方法，其中两种来自 Sports 接口。

6.8 小　结

本章为面向对象技术下半部分，介绍了类的三大特性——封装、继承、多态，super 关键字和 final 关键字，以及面向对象中的一些特殊类，如包装类、数字处理类、内部类、抽象类和接口。

学生通过对本章的学习,可以更全面地理解面向对象的思想,对类中的一些思想有更深刻的理解,对一些特殊的类有更多了解,进而有效提升编码水平。

习　题

1. 定义一个父类Animal,它有一种方法makeSound(),不实现具体内容。定义两个子类Dog和Cat,分别实现makeSound()方法,使其输出狗和猫的叫声。在主类TestAnimals中,创建Dog和Cat的对象,并通过一个Animal类型的数组来存储这些对象,并调用它们的makeSound()方法。

2. 定义一个Person类,包含name(姓名)和age(年龄)两个私有属性,以及它们的公有getter和setter方法,无参构造方法与有参构造方法。在main方法中创建Person对象,设置其姓名和年龄,并输出它们。

3. 定义一个Student类,包含name(姓名)和id(学号)两个属性。其中,id属性用final修饰,表示一旦在构造函数中初始化就不能再被修改。在主类TestFinal中测试final的使用。

4. 定义一个接口Shape,包含一种方法draw()用于绘制形状。定义一个抽象类Rectangle实现Shape接口,但不实现draw()方法(保持抽象)。定义一个子类Square继承自Rectangle并实现draw()方法,具体实现绘制正方形的逻辑。在主类TestShapes中测试Square的draw()方法。

扫二维码查看习题答案

第7章

文件管理

Java 文件管理主要涉及对存储在计算机中的文件进行操作，包括创建、读取、写入、删除以及移动文件等。这些操作在 Java 编程语言中主要通过 java.io 包和 java.nio 包下的类来实现。

学习目标

- 掌握文件操作的基本概念。
- 掌握文件输入和输出的基本操作。
- 理解文件路径与编码。
- 文件系统的遍历与监控。

思政目标

• 在项目实践或团队作业中，共同解决文件管理的实际问题，培养学生的团队合作精神和沟通能力。

• 在文件读写操作中，强调数据保护的重要性，培养学生的信息安全意识。引导学生了解并遵守网络道德和法律法规，不在未经授权的情况下读写敏感文件。

7.1 字节流和字符流

对 Java 程序而言，输入/输出包括：对外设通道的输入/输出、对文件的读和写、对网络数据的读和写。Java 编程语言采用流（stream）的机制实现输入和输出。流是一种有方向的字节/字符数据序列。程序为获取数据，打开一个来自数据源的流，通过流读取数据。程序为输出数据，打开一个到目的地的流，就可以将数据输出到目的地。对于程序来说，I/O 流提供一条数据通道，输入流指的是数据的来源，程序从输入流中读取数据；输出流是数据要去的目的地，程序向输出流写的数据被传送到目的地。虽然大多数情况下 I/O 流与磁盘文件有关，但数据源可以是键盘、鼠标、内存、数据的目的地，也可以是内存、显示器。

实现输入/输出操作的类库在 java.io 包中。包中有一组支持打开流、向流写数据、从流读取数据和关闭流等操作的类，要使用这些类，程序必须导入 java.io 包。

7.1.1 File 对象

建立输入输出流对象之前可以建立一个 File（文件）对象。File 对象是 File 类的实例。File 对象对应一个目录或文件，对象的属性包括文件路径、名字、文件长度、可否读写等。File 对象只用来命名文件、查询文件属性和处理目录，不提供读写文件操作。

File 类常用的构造方法如下：

（1）File(String s)，由 s 确定 File 对象的文件名。

（2）File(String directory,String s)，由 directory 确定 File 对象的文件目录，由 s 确定文件名。

以下是创建 File 对象的示意代码：

```
File f1 = new File("/mydir/myfile.txt");
File f2 = new File("/mydir"," myfile.text");
```

7.1.2 流对象

Java 程序的输入输出流称为流对象，文件读写的主要操作包括：建立流对象、读数据、写数据和关闭流。输入输出流可由文件名或 File 对象创建。

根据输入输出数据的类型是字节还是字符，java.io 提供两种基本抽象类：一种用于读写字节，另一种用于读写字符。

字节流用于读写二进制数据，如图像和声音文件等。字节流数据是 8 位的，由 InputStream 类和 OutputStream 类为字节流提供 API 与部分实现。字节流读和写操作由 FileInputStream 类和 FileOutputStream 类提供支持。它们分别是 InputStream 和 OutputStream 类的子类。

字符流数据是 16 位的 Unicode 字符，字符流能处理 Unicode 字符集中的任何字符，由

Reader 类和 Writer 类为字符流提供 API 与部分实现。读和写操作由 FileReader 类和 FileWriter 类提供支持。它们分别是 Reader 和 Writer 的子类。

1. 建立流对象

通过流的构造方法建立流对象，创建输入输出流对象的常用构造方法有两种。下面以创建 FileInputStream 类的流对象为例说明创建流对象的方法，创建 FileOutputStream 类、FileReader 类和 FileWriter 类的流对象与此完全相同。

(1)FileInputStream(String name)，直接通过指定的文件名创建输入流。

(2)FileInputStream(File filename)，用文件对象创建输入流。

由于使用输入流的构造方法创建输入流时，可能会出现 FileNotFoundException 异常，因此创建输入流的代码必须出现在 try…catch 语句结构中，让程序能检测并处理这个异常。所以，创建输入流代码呈现以下形式：

```
try{
    FileInputStream ins = new FileinputStream(" myfile. data ");//创建输入流对象。
}catch(FileNotFoundException e){
    System. out. println("文件找不到：" + e);
}
```

上述代码把输入流对象与文件关联起来，使用 catch 块捕获并处理文件找不到异常。

2. 输入流的常用方法

FileInputStream 类包含下面用于读取字节和字节数组的方法：

(1)int read()从输入流中读取下一个字节，返回一个整数，整数范围为 0～255。

(2)int read(byte b[])，从输入流中读取长度为 b. length 的字节数据，写入字节数组 b，并返回实际所读取的字节数。

(3)int read(byte b[],int off,int len)，从数据流中读取长度为 len 的字节数据，写入字节数组 b 中从下标 off 开始的数组元素中，并返回实际读取的字节数。

使用以上三种方法时，如果在读数据之前，已到达输入的末端位置，没有读入一个字节数据，则返回－1 表示流在读之前已结束。

FileReader 类包含下面用于读字符和字符数组的方法：

(1)int read()，从输入流中读取下一个字符。如果读前已到流的末尾，则返回－1。

(2)int read(char b[])，从输入流读取长度为 b. length 的字符数据，写入字符数组 b，并返回实际所读取的字符数。

(3)int read(char b[],int off,int len)，从数据流中读取长度为 len 的字符数据，写入字符数组 b 中从下标 off 开始的数组元素中，并返回实际读取的字符数。

对于输入流，还有一种常用的方法：

long skip(long n)，从输入流的当前读位置起向前移动 n 个字节/字符，并返回实际跳过的字节/字符数。

3. 输出流的常用方法

FileOutputStream 类包含以下用于输出字节和字节数组的方法：

(1)int write(int c)，输出一个字节。

(2)int write(byte b[])，输出存于字节数组 b 中的字节数据。

(3)int write(byte b[],int off,int len)，输出字节数组 b 中从下标 off 开始的多至 len 个字节。

FileWriter 类也包含用于输出字符和字符数组的方法：

(1)int write(int c)，输出一个字符。

(2)int write(char b[])，输出存于字符数组 b 中的字符数据。

(3)int write(char b[],int off,int len)，输出字符数组 b 中从下标 off 开始的多至 len 个字符。

对于输出流，还有一种常用方法：

void flush()，刷空输出流，并输出所有存储在缓冲区的内容。

流使用结束后，关闭流并且释放与该流相关的资源用方法 close()。为了程序安全，提高计算机的资源利用率，流使用结束后，程序应及时关闭它。

【例 7－1】 一个文件复制应用程序，将某个文件的内容全部复制到另一个文件中。

```
import java. io. * ;
class Example9_1{
  public static void main(String arg[]){
    File inputFile = new File(" file1. txt ");
    File outputFile = new File(" file2. txt ");
    int ch;
    try{
      FileReader in = new FileReader(inputFile);
      FileWriter out = new FileWriter(outputFile);
      System. out. println("文件复制程序开始工作");
      while((ch = in. read())! = - 1){
        out. write(ch);
      }
      in. close();
      out. close();
      System. out. println("文件复制程序工作结束
    }catch(FileNotFoundException e1){
      System. out. println("文件没有找到" + e1);
    }catch(IOException e2){
      System. out. println(" File read Error:" + e2);
    }
  }
}
```

上述程序非常简单，为 file1. txt 创建一个输入流，为 file2. txt 创建一个输出流，程序逐一从输入流读取字符，输出到输出流上，直至输入流结束。

7.2 缓冲式输入输出

当程序处理的文件按行组织，并且行不是定长时，用前面所述的流类实现很不方便。如果程序要按行输入输出，则需采用缓冲式输入输出方式。

7.2.1 缓冲式输入

采用缓冲式输入时，对于程序的输入请求，系统一次性输入足够多的内容放在内存缓冲区中，供程序以后的输入请求使用。待缓冲区内容用完，再一次性输入足够多的数据。

程序要采用缓冲式输入，需要先创建 FileReader 对象，再利用 FileReader 对象创建 BufferedReader 对象，习惯称为将 FileReader 对象接到 BufferedReader 对象上，如以下代码所示：

```
BufferedReader in;
file = new FileReader("abc. txt");//创建 fileReader 对象
in = new BufferedReader(file);//接到 BufferedReader 类对象上
in. readLine();
```

这样，就可以对 BufferedReader 对象 in 使用 readLine()方法按行输入文件"abc. txt"。

【例 7-2】 说明 BufferedReader 类用法的应用程序。

```
import java. io. * ;
import java. awt. * ;
import javax. swing. * ;
import java. awt. event. * ;
class MyWindow extends J Frame implements ActionListener{
JTextArea text;
BufferedReader in;
JButton Button1;
FileReader file;
MyWindow(){
    super("缓冲区中读取");
    Container con = this. getContentPane();//获得内容面板
    con. setSize(100,400);
    con. setLayout(new BorderLayout());
    Button1 = newJButton("读取文件");
```

```
        Button1. addActionListener(this);
        text = new JTextArea(20,20);
        text. setBackground(Color. cyan);
        JScrollPane jsp = new JScrollPane(text);
        con. add(jsp,BorderLayout. CENTER);
        con. add(Button1," South");
        this. setVisible(true);
        this pack();
        try{File f = new File(" Example8_3. java");
          file = new FileReader(f);//或者 file = new FileReader("Example9_3. java");
          in = new BufferedReader(file);
        }catch(FileNofoundException e1){
          text. setText("文件没有找到");
          button1. removeActionListener(this);
        }
    }
    public void actionPerformed(ActionEvent e)
    {
        String s;
        if(e. getSource() = = button1)
        try{while ((s = in. readLine())!  = null)
          text. append(s + '\n');
        }catch(IOException exp){}
      }
    }
    public class Example8_2{
        public static void main(String arg[]){
          MyWindow myWin = new MyWindow();
        }
    }
```

7.2.2 缓冲式输出

采用缓冲式输出时，对于程序的输出请求，系统先将内容暂存于缓冲区，待缓冲区满或输出结束时，才将暂存于缓冲区中的内容输出到流的目的地。

BufferedWriter 类是提供缓冲式输出的类。程序需要先创建 FileWriter 对象，再选用 FileWriter 对象创建 BufferedWriter 对象，习惯称为 FileWriter 对象接到 BufferedWriter 对象上。对 BufferedWriter 对象使用 write()方法就能实现缓冲式输出。采用缓冲式输出时，write()方法只是将字符串写入系统内设的缓冲区，等缓冲区满后，系统自动将缓冲区中的内容写入文件。如果想立即写入文件，则需要调用 flush()方法。

【例 7-3】 说明 BufferedWriter 类用法的应用程序。

```
import java.util.*;
import java.io.*;
import java.awt.*;
import javax.swing.*;
import java.awt.event.*;
class MyWindow extends JFrame implements ActionListener{
  JTextArea text;
  JButton Button1;
  FileWriter writefile;
  BufferedWriter out;
  MyWindow(){
    super("缓冲式样流的输出");
    Container con = this.getContentPane();//获得内容面板
    //con.setSize(100,400);
    con.setLayout(new BorderLayout());
    Button1 = new  JButton("写文件");
    Button1.addActionListener(this);
    text = new JTextArea(20,30);
    text.setBackground(Color.cyan);
    con.setSize(40,40);
    con.add(text,"Center");
    con.add(Button1,"South");
    con.setVisible(true);
//  this pack();
    try{
      writefile = new FileWriter("line.txt");
      out = new BufferedWriter(writefile);
    }catch(IOException e){}
}
public void actionPerformed(ActionEvent e)
{
    String s;
    if(e.getSource() = = button1)
    try{out.write(text.getText(),0,(text.getText()).length());
      out.flush();
      text.setText(null);
      System.exit(0);
    }catch(IOException exp)
```

```
        {text.setText("文件写出错！\n");System.exit(-1);
        }
        }
    }
    public class Example8_3{
      public static void main(String args[]){
      MyWindow myWin = new MyWindow();
      myWin.pack();
    }
}
```

7.3　随机访问

在某些应用中，不希望按顺序来读写流。例如，跳过部分不需要的数据读取后面的数据，或者对早先读过的数据重新读入等。这样的应用需采用随机访问的方法，本节将介绍文件随机访问的方法。

文件随机访问可利用 RandomAccessFile 类实现，RandomAccessFile 类创建的流既可以随机输出，也可以随机输入。

1. RandomAccessFile 类构造方法

RandomAccessFile 类常用的构造方法是 RandomAccessFile(String name, String mode)和 RandomAccessFile(File file, String mode)。参数 mode 取值："r"(只读)或"rw"(可读写)。构造方法可能产生"文件不存在"异常。

创建对象的代码应能捕获 FileNotFoundException 异常。对流进行读写操作时，其还应能捕获 IOException 异常。

2. RandomAccessFile 类读写文件的方法

RandomAccessFile 类常用的读写的文件方法如下：

(1)int read()，读取一个字节，当前读位置往前移动 8 个二进制位。

(2)int read(byte b[])，把文件中的数据读到一个字节数组，当前读位置顺次往前移动。

(3)int read(byte b[], int offset, int length)，从文件中读取 length 个字节，把读入的字节存到数组 b[]中，存储从偏移量为 offset 的位置开始，当前读位置也向前移动。

(4)String readLine()，读取文件中的一行字节，遇到换行，结束一次读入过程。

(5)String readUTF()，从一个 UTF 格式的文件中读取一个字符串。

(6)boolean readBoolean()，读取一个布尔值。

(7)byte readByte()，读取一个字节。

(8)short readShort()，读取一个 short 型整数。

(9)long readLong()，读取一个 long 型整数。

(10)char readChar(),读取一个字符。

(11)int readInt(),读取一个整数。

(12)void writeBoolean(boolean v),写一个布尔值。

(13)void writeByte(int v),写一个字节。

(14)void writeShort(int v),写一个 short 型整数。

(15)void writeChar(int v),写一个字符。

(16)void writeInt(int v),写一个型整数。

(17)void writeLong(long v),写一个 long 型整数。

(18)void writeFloat(float v),写一个浮点数。

(19)void writeDouble(double v),写一个双精度浮点数。

(20)void writeBytes(String v),写一个字符串作为字符序列,写这个字符串。

(21)void writeChars(String v),写一个字符串作为字符序列,写这个字符串。

(22)void seek(long offset),移动当前读写位置距文件开始 offset 位置。

【例 7-4】 有一个文件可随机读写的应用程序。程序把若干 long 型整数写到一个名字为 longData. dat 的文件中,然后按相反顺序读出这些写入的整数。

```
import java. io. * ;
public class Example7_4{
public static void main(String arg[]){
RandomAccessFile inOut = null;
long data[] = {151,278,235,206, - 170,32,43,21,83,47};
try{
inOut = new RandomAccessFile(" longData. dat "," rw");
for(int i = 0;i<data. length;i + + ){
inOut. writeLong(data[i]);
}
for(int i = data. length - 1;i> = 0;i - - ){
inOut. seek(i * 8);//long 型数据占 8 个字节,第 i 个整数自 i * 8 字节开始
System. out. print(' + inOut. readLong() + ((i = = 0)? "\n":","));
}
inOut. close();
}
catch(FileNotFoundException e1){
System. out. println("文件找不到! " + e1);
}
catch(IOException e2){System. out. println("文件读写错误! " + e2);}
}
}
```

【例 7-5】 应用程序逐行读取自己的源代码显示。程序利用 getFilePointer()得到文

件的当前位置，与 fileLength()文件的长度比较用于控制循环。

```
import java.io.*;
public class example7_5{
    public static void main(String []args){
        try (RandomAccessFile file = new RandomAccessFile("Example7_5.java","rw")){
            long fileLength = file.length();
            long fileCurPos = 0;
            while(fileCurPos<filelength){
                String s = file.readLine();
                System.out.println(s);
                fileCurPos = file.getFilePointer();
            }
}
        catch(FilenotFoundException e1){
            System.out.println("文件找不到！" + e1);
}
        catch(IOException e2){
            System.out.println("文件读写错！" + e2);
        }
}
}
```

7.4　文件对话框

大多数应用程序需要使用文件，或读取文件内容，或将数据保存于文件中，其中文件通过文件对话框指定。本节介绍程序使用文件对话框打开和保存文件的方法。可以使用 javax.swing包中的类 JFileChooser 打开和保存文件对话框。

1. JFileChooser 类的构造方法

(1)JFileChooser()，建立一个 JFileChooser 对象，默认的文件对话框路径是用户的 Home 目录。

(2)JFileChooser(String currentDirectoryPath)，建立一个 JFileChooser 对象，并设置文件对话框的打开路径。

2. JFileChooser 类的其他常用方法

(1)showOpenDialog()，打开“打开文件对话框”。

(2)showSaveDialog()，打开“保存文件对话框”。

打开文件对话框后，在用户按下按钮或关闭对话框时，上述两种方法会返回一个整数值，这个整数值是以下三个之一：

JFileChooser. CANCEL_OPTION，用户按下“撤销”按钮。

JFileChooser. APPROVE_OPTION，用户按下“打开/保存”按钮。

JFileChooser. ERROR_OPTION，有错，或是对话框非正常关闭。

当程序发现用户选择了文件并按下“打开/保存”按钮后，程序就可以利用 getSelectedFile()方法取得文件对象，并利用这个文件对象，用方法 getName()取得文件的名称，用方法 getPath()取得文件的路径。

3. 设置筛选条件

在打开文件对话框中，还可以设置筛选条件，即指定文件的类型。使用 FileFilter 类，该类预设两种方法，分别是 accept(File f)，getDescription()。当目录中的文件与筛选条件相符时，方法 accept()返回 true，并将此文件名显示在对话框中。getDescription()方法用于对筛选条件进行描述，由程序指定，如“ *. java”等。

由于 FileFilter 类是一个抽象类，程序要设置打开文件对话框的文件筛选条件，就应该继承这个类，编写一个实现类，实现上述两种方法。然后，就可以使用 JFileChooser 类 addChoosableFileFilter()方法，或者使用 setFileFilter()方法设置筛选条件。

【例 7 - 6】 应用程序利用文件对话框确定数据文件。程序首先弹出一个界面，有两个按钮：打开文件和保存文件。当单击打开文件按钮时，程序弹出一个打开文件对话框；当单击保存文件按钮时，程序弹出保存文件对话框。程序还继承 FileFilter 类，定义了 MyFileFilter 类，程序利用这个类设置文件对话框的筛选条件。

```
import java.awt.*;
import javax.swing.*;
import java.io.*;
import java.awt.event.*;
import java.util.*;
import javax.swing.filechooser.*;
import javax.swing.filechooser.FileFilter;
public class Example9_6{
public static void main(String arg[]){
FrameFiledialog f = new FrameFiledialog();
}
}
class FrameFiledialog extends JFrame implements ActionListener{
JFileChooser filedialog = null;
JLable lable = new JLable(' ,JLable.CENTER);
jButton b1,b2;JTextArea text;
FrameFiledialog(){
super("带文件对话框的窗口");
```

```
Container con = this.getContentPane();
con.setLayout(new BorderLayout());
con.setSize(40,50);
JPanel p = new JPanel();
b1 = new  JButton("打开文件");
b2 = new jButton("保存文件");
b1.addActionListener(this);
b2.addActionListener(this);
p.add(b1);
p.add(b2);
text = new JTextArea(20,30);
JScrollPane jsp = new JScrollPane(text);
filedialog = new JFileChooser(" D:\\workspace ");
filedialog.setControlButtonsAreShown(true);
filedialog.addChoosableFileFilter(new MyFileFilter(" txt "));
filedialog.addChoosableFileFilter(new MyFileFilter(" java "));
text.setBackground(Color.cyan);
con.add(jsp,BorderLayout.CENTER);
con.add(Label,BorderLayout.NORTH);
con.add(p,BorderLayout.SOUTH);
this.setVisible(true);
this.pack();
}
public void actionPerformed(ActionEvent e){
File file = null;
int result;
if(e.getSource() = = b1){//打开文件
filedialog.setDialogTitle("打开文件");
result = filedialog.showOpenDialog(this);
text.setText("");
if(result = = JFileChooser.APPROVE_OPTION){
file = filedialog.getSelectedfile();
lable.setText("你选择打开的文件名称是:" + file.getname());
}else if (result = = JFileChooser.CANCEL_OPTION){
lable.setText("你没有选择任何文件");
}
FileInputStream fileStream = null;
if(file! = null){
try{
fileStream = new FileInputStream(file);
```

```
}catch(FileNotFoundException nfe){
lable. setText("文件没有找到");return;
}
int readByte;
try{
while((readByte = fileStream. read())! = -1)
text. append(String. valueOf((char)readByte));
fileStream. close();
}catch(IOException ie){label. settext("读取文件出错");}
}
}else if (e. getsource() = = b2){//保存文件
filedialog. setDialogTitle("保存文件");
result = filedialog. showSaveDialog(this);
file = null;
String fileName;
if(result = = JFileChooser. APPROVE_OPTION){
file = filedialog. getSelectedFile();
label. setText("你选择保存的文件名称是:" + file. getName());
}else if(result = = JFileChooser. CANCEL_OPTION){
label. setText("你没有选择任何文件");
}
FileOutputStream fileStream = null;
if(File! = null){
try{fileStream = new FileOutputStream(file);
}catch(FileNotFoundException nfe){
label. setText("文件没有发现");return;
}
String content = text. getText();
try{
fileStream. write(content. getBytes());
fileStream. close();
}catch(IOException ie){abel. setText("写文件出错");}
}
}
}
}
class MyFileFilter extends FileFilter{
String ext;
MyFileFilter(String t){ext = t;}
public boolean accept(File file){
```

```
        if(file.isDirectory())return true;
        String fn = file.getName();
        int index = fn.lastIndexOf('.');
        if(index>0&& inde  x <fn.length() - 1){
        String extension = fn.substring(index + 1).toLowerCase();
        if(extension.equals(ext))return true;
        }
        return false;
        }
        public String getDescription(){
        if(ext.equals(" java")){return " JAVA Source File( *.java)";}
        if(ext.equals(" txt")){return " Txt File( *.txt)";}
        return "";
    }
    }
```

7.5 小　结

本章系统讲解了 Java 文件管理的核心知识与实践方法，围绕文件的创建、读写、复制、随机访问及交互操作展开。首先介绍了文件操作的基础：通过 File 类管理文件属性与路径，明确其仅用于命名和查询文件信息，不直接参与读写。文件读写依赖流机制，java.io 包提供字节流和字符流，分别适用于二进制数据和 Unicode 字符，创建流对象时需处理 FileNotFoundException 等异常，并在操作结束后关闭流释放资源。缓冲式输入输出通过 BufferedReader 和 BufferedWriter 实现，借助缓冲区提升效率，支持 readLine()按行读写，flush()可强制刷新缓冲区内容。随机访问则由 RandomAccessFile 类实现，通过 seek()方法定位读写位置，满足非顺序读写需求。此外，本章还介绍了使用 JFileChooser 类创建文件对话框，支持打开/保存文件及设置文件类型筛选，使文件操作更符合用户交互习惯。

习　题

一、填空题

1. Java 编程语言中处理字节输入流的基类是________。
2. 使用 RandomAccessFile 类时，可以通过________方法实现文件的随机定位读写。
3. 在正则表达式中，\d 表示匹配________。
4. 处理流 BufferedReader 的构造方法需要传入一个________类型的参数。

5. 判断文件是否存在的方法是________。

二、选择题

1. 以下哪个类用于直接操作文件和目录？（　　）

A. FileInputStream

B. File

C. BufferedReader

D. OutputStream

2. 关于节点流和处理流的区别，正确的是（　　）。

A. 节点流直接操作数据源，处理流封装其他流

B. 处理流直接操作数据源，节点流封装其他流

C. 两者功能完全相同

D. 处理流只能用于网络通信

3. 以下正则表达式元素中，表示“非数字字符”的是（　　）。

A. \s　　B. \D　　C. \w　　D. \b

4. 要将字符串按逗号或空格分割，正确的 Pattern 定义是（　　）。

A. Pattern.compile("[,\\s]+")

B. Pattern.compile("[,]")

C. Pattern.compile("\\d+")

D. Pattern.compile("\\w+")

5. 以下关于 File 类的方法，说法错误的是（　　）。

A. mkdir()用于创建单个目录

B. list()返回目录下的文件列表

C. renameTo()可以修改文件名

D. length()返回目录的大小

扫二维码查看习题答案

第8章

异常处理

Java 异常处理是 Java 编程语言中一种强大的特性，它允许程序在运行时处理错误，而不是让这些错误导致程序崩溃。异常处理机制使开发者可以编写更加健壮、可维护的代码，通过定义和捕获异常，程序可以在出现错误时很好地恢复或执行一些清理操作，而不是完全停止执行。

学习目标

- 理解异常的概念。
- 掌握异常处理机制。
- 了解异常的类型。
- 掌握异常的处理流程。
- 了解自定义异常。

思政目标

- 通过学习异常处理机制，学生能够认识到编程过程中潜在的错误和风险，从而培养问题预判和风险防范的意识。这种意识不仅适用于编程领域，也能迁移到日常生活和工作中，帮助学生在面对未知挑战时更加从容不迫。

- 强调异常处理是软件开发中不可或缺的一个部分，是确保软件稳定性和可靠性的重要手段。通过学习如何妥善地处理异常，学生能够理解自己的每一个代码块、每一个设计决策都可能对系统整体产生影响，从而提升责任感和担当精神，对自己的工作成果负责。

8.1 处理错误

假设某个 Java 程序在运行期间出现了一个错误。这个错误可能是文件包含错误信息，或者是网络连接出现问题造成的，也可能是使用无效的数组下标，或者是试图使用一个没有被赋值的对象引用而造成的。在程序出现错误时，用户期望程序能够采取一些理智的行为。如果由于出现错误而某些操作没有完成，程序应该返回到一种安全状态，并允许用户执行其他命令；或者允许用户保存所有操作的结果，并以妥善的方式终止程序。

要做到这些并不是一件很容易的事情。其原因是检测（或引发）错误条件的代码通常离那些能够让数据恢复到安全状态，或者能够保存用户的操作结果，并正常地退出程序的代码很远。异常处理的任务就是将控制权从错误产生的地方转移给能够处理这种情况的错误处理器。为了能够在程序中处理异常情况，必须研究程序中可能会出现的错误和问题，以及哪类问题需要关注。主要错误和问题如下：

(1)用户输入错误。除了那些不可避免的键盘输入错误，有些用户喜欢各行其是，不遵守程序的要求。例如，假设有个用户请求连接一个 URL，而语法却不正确。在程序代码中应该对此进行检查，如果没有检查，网络层就会给出警告。

(2)设备错误。硬件并不总是让它做什么，它就做什么。打印机可能被关掉。网页可能临时性地不能浏览。在处理一个任务的过程中，硬件经常出现问题。例如，打印机在打印过程中可能没有纸。

(3)物理限制。磁盘已满，可用存储空间已被用完。

(4)代码错误。程序方法有可能无法正确执行。例如，方法可能返回了一个错误的答案，或者错误地调用了其他方法。计算的数组索引不合法，试图在散列表中查找一个不存在的记录，或者试图让一个空栈执行弹出操作，这些都属于代码错误。

对于方法中的一个错误，传统的做法是返回一个特殊的错误码，采用调用方法分析。例如，对于一种从文件中读取信息的方法来说，返回值通常不是标准字符，而是一个－1，表示文件结束。这种处理方式对于处理很多异常状况都是可行的。还有一种表示错误状况的常用返回值是 null 引用。

遗憾的是，并非在所有情况下都能够返回错误码。有时难以明确区分有效数据与无效数据。例如，一种返回整型的方法不能简单地通过返回－1 表示错误，因为－1 可能是一个完全合法的结果。

在 Java 编程语言中，如果某种方法不能通过正常途径完成它的任务，则可以通过另一条路径退出方法。在这种情况下，方法并不返回任何值，而是抛出(throw)一个封装了错误信息的对象。需要注意的是，这种方法会立刻退出，并不返回任何值。此外，调用这种方法的代码也将无法继续执行，取而代之的是，异常处理机制开始搜索能够处理这种异常状况的异常处理器(exception handler)。

异常具有自己的语法和特定的继承结构。下面先介绍语法，然后给出有效使用这种语言功能的技巧。

8.1.1 异常分类

在 Java 编程语言中，异常对象都是派生于 Throwable 类的一个实例。稍后还可以看到，如果 Java 编程语言中内置的异常类不能够满足需求，则用户可以创建自己的异常类。在 Java 编程语言中，所有的异常都是由 Throwable 类直接或间接继承而来的。Throwable 类本身有两个主要的子类：Error 和 Exception。

1. Error 类

Error 类及其子类表示 Java 运行时系统内部的错误和资源耗尽错误。这些错误通常是由 Java 虚拟机（JVM）抛出的，而不是由程序代码中的逻辑错误引起的。应用程序通常不应该尝试捕获或处理 Error 类型的异常，因为这类错误通常是严重的系统级问题，如 OutOfMemoryError（内存溢出）或 StackOverflowError（栈溢出）。当这些错误发生时，除了通知用户并尽力使程序安全地终止，程序员通常无法做太多事情。

2. Exception 类

Exception 类及其子类表示程序运行中的异常情况，这些异常情况可以在程序的逻辑中被预测和处理。Exception 类进一步被分为两个主要分支：runtime exception（运行时异常）和非运行时异常（即检查型异常，checked exceptions）。

（1）运行时异常

运行时异常及其子类表示那些可能在 Java 虚拟机正常运行期间抛出的异常，这些异常的出现通常表示程序存在 bug。运行时异常包括 ArrayIndexOutOfBoundsException（数组越界）、NullPointerException（空指针引用）、ClassCastException（类型转换错误）等。

程序员应该通过编写更健壮的代码来避免这些异常的发生，如检查数组下标、检测 null 引用等。运行时异常不是必须被显式捕获或声明的，但如果需要，也可以捕获并处理它们。

（2）非运行时异常

非运行时异常（如 IOException、FileNotFoundException 等）表示那些不是由程序逻辑错误引起的异常，而是外部因素（如文件不存在、网络问题等）导致的异常。这类异常必须被显式捕获或声明抛出，否则编译器会报错。处理这类异常通常需要程序员编写特定的错误处理代码，如重试机制、用户提示、日志记录等。

Java 编程语言规范将派生于 Error 类或 RuntimeException 类的所有异常称为非受查（unchecked）异常，所有其他的异常称为受查（checked）异常。编译器将核查是否为所有的受查异常提供了异常处理器。

8.1.2 声明受查异常

在 Java 编程语言中，当方法遇到错误无法处理的情况时，它会抛出一种异常。这意味着，一种方法不仅要告诉编译器它将返回什么值，还要说明在执行过程中可能会遇到哪些错误。例如，当尝试读取一个文件时，代码需要知道文件可能不存在或文件内容为空，因此处理文件信息的代码需要通知编译器可能会抛出 IOException。

方法应该在其声明中明确指出所有可能抛出的受查异常。这样，我们从方法的签名中就可以看出该方法可能抛出哪些受查异常。例如，FileInputStream 类的构造器声明如下：

```
public FileInputStream(String name)throws FileNotFoundException{…}
```

这表明该构造器尝试根据给定的字符串参数创建一个 FileInputStream 对象，但如果在过程中找不到文件，它将无法成功创建对象，而是会抛出一个 FileNotFoundException。如果这种方法真的抛出这样的异常，则系统运行时将开始搜索能够处理这个异常的处理器。

在编写自己的方法时，并不是所有可能抛出的异常都需要声明，但以下四种情况需要特别注意：

(1)调用抛出受查异常的方法：例如，如果你在自己的方法中调用了 FileInputStream 的构造器，那么你的方法必须声明可能会抛出 FileNotFoundException。

(2)程序运行时发现错误并主动抛出受查异常：可以使用 throw 语句在代码中显式地抛出一个受查异常。

(3)程序运行时出现错误，自动抛出非受查异常：例如，尝试访问数组的一个无效索引(如 a[-1]=0)将自动抛出一个 ArrayIndexOutOfBoundsException。这种异常不需要在方法签名中声明。

(4)Java 虚拟机和运行时库的内部错误：这些通常继承自 Error 类，几乎完全不受你的控制。

对于可能被其他代码调用的方法，应该在方法签名中声明所有可能抛出的受查异常。这被称为该方法的异常规范(exception specification)。

```
class MyAnimation{
public Image loadImage(String s)throws IOException{
//方法实现
}
}
```

如果一种方法可能抛出多个受查异常，则需要在方法签名中列出所有可能的异常类型，每个类型之间用逗号分隔。

然而，不需要声明从 Error 类继承的错误，因为它们是 Java 虚拟机或运行时库的内部问题，无法控制。同样，也不应该声明从 RuntimeException 继承的非受查异常，因为这类异常通常表示编程错误，应该通过代码审查和测试避免。

总之，一种方法必须声明所有可能抛出的受查异常，而非受查异常不需要声明。如果方法没有声明所有可能发生的受查异常，则编译器将报错。此外，除了声明异常，还可以选择捕获异常，这样异常就不会被抛到方法外部，也不需要 throws 子句。

如果类中的一种方法声明将会抛出一个异常，而这个异常是某个特定类的实例，则这种方法就有可能抛出一个这个类的异常，或者这个类的任意一个子类的异常。例如，FileInputStream 构造器声明将有可能抛出一个 IOException 异常，然而并不知道具体是哪种 IOException 异常。它既可能是 IOException 异常，也可能是其子类的异常，如 FileNotFoundException。

8.1.3　如何抛出异常

假设在程序代码中发生了一些很糟糕的事情。一个名为 readData 的方法正在读取一个首部具有下列信息的文件：Content-length：1024。

然而，读到 733 个字符之后文件就结束了。我们认为这是一种不正常的情况，希望抛出一个异常。

首先要决定应该抛出什么类型的异常。将上述异常归结为 IOException 是一种很好的选择。仔细阅读 Java API 文档之后会发现：EOFException 异常描述的是“在输入过程中，遇到了一个未预期的 EOF 后的信号”。这正是我们要抛出的异常。下面是抛出这个异常的语句：

```
throw new EOFExceptionQ;
```

或者

```
EOFException e = new EOFExceptionQ;
throw e;
```

下面将这些代码放在一起：

```
String readData(Scanner in)throws EOFException
{
  …
  while(…)
{
  if (! n.hasNext())// EOF encountered
  {
  if (n< len)
    throw new EOFExceptionQ;
  }
  …
  }
  return s;
}
```

EOFException 类还有一个包含字符串型参数的构造器。这个构造器可以更细致地描述异常出现的情况。

```
String gripe = " Content-length:" + len + ",Received:" + n;
throw new EOFException(gripe);
```

我们在前面已经看到，对于一个已经存在的异常类，将其抛出非常容易。在这种情况下：

(1)找到一个合适的异常类。

(2)创建这个类的一个对象。

(3)将对象抛出。

一旦某种方法抛出了异常，这种方法就不可能返回到调用者。也就是说，不必为返回的默认值或错误代码担忧。

8.1.4 创建异常类

在程序执行过程中，我们可能会遇到任何标准异常类都无法被充分描述的问题。在这种情况下，创建自己的异常类就是一件顺理成章的事情。我们只需要定义一个派生于 Exception 的类，或者派生于 Exception 子类的类。例如，定义一个派生于 IOException 的类。习惯上，定义的类应该包含两个构造器：一个是默认的构造器，另一个是带有详细描述信息的构造器(超类 Throwable 的 toString 方法将会打印出这些详细信息，这在调试中非常有用)。

```
  classFileFormatException extends IOException
{
  public FileFormatException0 {}
  public FileFormatException(String gripe)
  {
    super(gripe);
  }
}
```

现在，就可以抛出自己定义的异常类型。

```
String readData(BufferedReader in)throws FileFormatException
{
  …
  while (…)
{
  if (ch = = - 1)// EOF encountered
{
  if (n< len)
```

```
        throw new FileFormatException();
    }
      ...
    }
    return s;
  }
```

8.2　捕获异常

到目前为止，我们已经知道如何抛出一个异常。这个过程十分容易，只要将其抛出即可。当然，有些代码必须捕获异常。捕获异常需要进行周密的计划，这正是下面几小节要介绍的内容。

8.2.1　捕获单个异常

如果某个异常发生的时候没有在任何地方进行捕获，则程序就会终止执行，并在控制台上打印出异常信息，其中包括异常的类型和堆栈的内容。对于图形界面程序(applet 和应用程序)，在捕获异常之后，也会打印出堆栈的信息，但程序将返回到用户界面的处理循环中(在调试 GUI 程序时，最好保证控制台窗口可见，并且没有被最小化)。

要想捕获一个异常，必须设置 try/catch 语句块。最简单的 try 语句块如下所示：

```
try
{
  code
  more code
  more code
}
catch (ExceptionType e)
{
  handler for this type
}
```

如果在 try 语句块中的任何代码抛出了一个在 catch 子句中说明的异常类，那么

(1)程序将跳过 try 语句块的其余代码；

(2)程序将执行 catch 子句中的处理器代码。

如果在 try 语句块中的代码没有抛出任何异常，那么程序将跳过 catch 子句。

如果某种方法中的任何代码抛出了一个在 catch 子句中没有声明的异常类型，那么这种方法就会立刻退出(希望调用者为这种类型的异常设计了 catch 子句)。

为了演示捕获异常的处理过程，下面给出一个读取数据的典型程序代码：

```
public void read(String filename)
{
  try
  {
  InputStream in = new Filei 叩 utStream(filename);
  int b;
  while((b = in.read()3 ! = -1)
    {
    process input
    }
  }
  catch (IOException exception)
  {
    exception.printStackTrace();
  }
}
```

需要注意的是，try 语句中的大多数代码都很容易理解：读取并处理字节，直到遇到文件结束符为止。正如在 Java API 中看到的那样，read 方法有可能抛出一个 IOException 异常。在这种情况下，程序将跳出整个 while 循环，进入 catch 子句，并生成一个栈轨迹。对于一个普通的程序来说，这样处理异常基本上合乎情理。还有其他的选择吗?

通常，最好的选择是什么也不做，而是将异常传递给调用者。如果 read 方法出现错误，就让 read 方法的调用者去处理。如果采用这种处理方式，就必须声明这种方法可能会抛出一个 IOException。

```
public void read(String filename)
    {
  try
  {
public void read(String filename)throws IOException
{
  InputStream in = new FileInputStream(filename);
  int b;
  while ((b = in.read())! = -1)
  {
    process input
  }
}
```

请记住，编译器严格地执行 throws 说明符。如果调用一种抛出受查异常的方法，就必须对它进行处理，或者继续传递。哪种方法更好呢？通常，应该捕获那些知道如何处理的异常，而将那些不知道怎样处理的异常继续传递。如果想传递一个异常，就必须在方法的首部添加一个 throws 说明符，以便告知调用者这种方法可能会抛出异常。

仔细阅读 Java API 文档，以便了解每种方法可能抛出的异常类型，然后决定是自己处理还是将其添加到 throws 列表中。对于后一种情况，不必犹豫。将异常直接交给能够胜任的处理器进行处理，比压制对它的处理更为妥当。同时请记住，这个规则有一个例外。前面曾提到过：如果编写一种覆盖超类的方法，而这种方法又没有抛出异常(如 JComponent 中的 paintComponent)，那么这种方法就必须捕获方法代码中出现的每一个受查异常。不允许在子类的 throws 说明符中出现超类方法未列出的异常类。

8.2.2 捕获多个异常

在一个 try 语句块中可以捕获多个异常类型，并对不同类型的异常进行不同的处理。可以按照下列方式为每个异常类型使用一个单独的 catch 子句：

```
try
{
  code that might throw exceptions
}
catch (FileNotFoundException e)
{
  Emergency action for missing files
}
  catch (UnknownHostException e)
{
  emergency action for unknown hosts
}
catch (IOException e)
{
  emergency action for all other I/O problems
}
```

异常对象可能包含与异常本身有关的信息。要想获得对象的更多信息，可以试着使用 e. getHessage()得到详细的错误信息(如果有的话)，或者使用 e. getClass(). getName()得到异常对象的实际类型。

在 Java SE 7 中，同一个 catch 子句中可以捕获多个异常类型。例如，假设对应缺少文件和未知主机异常的动作是一样的，就可以合并 catch 子句：

```
try
{
  code that might throw exceptions
}
catch (FileNotFoundException| UnknownHostException e)
```

```
{
  emergency action for missing files and unknown hosts
}
catch (IOException e)
{
  emergency action for all other I/O problems
}
```

只有当捕获的异常类型彼此之间不存在子类关系时才需要这种特性。

8.2.3 再次抛出异常与异常链

在 catch 子句中可以抛出一个异常,这样做的目的是改变异常的类型。如果开发了一个供其他程序员使用的子系统,那么用于表示子系统故障的异常类型可能会产生多种解释。ServletException 就是这样一个异常类型的例子。执行 servlet 的代码可能不想知道发生错误的细节原因,但希望明确知道 servlet 是否有问题。

下面给出了捕获异常并再次抛出异常的基本方法:

```
try
{
  access the database
}
  catch (SQLException e)
{
  throw new ServletException(" database error:" + e. getMessage());
}
```

这里,ServletException 用带有异常信息文本的构造器来构造。

不过,可以采用一种更好的处理方法,将原始异常设置为新异常产生的“原因”:

```
try
{
  access the database
}
catch (SQLException e)
{
  Throwable se = new ServletException(" database error ");
  se. ini tCause(e);
  throw se;
}
```

当捕获到异常时,我们就可以使用下面这条语句重新得到原始异常:

```
Throwable e = se.getCause();
```

有时你可能只想记录一个异常，再将它重新抛出，而不做任何改变：

```
try
{
  access the database
}
catch (Exception e)
{
  logger.log0evel,message,e);
  throw e;
}
```

在 Java SE 7 之前，这种方法存在一个问题。假设这个代码在以下方法中：

```
public void updateRecord()throws SQLException{
    try(Connection conn = …){//try - with - resources 自动关闭资源
        //仅抛出 SQLException 的代码
}catch(SQLException e){
        throw e;//合法，编译器知道 e 只能是 SQLException
    }
}
```

Java 编译器查看 catch 块中的 throw 语句，然后查看 e 的类型，会指出这种方法可以抛出任何 Exception 而不只是 SQLException。现在这个问题已经有所改进。编译器会跟踪到 e 来自 try 块。假设这个 try 块中仅有的已检查异常是 SQLException 实例，另外，假设 e 在 catch 块中未改变，将外围方法声明为 throws SQLException 就是合法的。

8.2.4　finally 子句

当代码抛出一个异常时，其就会终止方法中剩余代码的处理，并退出这种方法的执行。如果方法获得了一些本地资源，并且只有这种方法自己知道；如果这些资源在退出方法之前必须被回收，那么就会产生资源回收问题。一种解决方案是捕获并重新抛出所有的异常。但是，这种解决方案比较乏味，这是因为需要在两个地方清除所分配的资源。一个在正常的代码中，另一个在异常代码中。

Java 有一种更好的解决方案，这就是 finally 子句。下面将介绍 Java 编程语言中如何恰当地关闭一个文件。如果使用 Java 编写数据库程序，则需要使用同样的技术关闭与数据库的连接。当程序发生异常时，恰当地关闭所有数据库连接是非常重要的。不管是否有异常被捕获，finally 子句中的代码都被执行。在下面的示例中，程序将在所有情况下关闭文件。

```
InputStream in = new FileInputStream(…);
try
{
  //1
  code that might throwexceptions
  //2
}
catch (IOException e)
{
  // 3
  show error message
  // 4
}
finally
{
  // 5
  in.close();
}
//6
```

在上面这段代码中，有下列三种情况会执行 finally 子句：

(1)代码没有抛出异常。在这种情况下，程序首先执行 try 语句块中的全部代码，然后执行 finally 子句中的代码。随后，程序继续执行 try 语句块之后的第一条语句。也就是说，程序执行标注 1、2、5、6 处的语句。

(2)抛出一个在 catch 子句中捕获的异常。其在上面的示例中就是 IOException 异常。在这种情况下，程序将执行 try 语句块中的所有代码，直到发生异常为止。此时，程序将跳过 try 语句块中的剩余代码，转去执行与该异常匹配的 catch 子句中的代码，最后执行 finally 子句中的代码。

如果 catch 子句没有抛出异常，则程序将执行 try 语句块之后的第一条语句。在这里，程序执行标注 1、3、4、5、6 处的语句。

如果 catch 子句抛出了一个异常，则该异常将被抛回这个方法的调用者。在这里，程序执行标注 1、3、5 处的语句。

(3)代码抛出了一个异常，但这个异常不是由 catch 子句捕获的。在这种情况下，程序将执行 try 语句块中的所有语句，直到有异常被抛出为止。此时，程序将跳过 try 语句块中的剩余代码，然后执行 finally 子句中的语句，并将异常抛给这种方法的调用者。在这里，程序执行标注 1、5 处的语句。

try 语句可以只有 finally 子句，而没有 catch 子句。例如，下面这条 try 语句：

```
InputStream in = …;
try
```

```
{
  code that might throwexceptions
}
finally
{
  in.close();
}
```

无论 try 语句块中是否出现异常，finally 子句中的 in.close()语句都会被执行。当然，如果真的出现一个异常，则这个异常将会被重新抛出，并且必须由另一个 catch 子句捕获。事实上，我们认为在需要关闭资源时，用这种方式使用 finally 子句是一种不错的选择。

8.3 小结

本章首先阐述了异常处理的核心意义：当程序运行出现错误时，通过异常机制将控制权从错误产生处转移到能处理该情况的处理器，确保程序在出错时能恢复安全状态或妥善终止。文中列举了用户输入错误、设备错误、物理限制和代码错误四类常见错误场景，并对比了传统错误码处理的局限性，引出 Java 中“抛出异常对象”的处理方式。异常体系以 Throwable 为根类，分为 Error(系统内部错误，无需捕获)和 Exception，其中 Exception 又细分为运行时异常(非受查，如 NullPointerException，需通过健壮代码避免)和非运行时异常(受查，如 IOException，必须显式捕获或声明抛出)。通过学习异常分类，能帮助开发者明确哪些异常需要主动处理，培养问题预判意识。

习题

一、填空题

1. Java 中所有异常的顶级父类是________。
2. 使用 try-with-resources 语句时，资源会自动调用________方法关闭。
3. 断言的关键字是________，运行时需通过-ea 选项启用。
4. 在 JUnit 测试中，用于判断两个参数是否相等的方法是________。
5. 自定义异常类必须继承自________类或其子类。

二、选择题

1. 以下关于“finally”语句的描述，正确的是(　　)。

A. 无论是否发生异常都会执行

B. 仅在捕获异常时执行

C. 可以替代“catch”语句

D. 不能包含“return”语句

2. 下列哪种异常属于“受检异常”(Checked Exception)?(　　)

A. NullPointerException

B. IOException

C. ArrayIndexOutOfBoundsException

D. ArithmeticException

3. 以下哪个关键字用于在方法签名中声明可能抛出的异常?(　　)

A. throw　　B. throws　　C. try　　D. catch

4. 在“catch”块中重新抛出异常时,以下哪种方式可以保留原始异常信息?(　　)

A. throw e　　B. throw new Exception("Error")

C. throw new Exception("Error",e)　　D. return

5. 下列关于 Java 异常处理的说法中,正确的是(　　)。

A. 所有异常都必须在代码中使用 try/catch 块捕获

B. 受查异常(checked exception)无需在方法签名中声明

C. finally 子句中的代码无论是否发生异常都会执行

D. 使用 throw 语句抛出的异常只能是 Exception 类的实例

扫二维码查看习题答案

第9章

多线程

支持多线程是现代操作系统的一大特点，多线程的操作系统可以真正意义上实现多任务同时运行，极大地提升了操作系统的处理速度。跨平台的特性导致Java无法像C/C++语言一样通过调用系统API实现多线程程序，所以它在语言本身上加了对多线程的支持。这些功能都以面向对象的方式实现，更加易于理解和使用。

学习目标

- 了解线程与进程的区别。
- 掌握创建多线程的两种方式。
- 了解线程的生命周期及其调度方式。
- 了解线程的生命周期及状态转换。

思政目标

- 通过学习多线程的设计与实现，理解每个线程对系统稳定性和资源利用的影响，培养学生在编程中对系统安全性、效率和稳定性的责任感。
- 通过线程调度中的优先级与时间片轮转机制，理解公平竞争的重要性，树立在社会活动中公平竞争、尊重规则、注重平等的理念。

9.1 线程与进程

线程与进程相似，是一段完成某个特定功能的代码，是程序中单个顺序的流控制。但与进程不同的是，同类的多个线程共享一块内存空间和一组系统资源，而线程本身的数据通常只有微处理器的寄存器数据，以及一个供程序执行时使用的堆栈。所以系统在产生一个线程，或者在各个线程之间切换时，负担要比进程小得多，正因如此，线程被称为轻负荷进程(light-weight process)。一个进程中可以包含多个线程。一个线程是一个程序内部的顺序控制流。线程与进程的主要区别如下：

(1)进程：每个进程都有独立的代码和数据空间(进程上下文)，进程切换的开销大。

(2)线程：轻量的进程，同一类线程共享代码和数据空间，每个线程有独立的运行栈和程序计数器(PC)，线程切换的开销小。

(3)多进程：在操作系统中，能同时运行多个任务程序。

(4)多线程：在同一应用程序中，有多个顺序流同时执行。

使用多线程进行程序设计具有如下优点：

(1)多线程编程简单，效率高(能直接共享数据和资源，多进程不能)；

(2)适合开发服务程序(如 Web 服务、聊天服务等)；

(3)适合开发有多种交互接口的程序(如聊天程序的客户端、网络下载工具等)；

(4)减轻编写交互频繁、涉及任务多的程序的困难(如监听网络端口)；

(5)程序的吞吐量会得到改善(同时监听多种设备，如网络端口、串口、并口及其他外设)；

(6)有多个处理器的系统，可以并发运行不同的线程(否则，任何时刻只有一个线程在运行)。

9.2 线程的创建

每个 Java 程序都有一个缺省的主线程。对于 Application，主线程是 main()方法执行的线程索。对于 Applet，主线程指挥浏览器加载并执行 Java 小程序。要想实现多线程，必须在主线程中创建新的线程对象。

在 Java 编程语言中创建线程对象有两种途径：一是以创建 Thread 类的子类为途径，二是以实现 Runnable 接口为途径。用实现 Runnable 接口的方式创建线程与用继承 Thread 类的方式创建线程无本质差别，但是，由于 Java 不支持多继承，因此任何类如果已经继承了某一类，就无法再继承 Thread 类，这时只能通过实现接口 Runnable 的方式创建线程对象。例如，因为小应用程序已经继承了 Applet 类，所以不能再继承 Thread 类，而只能通过 Runnable 接口实现多线程。

1. 采用继承创建线程

在Java编程语言中创建线程对象的途径之一是创建Thread类(线程类)的子类。Thread类是java.lang包中的一个专门用来创建线程和对线程进行操作的类。创建Thread类的子类时,首先应声明子类的构造方法,其次应用自己定义的run()方法覆盖Thread类的run()方法,即将自己要执行的程序区块写入run()方法,因为父类的run()方法中没有任何操作语句。Java在Thread类中定义了许多方法,这些方法可分为四组:

(1)构造方法。其用于创建用户的线程对象,表9-1列出了Thread类的构造方法。

(2)run()方法。其用于定义用户线程所要执行的操作。

(3)改变线程状态的方法。如start()、sleep()、stop()、suspend()、resume()、yield()和wait()方法等。这是最常用的一组方法,见表9-2。

(4)其他方法。如priority()、setName()等。

表9-1 Thread类的构造方法

构造方法	说明
Thread()	构造一个新线程,用此方式创建的线程必须覆盖run()方法
Thread(Runnable target)	构造一个新线程,使用指定对象target的run()方法
Thread(ThreadGroup group, Runnable target)	在指定的线程组group中构造一个新的线程,使用指定对象target的run()方法
Thread(String name)	用指定字符串名name构造一个新线程
Thread(ThreadGroup group, String name)	在指定的线程组group中用指定字符串名name构造一个新线程
Thread(Runnable target,String name)	用指定字符串名name构造一个新线程,使用指定对象target的run()方法
Thread(ThreadGroup group, Runnable target,String name)	在指定的线程组group中使用字符串名name构造一个新线程,并使用指定对象target的run()方法

表9-2 Java.lang.Thread类的常用方法

成员方法	说明
void run()	此线程的线程体,在启动该线程后调用此方法。可以通过使用Thread类的子类来重载此方法
synchronized void start()	启动线程的执行,此方法引起run()方法的调用,调用后立即返回。如果已经启动此线程,则抛出IllegalThreadedStateException异常
static Thread currentThread()	返回当前处于运行状态的Thread对象
static void yield()	使当前执行的Thread对象退出运行状态,使其进入等待队列
static void sleep(long millis) throws InterruptedException	使当前执行的线程睡眠millis毫秒。如果另一个线程已经中断此线程,则抛出InterruptedException异常

（续表）

成员方法	说明
static void sleep (long millis,int nanos)	使当前执行的线程睡眠 millis 毫秒和附加的 nanos 毫秒。如果另一个线程已经中断了这个线程，则抛出 InterruptedException 异常
final void stop()	停止线程的执行
final synchronized void stop (Throwable o)	通过抛出对象停止线程的执行。正常情况下，用户应该在调用 stop 方法时不用任何参数。但是，在某些特殊的环境中，通过 stop 方法来结束线程，并可抛出另一个对象
void interrupt()	中断一个线程
static boolean interrupted()	询问线程是否已经被中断
boolean isInterrupted()	询问另一个线程是否已经被中断
void destroy()	销毁一个线程
final boolean isAlive()	返回表示该线程活动状态的 boolean 值
final void suspend()	挂起这个线程的执行
final void resume()	恢复这个线程的执行，此方法仅在使用 suspend()后才有效
final void setPriority (int newPriority)	设置该线程的优先级，如果优先级不在 MIN-PRIORITY 到 MAX-PRIORITY 的范围内，则抛出 IllegalArgumentException 异常
final int getPriority()	获取并返回此线程的优先级
final void setName(String name)	设置该线程名为 name
final String getName()	获取并返回此线程名
final ThreadGroup getThreadGroup()	获取并返回此线程组
static int activeCount()	返回此线程组中当前活动的线程数量
static int enumerate (Thread tarray[])	将此线程组中的每一个活动线程拷贝到指定的数组 tarray 中，返回放到此数组中线程的数量
final synchronized void join (long millis)	等待此线程死亡，可以指定一个以 millis 给出的等待时间(以毫秒为单位)，如果为 0 则表示永远等待。如果另一个线程已经中断这个线程，那么则抛出 InterruptedException 异常
final synchronized void join (long millis,int nanos)	等待此线程死亡，可以给出 millis 的等待时间和 nanos 附加时间。如果另一个线程已经中断此线程，则抛出 InterruptedException 异常
final void join()	无限期等待此线程死亡，如果另一个线程已经中断此线程，则抛出 InterruptedException 异常
public final boolean isDaemon()	返回线程是否为 daemon 线程
void check Access()	检查当前线程是否允许访问此线程组。如果不允许当前线程访问此线程组，则抛出 SecurityException 异常
String toString()	返回这个线程的字符串表示，包括该线程的名字、优先级和线程组。覆盖 Object 类中的 toString 方法

【例 9-1】 通过继承 Thread 类创建线程。

```
public class Example9_1 extends Thread{
    int count = 0;
    public Example9_1(String name){
        super(name);
    }
    //线程类重写父类 run()方法,实现线程的具体操作
    public void run(){
        while (true){
            System.out.println(this.getName() + ":计数" + count);
            if (++count == 4)return;
        }
    }
    public static void main(String[] args){
        Example9_1 p1 = new Example9_1("线程 1");
        //创建线程实例 p1
        Example9_1 p2 = new Example9_1("线程 2");
        //创建线程实例 p2
        p1.start();//执行线程 1
        p2.start();//执行线程 2
    }
}
```

程序运行结果:

```
线程 1:计数 0
线程 1:计数 1
线程 1:计数 2
线程 1:计数 3
线程 2:计数 0
线程 2:计数 1
线程 2:计数 2
线程 2:计数 3

进程已结束,退出代码为 0
```

当一个 Java 程序中有多个线程同时执行时,由于程序的执行效果受 JVM 线程调度的影响,程序运行的一个显著特征是不确定性,因此,上述程序在不同的计算机上运行或在同一台计算机上反复运行的结果不尽相同。

2. 通过实现接口创建线程

创建线程对象的另一条途径是实现 Runnable 接口，而实现 Runnable 接口只有一种方法run()，用户新建线程的操作就由这种方法来决定。run()方法必须由实现此接口的类来实现。定义好 run()方法之后，当用户程序需要建立新线程时，只要以这个实现了 run()方法的类为参数创建系统类 Thread 的对象，就可以把用户实现的 run()方法继承过来。

【例 9-2】 通过实现 Runnable 接口创建线程。

```
public class Example9_2 implements Runnable{
    int count = 1,number;
    public Example9_2(int i){
        number = i;
        System.out.println("创建线程" + number);
    }
    //通过实现 Runnable 接口中的 run()方法以实现线程的具体操作
    public void run(){
        while (true){
            System.out.println("线程" + number + ":计数" + count);
            if (++count == 4)return;
        }
    }
    public static void main(String args[]){
        for (int i = 0;i< 3;i++)
            new Thread(new Example9_2(i + 1)).start();
    }
}
```

程序运行结果：

```
创建线程 1
创建线程 2
创建线程 3
线程 1:计数 1
线程 1:计数 2
线程 1:计数 3
线程 3:计数 1
线程 3:计数 2
线程 3:计数 3
线程 2:计数 1
线程 2:计数 2
线程 2:计数 3
```

3. 关于run()方法中的局部变量

对于具有相同目标对象的线程，当其中一个线程拥有CPU资源时，目标对象自动调用接口中的run()方法，这时，run()方法中的局部变量被分配内存空间。当轮到另一个线程拥有CPU资源时，目标对象会再次调用接口中的run()方法，那么，run()方法中的局部变量会再次分配内存空间。也就是说，run()方法已经启动运行了两次，分别运行在不同的线程中，即运行在不同的时间片内。不同线程的run()方法中的局部变量互不干扰。我们可以把例9-1和例9-2中count变量声明的位置改到run()方法中声明，观察程序运行过程生成的每个线程实例对count值的修改是否影响到其他线程的count值。

9.3　线程的生命周期

线程是动态的，具有一定的生命周期，分别经历从创建、执行、阻塞到消亡的过程。在每个线程类中都定义了用于完成实际功能的run()方法，这种run()方法称为线程体(Thread Body)。新建的线程在它一个完整的生命周期中通常经历新建、就绪、运行、阻塞和死亡五种状态，这五种状态之间的转换关系和转换条件如图9-1所示。

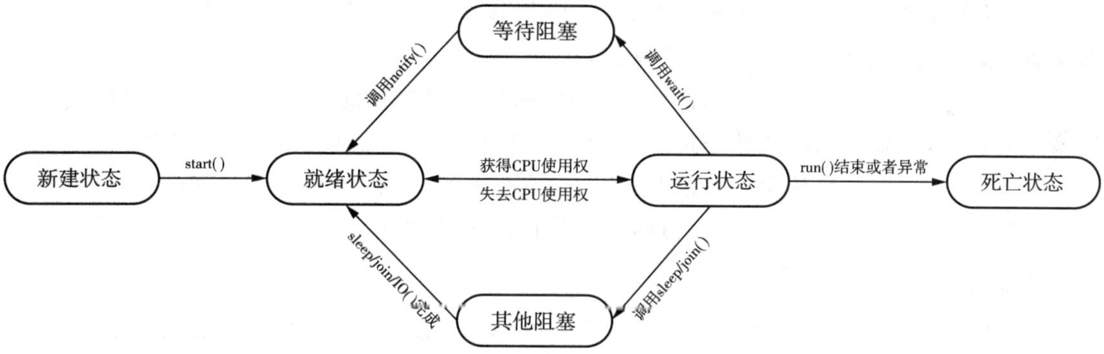

图9-1　线程的五种状态之间的转换关系和转换条件

1. 新建状态

当用new关键字和某线程类的构造方法创建一个线程对象后，这个线程对象处于新生状态，此时它有了相应的内存空间，并被初始化。处于该状态的线程还不能运行，与其他Java对象一样，仅仅由Java虚拟机为其分配了内存，没有表现出任何线程的动态特征。

2. 就绪状态

当线程对象调用了start()方法后，该线程就进入就绪状态。处于就绪状态的线程位于线程队列中，此时它只是具备了运行的条件，但尚未分配到CPU资源，因而它将进入线程队列排队，等待系统为它分配CPU资源。一旦获得CPU资源，该线程就进入运行状态，并自动地调用自己的run()方法，从此脱离创建它的主线程，独立开始了自己的生命周期。

3. 运行状态

如果处于就绪状态的线程获得了 CPU 资源的使用权,并开始执行 run()方法中的线程执行体,则该线程处于运行状态。一个线程启动后,它可能不会一直处于运行状态,当处于运行状态的线程使用完系统经其分配的时间后,系统就会剥夺该线程占用的 CPU 资源,让其他线程获得执行的机会。需要注意的是,只有处于就绪状态的线程才可能转换到运行状态。

4. 阻塞状态

一个正在执行的线程在某些特殊情况下,如被人为挂起或执行耗时的输入/输出操作时,会让出 CPU 资源的使用权并暂时中止自己的执行,进入阻塞状态。线程进入阻塞状态后,就不能进入队列排队。只有当引起阻塞的原因被消除后,线程才可以转入就绪状态。

(1)当线程调用了某个对象的 wait()方法时,该线程就会进入阻塞状态,如果想进入就绪状态就需要使用 notify()方法唤醒该线程。

(2)当线程调用了 Thread 的 sleep()方法时,该线程就会阻塞状态,在这种情况下,只需等到线程睡眠的时间到了后,线程就会自动进入就绪状态。

(3)当一个线程调用了另一个线程的 join()方法时,该线程就会进入阻塞状态,在这种情况下,需要等到新加入的线程运行结束后才会结束阻塞状态,进入就绪状态。

(4)当线程调用了一个阻塞式的 I/O 方法时,该线程就会进入阻塞状态,如果想进入就绪状态就必须等到这个阻塞的 I/O 方法返回。

(5)当线程试图获取某个对象的同步锁时,如果该锁被其他线程所持有,则当前线程会进入阻塞状态,如果想从阻塞状态进入就绪状态就必须获取其他线程所持有的锁。

需要注意的是,线程从阻塞状态只能进入就绪状态,而不能直接进入运行状态,也就是说,结束阻塞的线程需要重新进入可运行池,等待系统的调度。

5. 死亡状态

线程的最终状态是死亡状态,当线程调用 stop()方法或 run()方法正常执行完毕后,或者线程抛出一个未捕获的异常、错误,线程就进入死亡状态。一旦进入死亡状态,线程将不再拥有运行的资格,也不能再转换到其他状态。

9.4 线程的控制与调度

前文介绍过,程序中的多个线程是并发执行的,某个线程若想被执行必须得到 CPU 资源的使用权。Java 虚拟机会按照特定的机制为程序中的每个线程分配 CPU 资源的使用权,这种机制称为线程的调度。

在计算机中,线程调度有两种模型,分别是分时调度模型和抢占式调度模型。分时调度模型,是让所有的线程轮流获得 CPU 资源的使用权,并且平均分配每个线程占用 CPU 资源的时间片。抢占式调度模型,是让可运行池中优先级高的线程优先占用 CPU 资源,而对于优先级相同的线程，随机选择一个线程使其占用CPU资源，当它失去了CPU资源的使用权后，再随机选择其他线程获取CPU资源的使用权。Java虚拟机默认采用抢占式调度模型，通常情况下程序员不需要去关心它，但在某些特定的需求下要改变这种模式，由程序自己控制CPU资源的调度。本节将围绕线程调度的相关知识进行详细的讲解。

9.4.1　线程的优先级

在应用程序中，如果要对线程进行调度，最直接的方式是设置线程的优先级。在Java系统中，运行的每个线程都有优先级。Java将线程的优先级分为10个等级，分别用1～10表示。数字越大表明线程的级别越高。相应地，在Thread类中定义了表示线程最低、最高和普通优先级的成员变量MIN PRIORITY、MAX PRIORITY和NORMAL PRIORITY，代表的优先级等级分别为1、10和5。当一个线程对象被创建时，其默认的线程优先级是5。

设置优先级是为了在多线程环境中便于系统对线程进行调度，优先级高的线程将优先运行。Java线程的优先级设置遵从下述原则：

(1)线程创建时，子线程继承父线程的优先级。

(2)线程创建后，可在程序中通过调用setPriority()方法改变线程的优先级。

(3)线程的优先级是1～10的正整数，并用标识符常量MIN PRIORITY表示优先级为1，用NORMAL PRIORITY表示优先级为5，用MAX PRIORITY表示优先级为10。其他级别的优先级既可以直接用1～10的正整数设置，也可以在标识符常量的基础上加一个常数。例如，下面的语句将线程优先级设置为8。

```
setPriority(Thread. NORMAL PRIORITY + 3);
```

需要注意的是，JVM采用一种简单、确定的线程调度算法，称为固定优先级调度策略(fixed priority scheduling)。该算法基于多个可运行线程之间的相对优先级进行调度，即根据线程的优先级决定哪些可运行线程先投入运行。下面通过例9-3演示不同优先级的两个线程在程序中的运行情况。

【例9-3】　高优先级线程抢占CPU资源时间。

```
public class Example9_3 extends Thread{
    public Example9_3(String name){
        super(name);
    }
    public void run(){
        for(int i = 0;i< 3;i + + )
            System. out. println(this. getName() + "正在运行！");
    }
    public static void main(String[] args){
        Example9_3 t1 = new Example9_3("线程 1");
        t1. setPriority(Thread. MIN_PRIORITY);
```

```
        t1.start();
        Example9_3 t2 = new Example9_3("线程 2");
        t2.setPriority(Thread.NORMAL_PRIORITY);
        t2.start();
        Example9_3 t3 = new Example9_3("线程 3");
        t3.setPriority(Thread.MAX_PRIORITY);
        t3.start();
    }
}
```

程序运行结果：

```
线程 2 正在运行!
线程 2 正在运行!
线程 3 正在运行!
线程 1 正在运行!
线程 3 正在运行!
线程 3 正在运行!
线程 2 正在运行!
线程 1 正在运行!
线程 1 正在运行!
```

例 9-3 说明，一旦高优先级的线程进入可运行状态，JVM 线程调度程序将立即停止执行当前低优先级的线程，而转去执行那个高优先级的线程，直至该线程执行完毕才重新执行低优先级的线程。

虽然 JVM 声称两个相同优先级的线程采用循环执行策略(round-robin)，但 JVM 本身并未实现相同优先级线程之间的时间分片，仅当运行在支持时间分片的操作系统平台上时，这些线程才会有分时执行的效果。当某一时刻有多个线程可运行时，JVM 将选择其中优先级最高的线程运行，这意味着优先级的绝对数值是无意义的，只起相对的作用。仅当正在运行的线程转换为非运行状态时，低优先级的线程才会投入运行。

因此，在设计多线程应用程序时，其功能的实现不能依赖线程的优先级，即不提倡使用线程的优先级来保证算法得到正确执行，而只把线程优先级作为一种提高程序效率的手段。要编写正确、跨平台的多线程代码，必须假设线程在任何时刻都有可能被剥夺 CPU 资源的使用权。

9.4.2 线程休眠

9.4.1 节中提到线程的优先级不能实现多线程的有效调度，如若需要人为控制线程，使得正在执行的线程暂停，将 CPU 资源分配给其他优先级高或低的线程，这时可以使用静态方法 sleep(long millis)，该方法可以让当前正在执行的线程暂停一段时间，进入休眠等待状态。当前线程调用 sleep(long millis)方法后，在指定时间(单位毫秒)内线程是不会执行的，这样其他处于就绪状态的线程就有机会进入运行状态。sleep(long millis)方法的具体使用如例 9-4 所示。

【例 9-4】 sleep(long millis)方法的案例。

```
public class Example9_4 implements Runnable{
    private String threadName;
    private long sleepTime;
    public Example9_4(String threadName,long sleepTime){
        this.threadName = threadName;
        this.sleepTime = sleepTime;
    }
    public void run(){
        System.out.println(threadName + " 开始执行");
        try{
            //让线程休眠指定的时间
            Thread.sleep(sleepTime);
} catch (InterruptedException e){
            System.out.println(threadName + " 被中断");
        }
        System.out.println(threadName + " 执行完毕");
    }
    public static void main(String[] args){
        //创建线程实例对象并命名为线程 A,B,C,同时启动线程
        Thread threadA = new Thread(new Example9_4("线程 A",2000));  // 线程 A 休眠 2 秒
        //创建线程 B
        Thread threadB = new Thread(new Example9_4("线程 B",1000));  // 线程 B 休眠 1 秒
        //创建线程 C
        Thread threadC = new Thread(new Example9_4("线程 C",3000));  // 线程 C 休眠 3 秒
        //启动线程
        threadA.start();
        threadB.start();
        threadC.start();
    }
}
```

这段代码实现了一个 Runnable 接口的例子，创建了三个线程(线程 A、线程 B、线程 C)，每个线程执行时休眠不同的时间(分别是 2 秒、1 秒、3 秒)。在 run()方法中，每个线程开始时输出"开始执行"，休眠指定时间后输出"执行完毕"。在 main()方法中，通过调用 Thread.start()启动三个线程，并且线程的执行顺序由操作系统的调度决定，可能并发执行，因此输出的顺序是不确定的。

程序运行结果：

```
线程 A  开始执行
线程 C  开始执行
线程 B  开始执行
线程 B  执行完毕
线程 A  执行完毕
线程 C  执行完毕

进程已结束,退出代码为 0
```

代码运行结果显示,线程 B 先执行完毕,因为它的休眠时间最短。接着是线程 A,而线程 C 在最后执行完毕。这说明了多线程的执行顺序是由操作系统调度器决定的。

9.4.3 线程让步

线程让步与线程休眠相似,都可以让当前正在运行的线程暂停。区别在于线程让步 yield()方法不会阻塞该线程,它只是将线程从运行状态转换成就绪状态,让系统的调度器重新调度一次。

当某个线程调用 yield()方法之后,只有与当前线程优先级相同或者更高的线程才能获得执行的机会,如例 9－5 所示。

【例 9－5】 yield()方法只会将 CPU 时间交给相同或更高优先级的线程。

```
public class Example9_5 extends Thread{
    int number;
    public Example9_5(int number){
        this.number = number;
    }
    public void run(){
        for (int index = 1;index< = 50;index+ + ){
            if ((index % 10) = = 0){
                System.out.println("线程#" + number + ":" + index);
                Thread.yield();  //提示当前线程放弃 CPU 资源的使用权
            }
        }
    }
    public static void main(String[] args){
        Thread t1 = new Example9_5(1);
        Thread t2 = new Example9_5(2);
        t1.setPriority(2);  //设置 t1 优先级为最低
        t2.setPriority(8);  //设置 t2 优先级为较高
```

```
            t1.start();
            t2.start();
        }
    }
```

程序运行结果：

```
线程#1:10
线程#2:10
线程#2:20
线程#2:30
线程#2:40
线程#1:20
线程#2:50
线程#1:30
线程#1:40
线程#1:50
```

多次运行例 9-5 后会发现，线程 1、2 都创建完成后，如果线程 2 投入运行，尽管也会调用 yield()方法，但线程 1 并不会因此而开始运行。这是因为调用 yield()方法只会将 CPU 时间交给具有相同或更高优先级的线程，如果当前可运行线程只有较低优先级的线程，则 JVM 线程调度程序会将刚才调用 yield()方法的线程重新投入运行。例 9-5 中，线程 1 的优先级比线程 2 的优先级低，故不会因为线程 2 调用了 yield()方法而开始运行。

9.4.4 线程联合

一个线程 A 在占有 CPU 资源期间，可以让其他线程调用 join()方法和本线程联合，如 B.join()，则称线程 A 在运行期间联合了线程 B，线程 A 进入阻塞状态，如何恢复运行则取决于调用时的参数：如果没有指定时间参数，则仅当另一个线程执行完毕时才重返可运行状态；如果指定了时间参数，则当另一个线程执行完毕，或经过的时间已超过指定时间长度，均会导致线程重返可运行状态。join()方法有多种重载形式，主要的形式有以下两种：

```
public final synchronized void join(long millis)throws InterruptedException{…}
public final void join()throws InterruptedException{…}
```

join()方法非常适合一个线程需等待另一个线程执行完毕后再继续执行的应用背景。例 9-6 展示了如何使用 Thread.join()方法实现线程的协调和联合。

【例 9-6】 多线程任务依赖执行。

```
public class Example9_6{
    static class TaskA extends Thread{
```

```
        public TaskA(String name){
            super(name);
        }
        @Override
        public void run(){
            try{
                System.out.println(getName() + " 开始执行");
                Thread.sleep(2000);  //模拟执行时间 2 秒
                System.out.println(getName() + " 执行完毕");
} catch (InterruptedException e){
                System.out.println(getName() + " 被中断");
            }
        }
    }
    static class TaskB extends Thread{
        public TaskB(String name){
            super(name);
        }
        @Override
        public void run(){
            try{
                System.out.println(getName() + " 开始执行");
                Thread.sleep(3000);  //模拟执行时间 3 秒
                System.out.println(getName() + " 执行完毕");
} catch (InterruptedException e){
                System.out.println(getName() + " 被中断");
            }
        }
    }
    static class TaskC extends Thread{
        private Thread taskA;
        private Thread taskB;
        public TaskC(String name,Thread taskA,Thread taskB){
            super(name);
            this.taskA = taskA;
            this.taskB = taskB;
        }
        @Override
        public void run(){
            try{
```

```
                //等待 TaskA 和 TaskB 都执行完毕
                taskA.join();
                taskB.join();
                System.out.println(getName() + " 开始执行,依赖的任务 A 和 B 都已完成");
                //执行自己的任务
                Thread.sleep(1000);  //模拟执行时间 1 秒
                System.out.println(getName() + " 执行完毕");
    } catch (InterruptedException e){
                System.out.println(getName() + " 被中断");
            }
        }
    }
    public static void main(String[] args){
        TaskA taskA = new TaskA("TaskA");
        TaskB taskB = new TaskB("TaskB");
        TaskC taskC = new TaskC("TaskC",taskA,taskB);
        //启动线程
        taskA.start();
        taskB.start();
        taskC.start();
    }
}
```

程序运行结果：

```
TaskB 开始执行
TaskA 开始执行
TaskA 执行完毕
TaskB 执行完毕
TaskC 开始执行,依赖的任务 A 和 B 都已完成
TaskC 执行完毕

进程已结束,退出代码为 0
```

该例中有三个线程：TaskA、TaskB 和 TaskC。其中 TaskC 依赖 TaskA 和 TaskB 两个线程执行完成才能继续执行。TaskA 和 TaskB 分别模拟了两个独立的任务，它们通过调用 Thread.sleep()模拟执行的延时。TaskA 线程休眠了 2 秒，TaskB 线程休眠了 3 秒，分别模拟两个任务的不同执行时间。TaskC 则是一个依赖 TaskA 和 TaskB 执行完毕的任务，TaskC 在执行之前调用了 taskA.join()和 taskB.join()，这意味着 TaskC 线程将会等待 TaskA 和 TaskB 线程执行完成后，才继续执行自己的任务。

具体来说，join()方法是让当前线程(即 TaskC)等待其他线程(即 TaskA 和 TaskB)执

行完毕。当 TaskA 和 TaskB 线程执行完成后，TaskC 才开始执行自己的任务(模拟休眠 1 秒的操作)。通过这种方式，TaskC 的执行被协调与控制，确保在 TaskA 和 TaskB 线程执行完成之后再进行。这体现了 join()方法在多个线程之间的协调作用，它保证了 TaskC 在 TaskA 和 TaskB 两个线程执行完毕后才继续执行，避免了资源竞争和不必要的并发冲突。运行时，输出的结果顺序会根据线程的执行情况有所不同，但基本流程是：TaskA 和 TaskB 会并发执行，而 TaskC 在 TaskA 和 TaskB 都执行完毕后开始执行自己的任务。这演示了线程之间如何通过 join()方法实现协作执行。

9.4.5 守护线程

守护线程(daemon thread)是一类特殊的线程，它与普通线程的唯一区别在于其具有最低的优先级，用于为系统中的其他对象和线程提供服务。典型的守护线程的例子是 JVM 中的系统资源自动回收线程，它始终在低级别的状态中运行，用于实时监控和管理系统中的可回收资源。例如，所谓单线程 Java 程序亦有一个垃圾收集线程伴随着主线程运行，但当主线程结束时整个 Java 程序同时结束。

这是因为垃圾收集线程被设计为一个守护线程。一个用户自定义的线程也可标记为是否为守护线程：调用 Thread 类的 isDaemon()方法可判断当前线程是否为一个守护线程，调用 setDaemon()方法可将一个线程设置为是否为守护线程。由一个守护线程创建的新线程默认为一个守护线程。守护线程的典型应用是在后台为其他线程提供服务，如执行内存垃圾收集、处理 GUI 事件分派、登记系统运行日志等。

【例 9-7】 创建若干简单的守护线程，演示正在执行的守护线程无法影响应用程序的终止。

```
public class Example9_7 extends Thread{
    public Example9_7(){
        // setDaemon()方法必须在执行该线程的 start()方法之前调用
        setDaemon(true);
        start();
    }
    public void run(){
        while (true){
            try{
                sleep(500);
} catch (InterruptedException exc){
                throw new RuntimeException();
            }
            System.out.println(this);
        }
    }
    public static void main(String[] args){
```

```
            System.out.println("创建简单的守护线程:…");
            for (int i = 0;i< 3;i++)
                new Example9_7();
            try{
                Thread.currentThread().sleep(1 * 1000);
    } catch (Exception exc){
            }
            System.out.println("主程序运行结束 …");
        }
    }
```

程序运行结果：

```
创建简单的守护线程:……
Thread[Thread-0,5,main]
Thread[Thread-2,5,main]
Thread[Thread-1,5,main]
Thread[Thread-2,5,main]
Thread[Thread-0,5,main]
主程序运行结束……
Thread[Thread-1,5,main]

进程已结束,退出代码为 0
```

从该程序的运行效果可看出，一旦主线程结束整个 Java 应用程序就立即结束，表明这些正在运行的无限循环守护线程无法影响整个应用程序退出。

9.5　线程同步

多线程并发执行可以提高程序的运行效率，但是，两个或多个线程对同一共享资源的并发访问可能引发一些安全问题，特别是当一个或多个线程对资源进行“写”操作时。例如，一个工资管理负责人正在修改员工工资表，如果同时容许员工领取工资，必然出现混乱。因此，工资管理负责人在修改工资表时，不允许任何员工领取工资，也就是说这些员工必须等到工资表修改完毕才可领取工资。在这个例子中，负责人和员工对工资表的访问必须是互斥的。

所以，当一个多线程应用程序同时执行多个任务时，这些任务之间有时需要通信与同步。线程的多种阻塞状态为实现不同应用背景下的线程通信与同步提供了有力支持。例如，多个线程互斥地访问共享资源可使用锁阻塞方式，而一个线程等待另一个线程执行完毕才继续执行。多线程应用程序设计的复杂性主要体现为对线程通信与同步的审慎处理。

9.5.1 线程互斥

线程互斥(Mutual Exclusion,Mutex)是指当多个线程访问共享资源时,确保在同一时刻只有一个线程访问该资源,其他线程必须等到该线程释放资源后才能访问。互斥机制用于防止多个线程在没有协调的情况下同时对共享资源进行修改,导致数据不一致或程序出错。

我们通过例 9-8 深入了解线程互斥的必要性。

【例 9-8】 多线程对同一共享资源的并发访问(这是错误方式的例子)。

```
public class Example9_8 implements Runnable{
    private int tickets = 10;   //定义车票数量 10 张
    @Override
    public void run(){
        while (true){
            try{
                //经过的线程休眠 20 毫秒
                Thread.sleep(20);
} catch (InterruptedException e){
                throw new RuntimeException(e);
            }
            if (tickets> 0){
                Thread th = Thread.currentThread();     //获取当前线程
                String th_name = th.getName();        //获取当前线程名称
                System.out.println(th_name + "正在发售第" + tickets - - + "张车票");
            }
        }
    }
    public static void main(String[] args){
        //创建类实例 tw
        Example9_8 tw = new Example9_8();
        //创建线程实例对象并命名为窗口 1、2、3、4,同时启动线程
        new Thread(tw," 1 号窗口").start();
        new Thread(tw," 2 号窗口").start();
        new Thread(tw," 3 号窗口").start();
        new Thread(tw," 4 号窗口").start();
    }
}
```

程序运行结果:

```
2号窗口正在发售第10张车票
3号窗口正在发售第7张车票
1号窗口正在发售第9张车票
4号窗口正在发售第8张车票
3号窗口正在发售第6张车票
1号窗口正在发售第5张车票
2号窗口正在发售第6张车票
4号窗口正在发售第4张车票
1号窗口正在发售第3张车票
3号窗口正在发售第3张车票
2号窗口正在发售第1张车票
4号窗口正在发售第2张车票
```

在这段程序中,我们模拟了一个售票窗口的场景。类 Example9_8 实现了 Runnable 接口,表示这个类的实例可以被多个线程执行。类中定义了一个 tickets 变量,表示剩余车票的数量,初始值为 10 张。run()方法是每个线程执行的内容,其中通过一个 while(true)循环模拟不断发售车票的过程。每次循环,线程会休眠 20 毫秒,模拟延时卖票。然后,程序检查是否还有剩余的车票,如果有,就打印出当前线程正在发售的车票号,并将剩余票数减一。在 main()方法中,我们创建了该类的实例 tw,并通过创建多个线程模拟多个售票窗口并发操作。每个线程被命名为"1 号窗口""2 号窗口"等,在启动后并行工作。因为所有线程共享同一个 tickets 变量,所以在运行结果中我们可以观察到 2 号、4 号窗口在同时售卖第 6 张票和第 3 张票,从而使共享数据 tickets 的完整性被破坏,这种情况肯定是不符合程序设计需求的。

为了保证多个并发线程互斥地访问共享资源,Java 参考了操作系统中的管程(monitor)机制,为每个对象实例引入一个"锁"。这个锁由 synchronized 关键字控制,用于执行同步代码段。其具体的工作原理如下:

(1)锁的作用。每个对象实例都有唯一的锁(monitor)。当一个线程要执行同步代码段时,必须首先获取该对象实例的锁。如果当前锁已被其他线程占用,当前线程就会进入该锁的等待队列,等待其他线程释放锁。

(2)线程获取锁与释放锁。当线程获取锁后,它可以进入同步代码段并执行。执行完同步代码段或者遇到异常中断时,线程会释放自己占有的锁,并唤醒等待队列中的其他线程,使它们有机会获取锁。

(3)互斥性。在同一时刻,一个对象实例的锁只能被一个线程持有。因此,锁机制保证了线程在进入同步代码段时,只有获取锁的线程才可以执行,其他线程需要等待。这确保了共享数据的完整性,并避免了数据竞争的问题。

通过锁机制,多个线程可以按照预定的步骤协作完成任务,同时保证了线程访问共享资源时的互斥性,避免了数据的不一致性。其具体实现可分为同步代码块和同步方法我们接着了解这两种实现形式。

9.5.2 同步代码块

Java 编程语言提供了保留字 synchronized。当多个线程使用同一个共享资源时，可以将处理共享资源的代码放在该保留字 synchronized 修饰的代码块中，这个代码块被称为同步代码块。其基本用法如下：

```
synchronized(互斥对象){
    操作共享资源代码块(临界代码段)
}
```

在例 9-8 中，如果我们将 run()方法中需要执行任务的代码块用 synchronized()方法包裹起来，使用类中定义的一个 lock 对象作为同步代码块的锁，即可避免多个线程抢占并运行这一段代码块，达到线程同步的目的。其具体演示如例 9-9 所示。

【例 9-9】 同步代码块。

```
public class Example9_9 implements Runnable{
    private int tickets = 10;//定义车票数量 10 张
    Object lock = new Object();// 定义任意一个对象,用作同步代码块的锁
    public void run(){
        while (true){
            synchronized (lock){
                try{
                    Thread.sleep(20);
} catch (InterruptedException e){
                    throw new RuntimeException(e);
                }
                if(tickets> 0){
                    Thread th = Thread.currentThread();//获取当前线程
                    String th_name = th.getName();//获取当前线程名称
                    System.out.println(th_name + "正在发售第" + tickets - - + "张车票");
}else {// 如果 tickets 小于 0,跳出循环
                    break;
                }
            }
        }
    }
    public static void main(String[] args){
        //创建类实例 tw
        Example9_9 tw = new Example9_9();
        //创建线程实例对象并命名为窗口 1、2、3、4,同时启动线程
```

```
        new Thread(tw,"1 号窗口").start();
            new Thread(tw,"2 号窗口").start();
            new Thread(tw,"3 号窗口").start();
            new Thread(tw,"4 号窗口").start();
    }
}
```

运行结果显示 10 张车票确实是按从 10 到 1 的顺序售出的。

```
1 号窗口正在发售第 10 张车票
1 号窗口正在发售第 9 张车票
1 号窗口正在发售第 8 张车票
1 号窗口正在发售第 7 张车票
1 号窗口正在发售第 6 张车票
4 号窗口正在发售第 5 张车票
4 号窗口正在发售第 4 张车票
4 号窗口正在发售第 3 张车票
4 号窗口正在发售第 2 张车票
4 号窗口正在发售第 1 张车票

进程已结束,退出代码为 0
```

需要注意的是,同步代码块中的锁对象可以是任意类型的对象,但多个线程共享的锁对象必须是唯一的。“任意”说的是共享锁对象的类型。锁对象的创建代码不能放到 run()方法中,否则每个线程运行到 run()方法都会创建一个新对象,这样每个线程都会有一个不同的锁,每个锁都有自己的标志位,这样每个线程便不能产生同步的效果。

9.5.3　同步方法

同步代码块可以有效解决线程的安全问题,当把共享资源的操作放在 synchronized 定义的区域内时,便为这些操作加了同步锁。在方法前面同样可以使用 synchronized 关键字来修饰,被修饰的方法称为同步方法,它能实现和同步代码块同样的功能,具体的语法格式如下:

```
synchronized 返回值类型　方法名([参数 1,…]){
    操作共享资源代码块(临界代码段)
}
```

被 synchronized 修饰的方法在某一时刻只允许一个线程访问,访问该方法的其他线程都会发生阻塞,直到当前线程访问完毕后,其他线程才有机会执行该方法。其具体演示如例 9 - 10 所示。

【例 9 - 10】　同步方法。

```
public class Example9_10 implements Runnable{
    //定义同步方法 saleTicket()
    private synchronized void saleTicket(){
        if (tickets>0){
            try{
                //经过的线程休眠 20 毫秒,增大多个线程同时遇到共享资源的同一种状态的
                  概率
                Thread.sleep(20);
} catch (InterruptedException e){
                throw new RuntimeException(e);
            }
            Thread th = Thread.currentThread();//获取当前线程
            String th_name = th.getName();//获取当前线程名称
            System.out.println(th_name + "正在发售第" + tickets - - + "张车票");
        }
    }
    //定义车票数量:10 张
    private int tickets = 10;
    //实现 run()方法
    @Override
    public void run(){
        while (true){
            saleTicket();
            if(tickets< = 0){
                break;
            }
        }
    }
    public static void main(String[] args){
        //创建类实例 tw
        Example9_10 tw = new Example9_10();
        //创建线程实例对象并命名为窗口 1、2、3、4,同时启动线程
        new Thread(tw," 1 号窗口").start();
        new Thread(tw," 2 号窗口").start();
        new Thread(tw," 3 号窗口").start();
        new Thread(tw," 4 号窗口").start();
    }
}
```

在这段程序中,我们将上段程序中售卖车票的代码块用一种 saleTicket()方法封装起来,并在其前添加 synchronized 关键字使其成为一种同步方法。在 run()方法中我们只需要

调用 saleTicket()即可达到线程同步的目的。

程序运行结果：

```
1号窗口正在发售第10张车票
1号窗口正在发售第9张车票
1号窗口正在发售第8张车票
1号窗口正在发售第7张车票
1号窗口正在发售第6张车票
1号窗口正在发售第5张车票
1号窗口正在发售第4张车票
1号窗口正在发售第3张车票
1号窗口正在发售第2张车票
1号窗口正在发售第1张车票

进程已结束,退出代码为0
```

线程同步设计中还需考虑的一个重要因素是线程安全性与程序性能之间的折中。一种同步方法调用的开销大约是一种普通方法调用的6.6倍，因此，如果你选择的同步粒度太大，则会降低应用程序中的并发程度，从而导致程序性能下降；如果同步粒度太小，则又担心无法保护共享资源，导致程序的线程安全性被破坏。因此，一个好的线程同步设计应该是仅仅将那些真正需要保护的共享数据访问代码存放在同步代码段中，无关线程安全性的代码则不宜放在同步代码段中。

9.6　小　结

线程是相对于进程而言的一种轻量级的执行单元，Java 线程机制建立在本地平台的线程库之上。创建 Java 线程有两种方式：继承 Thread 类与实现 Runnable 接口。每个线程都有一个生命周期，线程状态的切换由 JVM 的线程调度程序负责。

线程的优先级用于影响调度程序对线程的选择，可以通过设置线程优先级使重要任务优先执行。线程休眠通过 Thread.sleep()方法实现，暂停当前线程一段时间后继续执行。线程让步通过调用 Thread.yield()方法，表示当前线程愿意让出 CPU 时间片，让其他线程有机会执行。线程联合通过 Thread.join()方法实现，当前线程等待另一个线程执行完毕后再继续执行。

守护线程是一种特殊的线程，其优先级最低，通常用于后台任务，主程序结束时守护线程会自动退出。线程同步是多线程编程中非常重要的部分，用于保证多个线程访问共享资源时的安全性。线程互斥通过 synchronized 关键字实现，确保在同一时刻只有一个线程访问共享资源。同步代码块和同步方法是 Java 实现线程互斥的两种方式，通过同步机制可以避免线程间的竞争条件，确保数据的一致性。

习　题

1. 线程与进程的主要区别是什么？为什么说线程是一种轻量级的计算任务？试列举两个适合多线程设计的应用背景。

2. 为保证我们编写的多线程应用程序在不同平台之间的可移植性，在使用 Java 编程语言的线程机制时应避免使用哪些可能会影响程序可移植性的特性？

3. 有几种方式可创建线程？

4. Runnable 接口包括哪些抽象方法？Thread 类有哪些主要成员变量和成员方法？

5. 创建两个线程，每个线程打印出线程名字后再睡眠，给其他线程以执行的机会。主线程也要打印出名字后再睡眠。每个线程前后共睡眠 5 次，要求分别采用从 Thread 中继承和实现 Runnable 接口两种方式来实现。

6. 编写一个 Java 应用程序，在主线程中创建 3 个线程：Counter、Printer 和 Storage。其中，Counter 线程的主要作用是从 0 开始计数，并将产生的每个数存放到 Storage 线程中。Printer 线程的作用是不断读取 Storage 线程中存放的数并打印出来，使用同步机制，确保每个数只被打印一次。

扫二维码查看习题答案

第10章

图形用户界面

本章将介绍Java编程语言中的图形用户界面(GUI)编程,主要包括AWT(Abstract Window Toolkit)和Swing两大部分。AWT是Java最早提供的GUI工具包,而Swing是在AWT的基础上发展起来的,提供了更丰富的控件和更强大的功能。本章内容涵盖了AWT和Swing的常用控件、布局管理器以及事件监听机制,结合具体代码示例,帮助读者掌握Java GUI编程的基本技能。

学习目标

- 理解AWT和Swing的基本概念及其区别。
- 掌握常用AWT和Swing控件的使用方法。
- 学会使用布局管理器进行界面布局。
- 掌握事件监听机制,能够处理常见的GUI事件。

思政目标

学生通过学习图形用户界面编程,培养逻辑思维能力和创新能力,增强团队协作意识和解决实际问题的能力,形成正确的价值观和职业道德。

10.1 AWT 控件编程

AWT 是 Java 的一种图形用户界面工具包。在 Java 编程语言中，AWT 是用来处理图形(包含窗口与绘图)最基本的方式。它由 java.awt 包提供，是 Java 基础类的一部分。AWT 提供了一系列用于创建图形用户界面组件的类和接口，如按钮、文本框、菜单等，同时也提供了处理事件的机制。AWT 是 Java 的一个重要 GUI 编程框架，虽然在后来的版本中，Swing 和 JavaFX 成为更流行的选择(提供了更多的功能和灵活性)，但 AWT 仍然在某些场合得到广泛应用。了解 AWT 的基本概念为学习更高级的 GUI 技术奠定了基础。

10.1.1 AWT 的基本组成部分

1. 组件

在 Java 中，组件(Component)是图形用户界面的基本构建块，表示用户交互的视觉元素。组件可以是按钮、文本框、标签、菜单等任何可以显示在用户界面上的元素。Java 提供的两个主要 GUI 工具包是 AWT 和 Swing，而组件是这两个工具包的重要组成部分。AWT 的所有 GUI 组件都是 Component 类的子类，常用的组件如下：

- Button(按钮)
- Label(标签)
- TextField(文本框)
- TextArea(文本区)
- Checkbox(复选框)
- List(列表)
- Frame(窗口)
- Panel(面板)
- Menu(菜单)

2. 容器

在 Java 中，容器(Container)是用来存放和组织其他组件(如按钮、文本框、标签等)的对象。容器是构建图形用户界面的重要部分，负责管理其包含的组件的布局、显示和事件处理。常见的容器如下：

- Frame(顶层窗口)
- File Dialog(对话框)
- Panel(面板)

3. 布局管理器

在 Java 中，布局管理器(Layout Manager)是一种用于控制组件在容器中排列和调整大小的机制。它负责将 GUI 组件(如按钮、文本框、标签等)按照一定的规则布局，以确保它们在不同的窗口大小和分辨率下都得到合理显示。常用的布局管理器如下：

- FlowLayout（按顺序排列组件）
- BorderLayout（分为五个区域，即北、南、东、西和中）
- GridLayout（以网格形式排列组件）
- GridBagLayout（灵活的网格布局）
- BoxLayout（按一个方向即水平或垂直排列组件）

4. 事件处理

在 Java 编程语言中，事件处理是一种响应用户操作和系统事件的机制。用户与应用程序交互时（如点击按钮、按键、移动鼠标等），这些操作会生成事件。Java 提供了一种系统化的方法捕捉这些事件并采取相应的行动，通过事件处理机制，开发者可以在应用程序中定义如何响应特定事件。AWT 提供了一种基于事件的编程模型，通过实现事件监听器接口来处理事件。常用的事件处理如下：

- ActionListener（处理按钮点击等动作）
- MouseListener（处理鼠标事件）
- KeyListener（处理键盘事件）

10.1.2 Component

Component 是所有 AWT 控件的基类。它定义了一些通用的属性和方法，如位置、大小、可见性等。在 AWT 中，由 Component 类及其子类或间接子类创建的对象称为组件，由 Container 类及其子类或间接子类创建的对象称为容器。一个容器可以容纳多个其他容器和基本组件，容器本身也是组件，具有组件的所有性质。

Java 的图形用户界面的最基本组成部分是组件，组件是一个可以以图形化的方式显示在屏幕上并能与用户进行交互的对象，如一个按钮、一个标签等。组件不能独立地显示，必须将组件放在 定的容器中它才可以显示。

从图 10－1 可以看出，类 java.awt.Component 是许多组件类的父类，Component 控件可通过 Component()构造方法来创建，Component 类中封装了组件通用的方法和属性，如图形的组件对象、大小、显示位置、前景色和背景色、边界、可见性等，因此许多组件类继承了 Component 类的成员方法和成员变量。Component 类的常用方法见表 10－1。

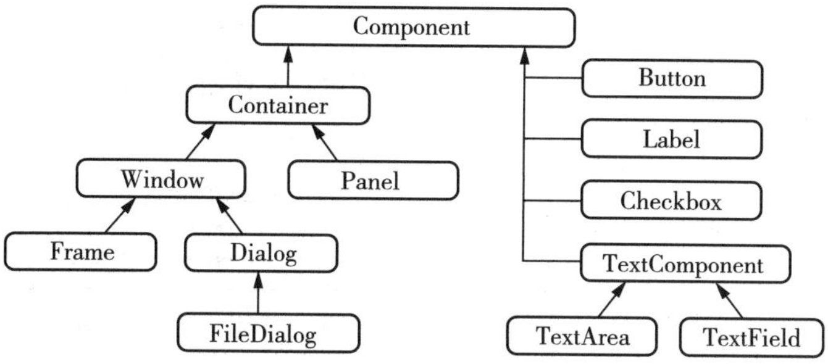

图 10－1　AWT 常用组件层次结构

表 10-1 Component 类的常用方法

序号	方法名	功能说明
1	add(PopupMenu popup)	向组件添加指定的弹出菜单
2	addComponentListener(ComponentListener l)	添加指定的组件侦听器，以接收发自此组件的组件事件
3	addInputMethodListener(InputMethodListener l)	添加指定的输入方法侦听器，以接收发自此组件的输入方法事件
4	addKeyListener(KeyListener l)	添加指定的按键侦听器，以接收发自此组件的按键事件
5	addMouseListener(MouseListener l)	添加指定的鼠标侦听器，以接收发自此组件的鼠标事件
6	addMouseMotionListener (MouseMotionListener l)	添加指定的鼠标移动侦听器，以接收发自此组件的鼠标移动事件
7	addMouseWheelListener(MouseWheelListener l)	添加指定的鼠标滚轮侦听器，以接收发自此组件的鼠标滚轮事件
8	addNotify()	通过将此 Component 连接到一个本机屏幕资源使其成为可显示的
9	areFocusTraversalKeysSet(int id)	主要用于判断指定类型的焦点遍历集是否已被设置，该方法返回一个 boolean 类型的值
10	dispatchEvent(AWTEvent e)	为组件或其子组件之一指派事件
11	doLayout()	提示布局管理器布局此组件
12	enableInputMethods(boolean enable)	启用或禁用此组件的输入方法支持
13	getAlignmentX()	返回 x 轴的对齐方式
14	getAlignmentY()	返回 y 轴的对齐方式
15	getBackground()	获取组件的背景色
16	getFont()	获取组件的字体
17	getForeground()	获取组件的前景色
18	getName()	获取组件的名称
19	getKeyListeners()	返回在此组件上所有已注册的按键侦听器的数组
20	getParent()	获取此组件的父级
21	getSize()	以 Dimension 对象的形式返回组件的大小
22	getToolkit()	获取此组件的工具包
23	getX()	返回组件原点的当前 x 坐标

（续表）

序号	方法名	功能说明
24	getY()	返回组件原点的当前 y 坐标
25	hasFocus()	如果此 Component 是焦点所有者，则返回 true
26	invalidate()	使此组件无效
27	isDisplayable()	确定此组件是否可以显示
28	isEnabled()	确定此组件是否已启用
29	isValid()	确定此组件是否有效
30	isVisible()	确定此组件在其父容器可见时是否应该可见
31	paint(Graphics g)	绘制此组件
32	paintAll(Graphics g)	绘制此组件及其所有子组件
33	remove(MenuComponent popup)	从组件中移除指定的弹出菜单
34	removeComponentListener(ComponentListener l)	移除指定的组件侦听器，以便它不再接收发自此组件的组件事件
35	removeNotify()	通过销毁此 Component 的本机屏幕资源使其成为不可显示的
36	repaint()	重绘此组件
37	repaint(int x,int y,int width,int height)	重绘组件的指定矩形区域
38	requestFocus(boolean temporary)	请求此 Component 获取输入焦点，并且此 Component 的顶层组件成为获得焦点的 Window
39	setBackground(Color c)	设置组件的背景色
40	setCursor(Cursor cursor)	为指定的光标设置光标图像
41	setEnabled(boolean b)	根据参数 b 的值启用或禁用此组件
42	setFont(Font f)	设置组件的字体
43	setForeground(Color c)	设置组件的前景色
44	setLocation(int x,int y)	将组件移到新位置
45	setLocation(Point p)	将组件移到新位置
46	update(Graphics g)	更新组件
47	validate()	确保组件具有有效的布局

10.1.3 Container

Container 是可以包含其他组件的组件，如 Panel、Frame 等。Container 控件是一种容器类，它通过 Container()构造方法来创建。因为它继承 Component 类，所以其本身也是一个组件，具有组件的所有性质，但是它的主要功能是容纳其他组件和容器。Container 常用方法见表 10－2。

表 10－2　Container 类的常用方法

序号	方法名	功能说明
1	add(Component comp)	将指定控件添加到此容器的尾部
2	add(Component comp,int index)	将指定控件添加到此容器的给定位置上
3	add(String name,Component comp)	将指定控件添加到此容器中
4	addContainerListener(ContainerListener l)	添加指定容器的侦听器，以接收来自此容器的容器事件
5	findComponentAt(int x,int y)	对包含指定点的可视子控件进行定位
6	findComponentAt(Point p)	对包含指定点的可视子控件进行定位
7	getAlignmentX()	返回沿 x 轴的对齐方式
8	getAlignmentY()	返回沿 y 轴的对齐方式
9	getComponent(int n)	获取此容器中的第 n 个控件
10	getComponentAt(int x,int y)	对包含 x,y 位置的控件进行定位
11	getComponentAt(Point p)	获取包含指定点的控件
12	getComponentCount()	获取此面板中的控件数
13	getComponents()	获取此容器中的所有控件
14	getContainerListeners()	返回已在此容器上注册的所有容器侦听器的数组
15	getLayout()	获取此容器的布局管理器
16	getMaximumSize()	返回此容器的最大大小
17	getMinimumSize()	返回此容器的最小大小
18	getPreferredSize()	返回此容器的首选大小
19	paint(Graphics g)	绘制此容器
20	paintComponents(Graphics g)	绘制此容器中的每个控件
21	remove(Component comp)	从此容器中移除指定控件
22	remove(int index)	从此容器中移除指定控件
23	removeAll()	从此容器中移除所有控件
24	removeContainerListener(ContainerListener l)	移除指定容器的侦听器，从而不再接收来自此容器的容器事件
25	setFont(Font f)	设置此容器的字体
26	setLayout(LayoutManager mgr)	设置此容器的布局管理器
27	update(Graphics g)	更新容器

10.1.4　Window 和 Frame

Window 对象是一个没有边界和菜单栏的顶层窗口，它不依赖其他容器而独立存在。从图 10－1 中可以看到，Window 有两大子类：Frame 窗体和 Dialog 对话框。Frame 有标题，能移动、调整大小，而 Dialog 没有标题，可移动和调整大小。

1. Window

Window 类存在多种构造方法，常用的见表 10－3。

表 10－3　Window 类的常用构造方法

序号	参数	参数说明	功能说明
1	Frame owner	owner 为要充当所有者的 Frame；如果此窗口没有所有者，则该参数为 null	构造一个新的、最初不可见的窗口，使用指定的 Frame 作为其所有者
2	Window owner	owner 为要充当所有者的 Window；如果此窗口没有所有者，则该参数为 null	构造一个新的、最初不可见的窗口，使用指定的 Window 作为其所有者

Window 除了继承 Component 和 Container 的方法，自身还有很多方法，具体见表10－4。

表 10－4　Window 类的常用方法

序号	方法名	功能说明
1	addWindowListener(WindowListener l)	添加指定的窗口侦听器，以从此窗口接收窗口事件
2	dispose()	释放由此 Window、其子控件及其拥有的所有子控件所使用的所有本机屏幕资源
3	isActive()	返回此窗口是否为活动窗口
4	pack()	调整此窗口的大小，以适合其子控件的首选大小和布局
5	setBounds(int x,int y,int width,int height)	移动控件并调整其大小由 x 和 y 指定左上角的新位置，由 width 和 height 指定新的大小
6	setBounds(Rectangle r)	移动控件并调整其大小，使其符合新的有界矩形 r 由 r.x 和 r.y 指定控件的新位置，由 r.width 和 r.height 指定控件的新大小
7	setCursor(Cursor cursor)	设置指定光标的图像
8	setMinimumSize(Dimension minimumSize)	将此窗口的最小大小设置为一个常量值

（续表）

序号	方法名	功能说明
9	setSize(int width,int height)	调整控件的大小，使其宽度为 width，高度为 height
10	setSize(Dimension d)	调整控件的大小，使其宽度为 d. width，高度为 d. height
11	setVisible(boolean b)	根据参数 b 的值显示或隐藏此 Window

2. Frame

可以通过 Frame()构造一个最初不可见的 Frame 新实例。而 Frame(String title)构造方法用于创建一个带有标题的 Frame 窗体。窗体的大小包括为边框指定的所有区域。

使用 add()方法可以将其他控件添加进来。在创建 Frame 对象后，需要通过以下两步才能使其可见：

第一，调用 setSize(int width,int height)方法设置 Frame 大小，当然也可以通过调用 pack()方法根据窗体自动确定 Frame 大小。

第二，调用 setVisible(true)方法将 Frame 设置为可见。

Frame 可以继承 Window、Component 和 Container 中的所有方法，此外自身还有很多方法，具体见表 10-5。

表 10-5　Frame 类的常用方法

序号	方法名	功能说明
1	getFrames()	返回一个此应用程序创建的所有 Frame 所组成的数组
2	getIconImage()	返回要作为此窗体图标显示的图像
3	getMaximizedBounds()	获取此窗体的最大化边界
4	getMenuBar()	获取此窗体的菜单栏
5	getTitle()	获得此窗体的标题
6	isResizable()	指示此窗体是否可由用户调整大小
7	remove(MenuComponent m)	从此窗体移除指定的菜单栏
8	setIconImage(Image image)	设置要作为此窗口图标显示的图像
9	setMaximizedBounds(Rectangle bounds)	设置此窗体的最大化边界
10	setMenuBar(MenuBar mb)	将此窗体的菜单栏设置为指定的菜单栏
11	setResizable(boolean resizable)	设置此窗体是否可由用户调整大小
12	setTitle(String title)	将此窗体的标题设置为指定的字符串
13	setUndecorated	禁用或启用此窗体的装饰

【例 10－1】 Frame 代码示例。

```
import java.awt.*;
public class FrameExample{
    public static void main(String[] args){
        Frame frame = new Frame(" Frame Example ");
        frame.setSize(300,200);
        frame.setVisible(true);
    }
}
```

运行结果如图 10－2 所示，即一个简单的窗口，标题为“Frame Example”。

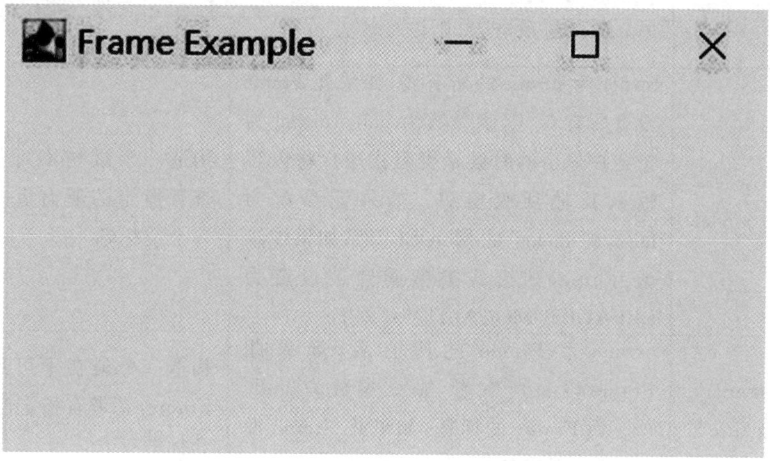

图 10－2　运行结果

3. Dialog 类的常用方法

对话框 dialog 可以是无模式的(默认情况下)或有模式的。有模式的 dialog 会阻止将内容输入应用程序中的其他一些顶层窗口(将此 dialog 创建为其所有者的所有窗口除外)。

Dialog 类存在多种构造方法，常用的构造方法见表 10－6。

表 10－6　Dialog 类的常用构造方法

序号	参数	参数说明	功能说明
1	Dialog owner	owner 为 dialog 的所有者，如果此 dialog 没有所有者，则该参数为 null	构造一个最初不可见的、无模式的 Dialog，它带有指定所有者 Dialog 和一个空标题
2	Dialog owner, String title	owner 为 dialog 的所有者，如果此 dialog 没有所有者，则该参数为 null。title 为 dialog 的标题，如果此 dialog 没有标题，则该参数为 null	构造一个最初不可见的、无模式的 Dialog，它带有指定的所有者 Dialog 和标题

（续表）

序号	参数	参数说明	功能说明
3	Dialog owner, String title, boolean modal	owner 为 dialog 的所有者，如果此 dialog 没有所有者，则该参数为 null。title 为 dialog 的标题，如果此 dialog 没有标题，则该参数为 null。modal 为指定在显示的时候是否阻止用户将内容输入其他顶级窗口。如果该参数为 false，则 dialog 是 MODELESS；如果该参数为 true，则模式类型属性被设置为 DEFAULT_MODALITY_TYPE	构造一个最初不可见的 Dialog，它带有指定的所有者 Dialog、标题和模式
4	Frame owner	owner 为 Frame 的所有者，如果此 Frame 没有所有者，则该参数为 null	构造一个最初不可见的、无模式的 Frame，它带有指定的所有者 Frame 和一个空标题
5	Frame owner, boolean modal	owner 为 Frame 的所有者，如果此 Frame 没有所有者，则该参数为 null。modal 为指定在显示的时候是否阻止用户将内容输入其他顶级窗口。如果该参数为 false，则 dialog 是 MODELESS；如果该参数为 true，则模式类型属性被设置为 DEFAULT_MODALITY_TYPE	构造一个最初不可见的 Dialog，它带有指定的所有者 Frame、模式和一个空标题
6	Frame owner, String title	owner 为 Frame 的所有者，如果此 Frame 没有所有者，则该参数为 null。title 为 Frame 的标题，如果此 Frame 没有标题，则该参数为 null	构造一个最初不可见的、无模式的 Frame，它带有指定的所有者 Frame 和标题
7	Frame owner, String title, boolean modal	owner 为 Frame 的所有者，如果此 Frame 没有所有者，则该参数为 null。title 为 Frame 的标题，如果此 Frame 没有标题，则该参数为 null。modal 为指定在显示的时候是否阻止用户将内容输入其他顶级窗口。如果该参数为 false，则 Frame 是 MODELESS；如果该参数为 true，则模式类型属性被设置为 DEFAULT_MODALITY_TYPE	构造一个最初不可见的 Frame，它带有指定的所有者 Frame、标题和模式
8	Window owner	owner 为 Window 的所有者，如果此 Window 没有所有者，则该参数为 null	构造一个最初不可见的、无模式的 Window，它带有指定的所有者 Window 和一个空标题
9	Window owner, String title	owner 为 Window 的所有者，如果此 Window 没有所有者，则该参数为 null。title 为 Window 的标题，如果此 Window 没有标题，则该参数为 null	构造一个最初不可见的、无模式的 Window，它带有指定的所有者 Window 和标题

Dialog 可以继承 Window、Component 和 Container 中的所有方法，此外自身还有很多方法，具体见表 10－7。

表 10－7　Dialog 类的常用方法

序号	方法名	功能说明
1	getTitle()	获得 dialog 的标题
2	isResizable()	指示此 dialog 是否可由用户调整大小
3	setModal(boolean modal)	指定此 dialog 是否应该是有模式的
4	setModalityType(Dialog. ModalityType type)	设置此 dialog 的模式类型
5	setResizable(boolean resizable)	设置此 dialog 是否可由用户调整大小
6	setTitle(String title)	将此 dialog 的标题设置为指定的字符串
7	setUndecorated	禁用或启用此 dialog 的装饰
8	setVisible(boolean b)	根据参数 b 的值显示或隐藏此 dialog

10. 1. 5　Panel

Panel 类是 Java AWT 中的一个容器类，用于在图形用户界面中组织和管理其他组件。Panel 可以用来承载按钮、标签、文本框等其他组件，并允许开发者以更灵活的方式布局和控制这些组件的呈现。

【例 10－2】 Panel 代码示例。

```
import java.awt.*;
public class PanelExample{
    public static void main(String[] args){
        Frame frame = new Frame("Panel Example");
        Panel panel = new Panel();//创建一个 Panel
        panel.setBounds(50,50,200,100);
        panel.setBackground(Color.lightGray);
        Button button = new Button("Click Me");
        panel.add(button);
        frame.add(panel);
        frame.setSize(300,200);
        frame.setLayout(null);//使用绝对布局
        frame.setVisible(true);
    }
}
```

运行结果如图 10 - 3 所示，即一个包含面板的窗口，面板内有一个按钮。

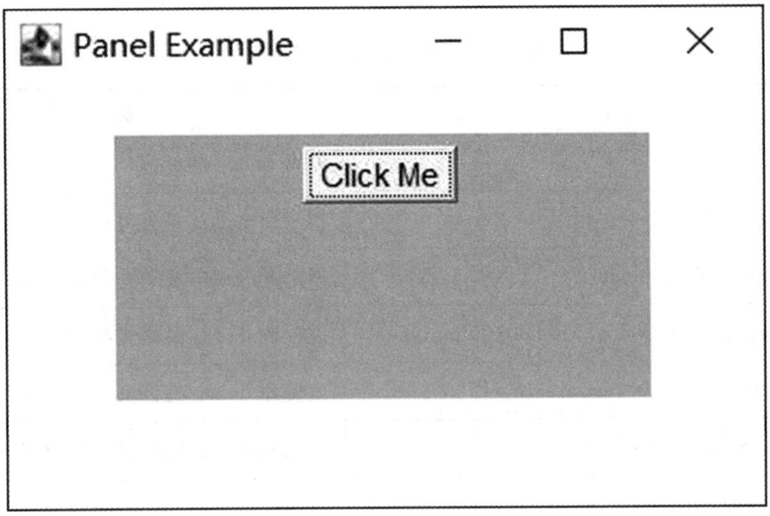

图 10 - 3 运行结果

10.2 Swing 控件编程

10.2.1 JFrame 窗体和 JDialog 对话框

1. JFrame

JFrame 是 Swing 中的顶层容器，是 Java Swing 库中用于创建窗口的类，它提供了一个可以用于显示各种图形用户界面组件的顶层窗口。Swing 是 Java 中用于创建图形界面的库，相比于 AWT，Swing 提供了更多的功能、更丰富的组件和更好的外观。

JFrame 的基本用法如下：

(1)创建 JFrame 对象：需要创建一个 JFrame 的实例。

(2)设置窗口属性：可以设置窗口的标题、大小、关闭操作等属性。

(3)添加组件：将其他 Swing 组件(如按钮、标签、文本框等)添加到 JFrame 中。

(4)设置可见性：通过调用 setVisible(true)方法使窗口可见。

【例 10 - 3】 下面是一个简单的示例，演示如何创建一个 JFrame 并添加一些基本组件。

```
import javax.swing.*;
import java.awt.*;
import java.awt.event.*;
```

```
public class JFrameExample{
    public static void main(String[] args){
        //创建 JFrame 对象
        JFrame frame = new JFrame("JFrame Example");

        //设置关闭操作
        frame.setDefaultCloseOperation(JFrame.EXIT_ON_CLOSE);

        //设置大小
        frame.setSize(400,300);

        //创建一个面板
        JPanel panel = new JPanel();

        //创建一些组件
        JLabel label = new JLabel("Hello,JFrame!");
JButton button = new  JButton("Clic  k Me");

        //添加组件到面板
        panel.add(label);
        panel.add(button);

        //将面板添加到 JFrame
        frame.add(panel);

        //添加按钮的事件监听器
        button.addActionListener(new ActionListener(){
            @Override
            public void actionPerformed(ActionEvent e){
                label.setText("Button Clicked!");
}
});

        //设置 JFrame 可见
        frame.setVisible(true);

}
}
```

运行结果如图 10-4 所示。

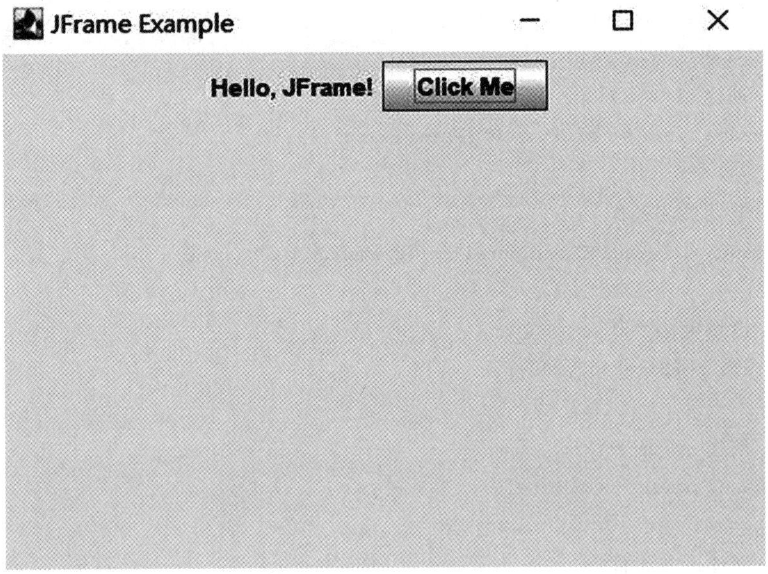

图 10-4　运行结果

以下是 JFrame 类中一些常用的方法：

- setTitle(String title)：设置窗口的标题。
- setSize(int width,int height)：设置窗口的大小。
- setDefaultCloseOperation（int operation）：设置关闭窗口时的操作，通常使用 JFrame. EXIT_ON_CLOSE 表示退出程序。
- add(Component comp)：向窗口添加一个组件。
- setVisible(boolean visible)：设置窗口的可见性。
- setLocationRelativeTo(Component c)：设置窗口在屏幕上的位置，通常居中显示。
- setResizable(boolean resizable)：设置窗口是否可调整大小。
- setLayout(LayoutManager layout)：设置窗口的布局管理器。

2. JDialog

JDialog 是 Java Swing 库中用于创建对话框的类，用于与用户交互。与 JFrame 不同，JDialog 通常用于显示信息、获取输入或确认某个操作的窗口，通常是临时的且可以被父窗口阻止（模态对话框）。

JDialog 的基本用法如下：

（1）创建 JDialog 对象：需要创建一个 JDialog 实例，可以选择是模态对话框还是非模态对话框。

（2）设置对话框属性：可以设置标题、大小、关闭操作等。

（3）添加组件：将其他 Swing 组件（如按钮、标签、文本字段等）添加到对话框中。

（4）显示对话框：通过调用 setVisible(true)方法显示对话框。

【例 10-4】 下面是一个简单的示例，演示如何创建一个 JDialog 并让用户输入信息。

```
import javax. swing. * ;
import java. awt. * ;
import java. awt. event. * ;

public class JDialogExample{
    public static void main(String[] args){
        //创建主窗口 JFrame
        JFrame frame = new JFrame(" JFrame Example ");
        frame. setDefaultCloseOperation(JFrame. EXIT_ON_CLOSE);
        frame. setSize(300,200);
        frame. setLayout(new FlowLayout());

        //创建按钮来打开对话框
JButton button = new JButton(" Open Dialog ");
        frame. add(button);

        //创建 JDialog
        JDialog dialog = new JDialog(frame," Input Dialog ",true);// true 表示模态对话框
        dialog. setSize(250,150);
        dialog. setLayout(new FlowLayout());

        //添加组件到对话框
        JLabel label = new JLabel(" Enter your name:");
        JTextField textField = new JTextField(20);
JButton submitButton = new   JButton(" Submit ");

        dialog. add(label);
        dialog. add(textField);
        dialog. add(submitButton);

        //事件处理:提交按钮的动作
        submitButton. addActionListener(new ActionListener(){
            @Override
            public void actionPerformed(ActionEvent e){
                String name = textField. getText();
                JOptionPane. showMessageDialog(dialog," Hello," + name + "! ");
                dialog. dispose();//关闭对话框
}
});
```

```
        //单击按钮打开对话框
        button.addActionListener(new ActionListener(){
            @Override
            public void actionPerformed(ActionEvent e){
                dialog.setVisible(true);//显示对话框
}
});

        //设置 JFrame 可见
        frame.setVisible(true);
}
}
```

运行结果如图 10-5 所示。

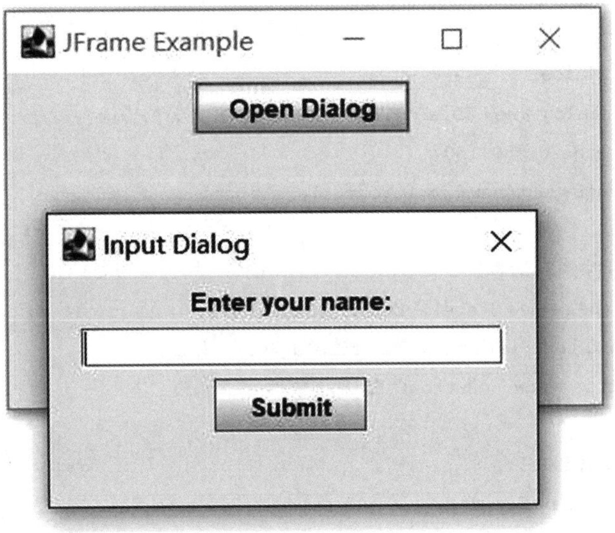

图 10-5　运行结果

以下是 JDialog 类中的一些常用方法：

- setModal(boolean modal)：设置对话框是模态还是非模态，模态对话框会阻止用户与父窗口交互，直到对话框关闭。
- setTitle(String title)：设置对话框的标题。
- setSize(int width,int height)：设置对话框的大小。
- setDefaultCloseOperation(int operation)：设置关闭对话框时的操作，通常使用 JDialog.DISPOSE_ON_CLOSE 关闭对话框。
- setVisible(boolean visible)：设置对话框的可见性。

• setLocationRelativeTo(Component c)：设置对话框在屏幕上的位置，通常用来将对话框居中显示。

10.2.2　JPanel 面板和 JScrollPane 滚动面板

1. JPanel

JPanel 是 Java Swing 库中用于创建轻量级容器的类，主要用于组织和管理其他 Swing 组件。在 Swing 应用程序中，JPanel 通常用作布局管理的基本单元，可以将其用作界面中的某个部分或区域，使组件布局更加灵活和模块化。

JPanel 的基本用法如下：

(1)创建 JPanel 对象：创建一个 JPanel 的实例。

(2)设置布局管理器：可以设置 JPanel 的布局管理方式，如 FlowLayout、BorderLayout、GridLayout 等。

(3)添加组件：向 JPanel 中添加其他 Swing 组件，如 JLabel、JButton、JTextField 等。

(4)将 JPanel 添加到父容器：将 JPanel 添加到 JFrame 或其他容器中。

(5)设置可见性：确保父窗口可见，以显示 JPanel 和其中的组件。

【例 10-5】 下面是一个简单的示例，演示如何使用 JPanel 组织多个组件。

```
import javax.swing.*;
import java.awt.*;
import java.awt.event.*;

public class JPanelExample{
    public static void main(String[] args){
        //创建主窗口 JFrame
        JFrame frame = new JFrame("JPanel Example");
        frame.setDefaultCloseOperation(JFrame.EXIT_ON_CLOSE);
        frame.setSize(400,300);

        //创建主面板 JPanel
        JPanel panel = new JPanel();
        panel.setLayout(new FlowLayout());// 设置面板的布局管理器

        //创建组件
        JLabel label = new JLabel("Enter your name:");
        JTextField textField = new JTextField(20);
JButton button = new  JButton("Submit");

        //将组件添加到面板中
        panel.add(label);
```

```
        panel.add(textField);
        panel.add(button);

        //添加按钮的事件监听器
        button.addActionListener(new ActionListener(){
            @Override
            public void actionPerformed(ActionEvent e){
                String name = textField.getText();
                JOptionPane.showMessageDialog(frame," Hello," + name + "! ");
    }
    });

        //将面板添加到主窗口中
        frame.add(panel);

        //设置窗口可见
        frame.setVisible(true);
    }
    }
```

运行结果如图 10 - 6 所示。

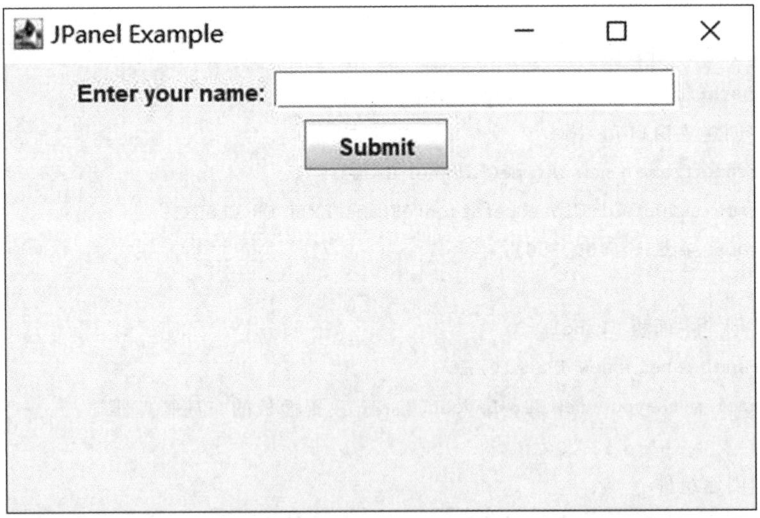

图 10 - 6　运行结果

以下是 JPanel 类中一些常用的方法：

- setLayout(LayoutManager mgr)：设置面板的布局管理器，LayoutManager 可为 FlowLayout、BorderLayout、GridLayout 等。

- add(Component comp):给面板添加一个组件。
- remove(Component comp):从面板中移除一个组件。
- setBackground(Color color):设置面板的背景色。
- setPreferredSize(Dimension d):设置面板的首选大小。
- repaint()和 revalidate():更新面板的显示,通常在动态改变组件时调用。

2. JScrollPane 滚动面板

JScrollPane 是 Java Swing 库中的一个组件,用于为其他组件提供滚动功能。这通常用于显示内容超出可视区域的情况,使用户能方便地查看不可见部分。JScrollPane 广泛用于包含文本区域、图像、表格等的大型组件中。

JScrollPane 的基本用法如下:

(1)创建 JScrollPane 对象:将需要滚动的组件(如 JTextArea、JPanel、JTable 等)添加到 JScrollPane 中。

(2)设置滚动条策略:可以配置滚动条的显示方式,如始终显示、只在必要时显示等。

(3)将 JScrollPane 添加到父容器中:将 JScrollPane 添加到 JFrame 或其他容器中。

(4)显示窗口:确保父窗口可见。

【例 10-6】 以下是一个简单的示例,演示如何使用 JScrollPane 来实现文本区域的滚动功能。

```
import javax. swing. * ;
import java. awt. * ;

public class JScrollPaneExample{
    public static void main(String[] args){
        //创建主窗口 JFrame
        JFrame frame = new JFrame("JScrollPane Example");
        frame. setDefaultCloseOperation(JFrame. EXIT_ON_CLOSE);
        frame. setSize(400,300);

        //创建一个文本区域 JTextArea
        JTextArea textArea = new JTextArea(30,50);
        textArea. setText(" This is a JTextArea example. \nYou can enter text here. \nScroll
                    down to see more text. ");

        //将 JTextArea 添加到 JScrollPane 中
        JScrollPane scrollPane = new JScrollPane(textArea);
        //设置滚动条策略
        scrollPane. setVerticalScrollBarPolicy(JScrollPane. VERTICAL_SCROLLBAR_ALWAYS);
        scrollPane. setHorizontalScrollBarPolicy(JScrollPane. HORIZONTAL_SCROLLBAR_AS_NEED-
                    ED);
```

```
        //将 JScrollPane 添加到主窗口中
        frame.add(scrollPane);

        //设置窗口可见
        frame.setVisible(true);
    }
}
```

运行结果如图 10－7 所示。

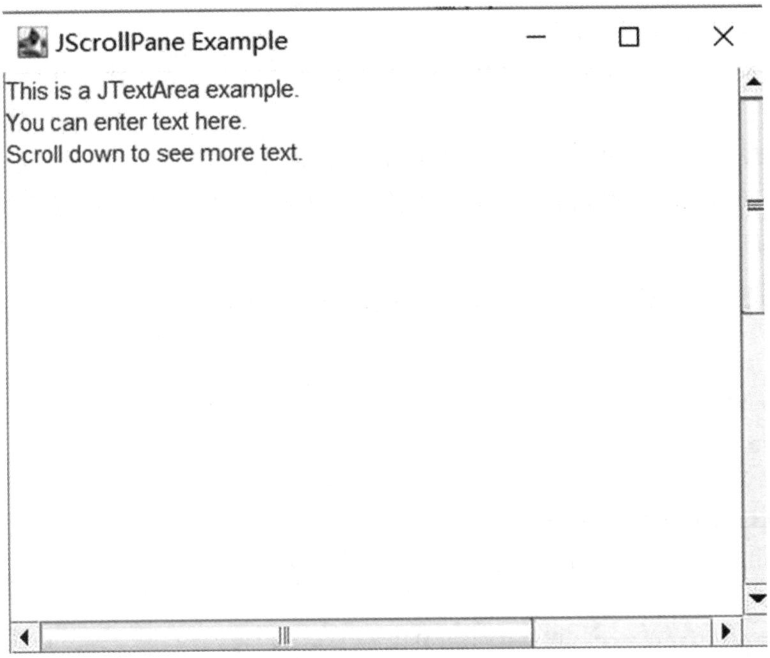

图 10－7　运行结果

以下是 JScrollPane 类中一些常用的方法：

- setViewportView(Component view)：设置要显示的组件。
- setVerticalScrollBarPolicy(int policy)：设置垂直滚动条的策略。常用值有：
  JScrollPane.VERTICAL_SCROLLBAR_ALWAYS：始终显示垂直滚动条。
  JScrollPane.VERTICAL_SCROLLBAR_AS_NEEDED：仅在需要时显示垂直滚动条。
- setHorizontalScrollBarPolicy(int policy)：设置水平滚动条的策略。常用值有：
  JScrollPane.HORIZONTAL_SCROLLBAR_ALWAYS：始终显示水平滚动条。
  JScrollPane.HORIZONTAL_SCROLLBAR_AS_NEEDED：仅在需要时显示水平滚动条。
- getViewport()：获取 JScrollPane 的视口对象，可以对其进行进一步操作。

10.2.3 JLabel 标签

JLabel 是 Java Swing 库中用于显示文本或图像的组件，通常用于提供信息、提示或作为用户界面的标签。与按钮等其他组件不同，JLabel 是一个只读组件，用户无法直接与其交互。

JLabel 的基本用法如下：

(1)创建 JLabel 对象：可以传入文本或图像创建 JLabel 实例。

(2)设置文本或图像：可以通过方法修改 JLabel 的文本或图像。

(3)设置对齐方式：可以设置标签中内容的水平和垂直对齐方式。

(4)将 JLabel 添加到父容器中：将 JLabel 添加到 JFrame、JPanel 或其他容器中。

(5)显示窗口：确保父窗口可见。

【例 10－7】 下面的示例展示了如何创建一个 JLabel 并将其添加到窗口中。

```
import javax.swing.*;
import java.awt.*;

public class JLabelExample{
    public static void main(String[] args){
        //创建主窗口 JFrame
        JFrame frame = new JFrame("JLabel Example");
        frame.setDefaultCloseOperation(JFrame.EXIT_ON_CLOSE);
        frame.setSize(300,200);
        frame.setLayout(new FlowLayout());

        //创建 JLabel 并设置文本
        JLabel label1 = new JLabel("Hello,JLabel!");

        //创建一个带图像的 JLabel
        ImageIcon icon = new ImageIcon("path/to/your/image.png");// 确保路径正确
        JLabel label2 = new JLabel("This is an image:",icon,JLabel.LEFT);

        //可以设置标签边距
        label2.setBorder(BorderFactory.createEmptyBorder(10,10,10,10));

        //将 JLabel 添加到主窗口中
        frame.add(label1);
        frame.add(label2);

        //设置窗口可见
        frame.setVisible(true);
    }
}
```

运行结果如图 10-8 所示。

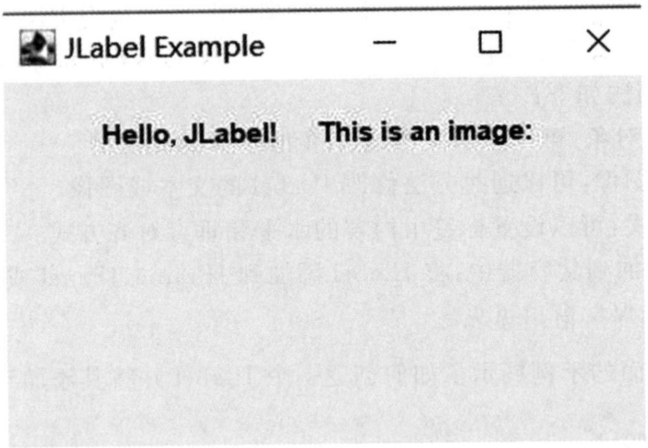

图 10-8 运行结果

以下是 JLabel 类中一些常用的方法：

- setText(String text)：设置 JLabel 显示的文本。
- setIcon(Icon image)：设置 JLabel 显示的图像。
- setHorizontalAlignment(int alignment)：设置 JLabel 中内容的水平对齐方式。常用值有：

  JLabel.LEFT
  JLabel.CENTER
  JLabel.RIGHT
- setVerticalAlignment(int alignment)：设置 JLabel 中内容的垂直对齐方式。常用值有：

  JLabel.TOP
  JLabel.BOTTOM
  JLabel.CENTER
- setBorder(Border border)：设置标签的边框样式。
- setOpaque(boolean isOpaque)：设置标签是否不透明，通常用于展示背景颜色。

10.2.4 JButton 按钮、JRadioButton 单选按钮和 JCheckBox 复选框

1. JButton

JButton 是 Java Swing 库中用于创建按钮的组件，可以响应用户的单击事件。它通常用于触发操作或事件，如提交表单、关闭窗口等。JButton 可以显示文本、图像或两者结合，且可以设置图标和背景颜色等属性。

JButton 的基本用法如下：

(1)创建 JButton 对象：可以通过传入文本或图像创建按钮实例。

(2)设置按钮属性:可以改变按钮的文本、图像、边框等。

(3)添加事件监听器:使用事件监听器处理用户单击按钮时的动作。

(4)将 JButton 添加到父容器中:将 JButton 添加到 JFrame、JPanel 或其他容器中。

(5)显示窗口:确保父窗口可见。

【例 10-8】 以下是一个简单的示例,展示如何创建一个 JButton 并在单击时显示消息框。

```
import javax.swing.*;
import java.awt.*;
import java.awt.event.*;

public class JButtonExampl e {
    public static void main(String[] args){
        //创建主窗口 JFrame
        JFrame frame = new JFrame(" JButton Example");
        frame.setDefaultCloseOperation(JFrame.EXIT_ON_CLOSE);
        frame.setSize(300,200);
        frame.setLayout(new FlowLayout());

        //创建 JButton 并设置文本
JButton button1 = new  JButton(" Click  Me");

        //添加按钮的事件监听器
        button1.addActionListener(new ActionListener(){
            @Override
            public void actionPerformed(ActionEvent e){
                JOptionPane.showMessageDialog(frame," Button clicked! ");
}
});

            //将 JButton 添加到主窗口中
        frame.add(button1);

        //设置窗口可见
        frame.setVisible(true);
}
}
```

运行结果如图 10-9 所示。

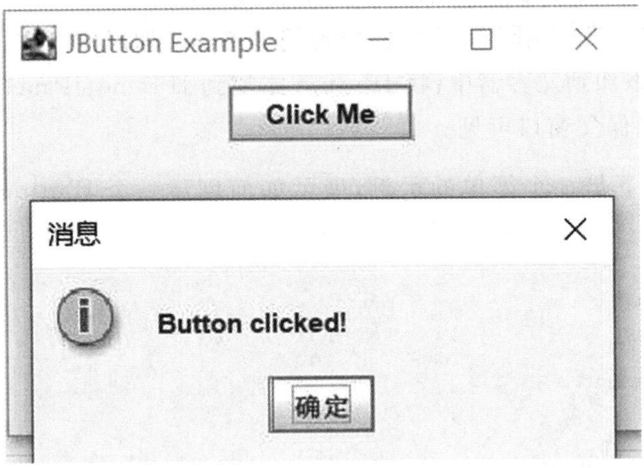

图 10－9　运行结果

以下是 JButton 类中一些常用的方法：

- setText(String text)：设置按钮的文本。
- setIcon(Icon icon)：设置按钮显示的图标。
- addActionListener(ActionListener l)：添加动作监听器，以响应用户单击事件。
- setEnabled(boolean enabled)：设置按钮是否可用。
- setBackground(Color color)：设置按钮的背景颜色。
- setForeground(Color color)：设置按钮的文本颜色。
- setBorder(Border border)：设置按钮的边框样式。

2. JRadioButton

JRadioButton 是 Java Swing 中的一个组件，用于创建单选按钮。当用户有多个选项时，使用单选按钮从中选择一个选项非常合适。单选按钮通常在一组 JRadioButton 中使用，其中只有一个按钮可以被选中，其他的按钮则自动取消选择。

JRadioButton 的基本用法如下：

(1)创建 JRadioButton 对象：可以通过传入文本创建单选按钮实例。

(2)创建按钮组：使用 ButtonGroup 将多个 JRadioButton 组合在一起，确保同一组中只允许选择一个。

(3)添加事件监听器：使用事件监听器处理用户选择按钮时的动作。

(4)将 JRadioButton 添加到容器中：将单选按钮添加到 JPanel、JFrame 或其他容器中。

(5)显示窗口：确保主窗口可见。

【例 10－9】 以下是一个示例，演示如何使用 JRadioButton 创建一个简单的单选按钮组。

```
import javax.swing.*;
import java.awt.*;
```

```
import java.awt.event.ActionEvent;
import java.awt.event.ActionListener;

public class JRadioButtonExample{
    public static void main(String[] args){
        //创建主窗口 JFrame
        JFrame frame = new JFrame("JRadioButton Example");
        frame.setDefaultCloseOperation(JFrame.EXIT_ON_CLOSE);
        frame.setSize(300,200);
        frame.setLayout(new FlowLayout());

        //创建单选按钮
        JRadioButton option1 = new JRadioButton("Option 1");
        JRadioButton option2 = new JRadioButton("Option 2");
        JRadioButton option3 = new JRadioButton("Option 3");

        //创建按钮组
        ButtonGroup group = new ButtonGroup();
        group.add(option1);
        group.add(option2);
        group.add(option3);

        //默认选择第一个选项
        option1.setSelected(true);

        //添加事件监听器
        ActionListener actionListener = new ActionListener(){
            @Override
            public void actionPerformed(ActionEvent e){
                String selectedOption = e.getActionCommand();
                JOptionPane.showMessageDialog(frame,"You selected:" + selectedOption);
    }
    };

        option1.addActionListener(actionListener);
        option2.addActionListener(actionListener);
        option3.addActionListener(actionListener);

        //将 JRadioButton 添加到主窗口中
        frame.add(option1);
```

```
        frame.add(option2);
        frame.add(option3);

        //设置窗口可见
        frame.setVisible(true);
    }
}
```

运行结果如图 10 - 10 所示。

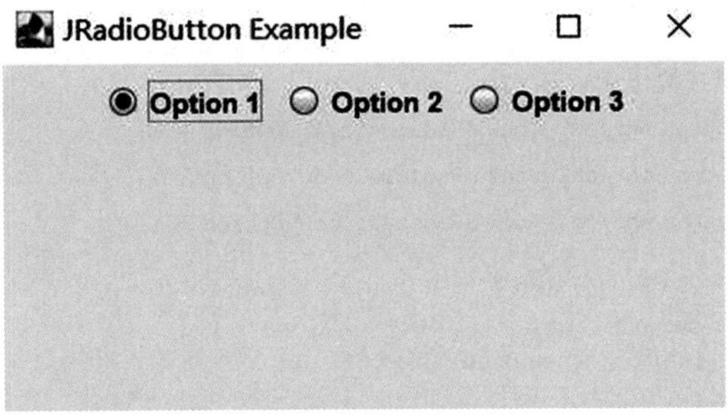

图 10 - 10　运行结果

以下是 JRadioButton 类中一些常用的方法：

- setText(String text)：设置单选按钮的文本。
- setSelected(boolean selected)：设置单选按钮是否为选中状态。
- addActionListener(ActionListener l)：添加动作监听器，以响应用户选择事件。
- getText()：获取单选按钮的文本。
- isSelected()：检查单选按钮是否被选中。

3. JCheckBox

JCheckBox 是 Java Swing 中的一个组件，用于创建复选框。用户可以通过复选框选择或取消选择一个选项。与单选按钮(JRadioButton)不同，用户可以在复选框中选择多个选项。

JCheckBox 的基本用法如下：

(1)创建 JCheckBox 对象：可以通过传入文本或图像创建复选框实例。

(2)设置复选框属性：可以改变复选框的文本、图像、选中状态等。

(3)添加事件监听器：使用事件监听器处理用户选中或取消选中复选框时的动作。

(4)将 JCheckBox 添加到容器中：将复选框添加到 JPanel、JFrame 或其他容器中。

(5)显示窗口：确保主窗口可见。

【例 10 - 10】 以下是一个示例，演示如何使用 JCheckBox 创建一个简单的复选框列表。

```
import javax.swing.*;
import java.awt.*;
import java.awt.event.ActionEvent;
import java.awt.event.ActionListener;

public class JCheckBoxExample{
    public static void main(String[] args){
        //创建主窗口 JFrame
        JFrame frame = new JFrame("JCheckBox Example");
        frame.setDefaultCloseOperation(JFrame.EXIT_ON_CLOSE);
        frame.setSize(300,200);
        frame.setLayout(new FlowLayout());

        //创建复选框
        JCheckBox checkbox1 = new JCheckBox("Option 1");
        JCheckBox checkbox2 = new JCheckBox("Option 2");
        JCheckBox checkbox3 = new JCheckBox("Option 3");

        //添加事件监听器
        ActionListener actionListener = new ActionListener(){
            @Override
            public void actionPerformed(ActionEvent e){
                StringBuilder selectedOptions = new StringBuilder("You selected:");

                if (checkbox1.isSelected()){
                    selectedOptions.append(checkbox1.getText()).append(' ');
}
                if (checkbox2.isSelected()){
                    selectedOptions.append(checkbox2.getText()).append(' ');
}
                if (checkbox3.isSelected()){
                    selectedOptions.append(checkbox3.getText()).append(' ');
}

                JOptionPane.showMessageDialog(frame,selectedOptions.toString());
}
};

        //为每个复选框添加事件监听器
        checkbox1.addActionListener(actionListener);
```

```
        checkbox2.addActionListener(actionListener);
        checkbox3.addActionListener(actionListener);

        //将 JCheckBox 添加到主窗口中
        frame.add(checkbox1);
        frame.add(checkbox2);
        frame.add(checkbox3);

        //设置窗口可见
        frame.setVisible(true);
    }
}
```

运行结果如图 10－11 所示。

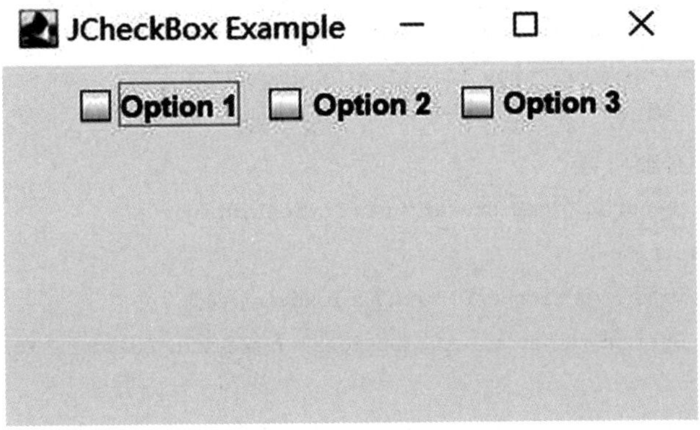

图 10－11　运行结果

以下是 JCheckBox 类中一些常用的方法：

- setText(String text)：设置复选框的显示文本。
- setSelected(boolean selected)：设置复选框是否为选中状态。
- addItemListener(ItemListener l)：添加选项监听器，以响应用户选择和取消选择操作。
- isSelected()：检查复选框的选中状态。
- getText()：获取复选框的文本。

10.2.5　JComboBox 下拉列表框和 JList 列表框

1. JComboBox

JComboBox 是 Java Swing 中用于创建下拉列表框的组件，允许用户从一个下拉列表中选择一个选项。下拉列表框既可以显示简单的文本项，也可以显示复杂的对象或图像。JComboBox 选择更为方便，特别是在选项较多时。

JComboBox 的基本用法如下：

(1)创建 JComboBox 对象：可以通过传入数组或 Vector 创建下拉列表框。

(2)添加选项：可以在创建时指定选项，也可以在以后动态中添加或删除选项。

(3)选择默认项：可以设置默认选中项。

(4)添加事件监听器：使用事件监听器处理用户选择时的动作。

(5)将 JComboBox 添加到容器中：将下拉列表框添加到 JPanel、JFrame 或其他容器中。

(6)显示窗口：确保主窗口可见。

【例 10-11】 以下是一个示例，演示如何使用 JComboBox 创建一个下拉列表框，并显示用户选择的选项。

```
import javax.swing.*;
import java.awt.*;
import java.awt.event.ActionEvent;
import java.awt.event.ActionListener;

public class JComboBoxExample{
    public static void main(String[] args){
        //创建主窗口 JFrame
        JFrame frame = new JFrame("JComboBox Example");
        frame.setDefaultCloseOperation(JFrame.EXIT_ON_CLOSE);
        frame.setSize(300,200);
        frame.setLayout(new FlowLayout());

        //创建下拉列表框，并添加选项
        String[] options = {"Apple","Banana","Cherry","Date"};
        JComboBox<String> comboBox = new JComboBox<>(options);

        //设置默认选项
        comboBox.setSelectedItem("Banana");

        //添加事件监听器
        comboBox.addActionListener(new ActionListener(){
            @Override
            public void actionPerformed(ActionEvent e){
                String selectedOption = (String)comboBox.getSelectedItem();
                JOptionPane.showMessageDialog(frame,"You selected:" + selectedOption);
}
});

        //将 JComboBox 添加到主窗口中
```

```
            frame.add(comboBox);

            //设置窗口可见
            frame.setVisible(true);
    }
    }
```

运行结果如图 10 - 12 所示。

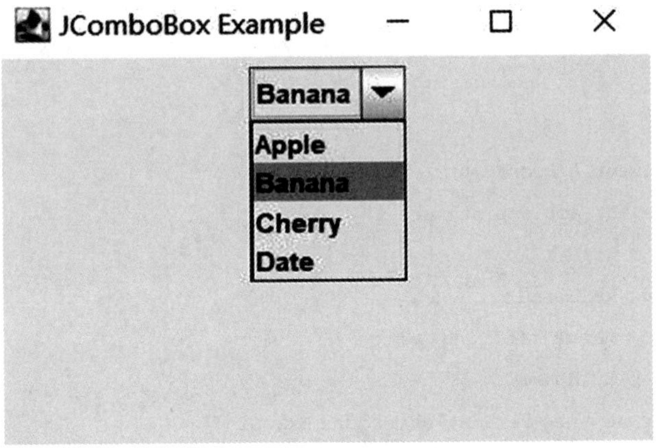

图 10 - 12　运行结果

以下是 JComboBox 类中一些常用的方法：

- addItem(Object item)：向下拉列表中添加一个选项。
- removeItem(Object item)：从下拉列表中移除一个选项。
- setSelectedItem(Object item)：设置当前选中的选项。
- getSelectedItem()：获取当前选中的选项。
- addActionListener(ActionListener l)：添加动作监听器，以响应用户选择事件。
- getItemAt(int index)：获取指定索引的选项。
- getItemCount()：获取选项的数量。

2. JList

JList 是 Java Swing 中的一个组件，用于显示一系列可选择的项目。与 JComboBox 不同，JList 是一个独立的组件，通常用于显示多个选项，可以同时选择多个项目。它适用于需要显示较长列表或可选择多个项目的场合。

JList 的基本用法如下：

(1)创建 JList 对象：可以使用数组、Vector 或 ListModel 创建 JList。

(2)设置选项：可以在创建时提供列表项，也可以在程序中添加或删除列表项。

(3)设置选择模式：可以设置单选模式或多选模式。

(4)添加事件监听器：使用事件监听器处理用户选择时的动作。

(5)将 JList 添加到容器中:将列表添加到 JScrollPane 和其他 Swing 容器中。

(6)显示窗口:确保主窗口可见。

【例 10－12】 以下是一个示例,演示如何使用 JList 创建一个简单的列表,并处理用户选择的事件。

```
import javax.swing.*;
import java.awt.*;
import java.awt.event.*;
import java.util.List;
public class JListExample{
    public static void main(String[] args){
        //创建主窗口 JFrame
        JFrame frame = new JFrame("JList Example");
        frame.setDefaultCloseOperation(JFrame.EXIT_ON_CLOSE);
        frame.setSize(300,200);
        frame.setLayout(new BorderLayout());

        //创建选项数组
        String[] options = {"Apple","Banana","Cherry","Date","Elderberry"};

        //创建 JList,并设置选项
        JList<String> list = new JList<>(options);
        list.setSelectionMode(ListSelectionModel.MULTIPLE_INTERVAL_SELECTION);//设置多选
                                                                              模式

        //将 JList 添加到 JScrollPane 中
        JScrollPane scrollPane = new JScrollPane(list);
        frame.add(scrollPane,BorderLayout.CENTER);

        //创建确认按钮
JButton button = new JButton("Show Selection");
        button.addActionListener(new ActionListener(){
            @Override
            public void actionPerformed(ActionEvent e){
                //获取选中的选项
                List<String> selectedValues = list.getSelectedValuesList();
                JOptionPane.showMessageDialog(frame,"You selected:" + selectedValues);
}
});
       frame.add(button,BorderLayout.SOUTH);
```

```
        //设置窗口可见
        frame.setVisible(true);
    }
}
```

运行结果如图 10－13 所示。

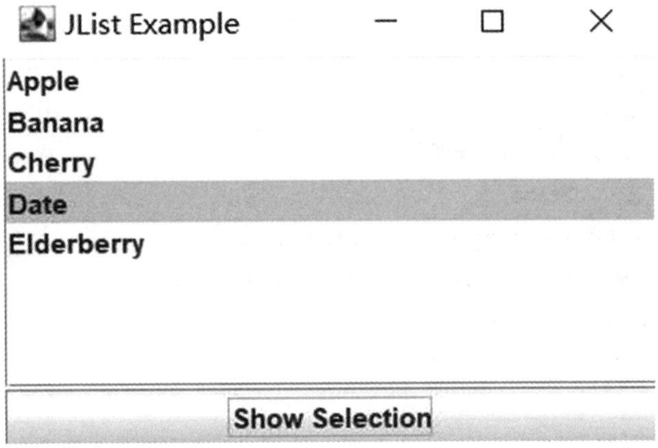

图 10－13　运行结果

以下是 JList 类中一些常用的方法：

- setListData(T[] listData)：设置列表的数据。
- getSelectedValuesList()：获取用户选择的所有列表项。
- setSelectionMode(int mode)：设置选择模式(单选或多选)。
- isSelectedIndex(int index)：检查指定索引的项目是否被选中。
- getSelectedIndex()：获取用户选择的项目的索引。
- getModel()：获取列表的数据模型。

10.2.6　JTextField 文本框、JPasswordField 密码框和 JTextArea 文本域

1. JTextField

JTextField 是 Java Swing 中用于创建单行文本输入框的组件。用户可以在文本框中输入文本，其常用于表单输入、搜索框等场景。它支持基本的文本输入功能，可通过事件监听器响应用户的输入操作。

JTextField 的基本用法如下：

(1)创建 JTextField 对象：可以通过构造函数指定初始文本长度或默认文本。

(2)设置文本：可以用方法设置文本字段的内容。

(3)获取文本：可以通过方法获取当前文本字段中的内容。

(4)添加事件监听器：使用事件监听器处理用户的输入、单击等操作。

(5)将 JTextField 添加到容器中：将文本框添加到 JPanel、JFrame 或其他容器中。

(6)显示窗口:确保主窗口可见。

【例 10 - 13】 以下是一个简单的示例,演示如何使用 JTextField 创建一个输入框,并获取用户输入的文本。

```
import javax.swing.*;
import java.awt.*;
import java.awt.event.ActionEvent;
import java.awt.event.ActionListener;

public class JTextFieldExample{
    public static void main(String[] args){
        //创建主窗口 JFrame
        JFrame frame = new JFrame("JTextField Example");
        frame.setDefaultCloseOperation(JFrame.EXIT_ON_CLOSE);
        frame.setSize(300,150);
        frame.setLayout(new FlowLayout());

        //创建 JTextField,设置列宽
        JTextField textField = new JTextField(20);// 20 列宽

        //创建按钮
JButton button = new  JButton("Submit");
        button.addActionListener(new ActionListener(){
            @Override
            public void actionPerformed(ActionEvent e){
                //获取文本字段中的文本
                String inputText = textField.getText();
                JOptionPane.showMessageDialog(frame,"You entered:" + inputText);
}
});

        //将 JTextField 和按钮添加到主窗口中
        frame.add(textField);
        frame.add(button);

        //设置窗口可见
        frame.setVisible(true);
}
}
```

运行结果如图 10 - 14 所示。

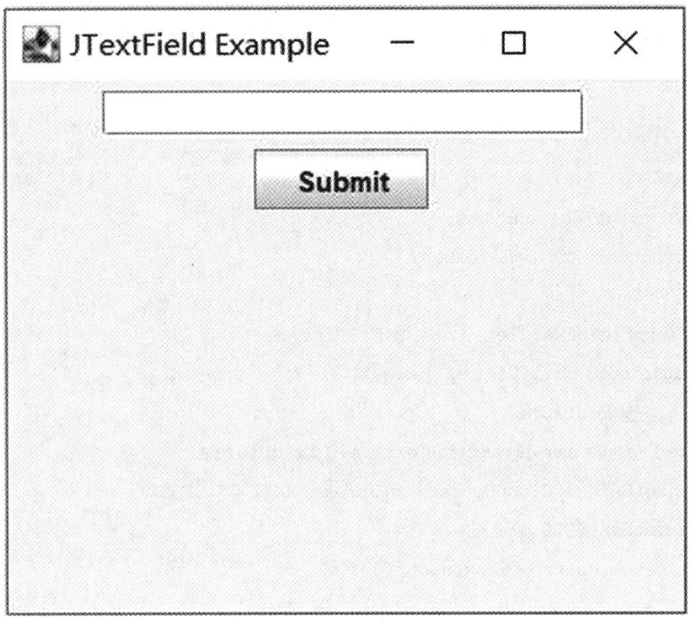

图 10 - 14　运行结果

以下是 JTextField 类中一些常用的方法：

- setText(String text)：设置文本框的内容。
- getText()：获取文本框中的内容。
- setColumns(int columns)：设置文本框的列数。
- setEditable(boolean editable)：设置文本框是否可编辑。
- addActionListener(ActionListener l)：添加动作监听器，以响应用户的输入事件。
- selectAll()：选择文本框中的所有文本。

2. JPasswordField

JPasswordField 是 Java Swing 中用于创建密码输入框的组件。与 JTextField 类似，JPasswordField 允许用户输入文本，但它会将输入的文本以掩码的形式显示，以保护用户的密码或敏感信息。这通常用于登录窗体和其他需要收集密码的场合。

JPasswordField 的基本用法如下：

(1)创建 JPasswordField 对象：可以通过构造函数创建，并设置可选的初始文本。

(2)设置密码掩码字符：可以定义用来掩盖用户输入的字符。

(3)获取密码：可以通过方法获取当前输入框中的密码。

(4)添加事件监听器：使用事件监听器处理用户的输入、单击等操作。

(5)将 JPasswordField 添加到容器中：将密码框添加到 JPanel、JFrame 或其他容器中。

(6)显示窗口：确保主窗口可见。

【例 10 - 14】 以下是一个简单的示例，演示如何使用 JPasswordField 创建一个密码输入框,并获取用户输入的密码。

```
import javax.swing.*;
import java.awt.*;
import java.awt.event.ActionEvent;
import java.awt.event.ActionListener;

public class JPasswordFieldExample{
    public static void main(String[] args){
        //创建主窗口 JFrame
        JFrame frame = new JFrame("JPasswordField Example");
        frame.setDefaultCloseOperation(JFrame.EXIT_ON_CLOSE);
        frame.setSize(300,150);
        frame.setLayout(new FlowLayout());

        //创建 JPasswordField
        JPasswordField passwordField = new JPasswordField(20);//设置显示 20 个字符的宽度
        passwordField.setEchoChar('*');// 设置掩码字符

        //创建按钮
JButton button = new JButton("Submit");
        button.addActionListener(new ActionListener(){
            @Override
            public void actionPerformed(ActionEvent e){
                //获取用户输入的密码
                char[] password = passwordField.getPassword();
                JOptionPane.showMessageDialog(frame,"You entered:" + new String(pass-
                                                   word));
}
});

        //将 JPasswordField 和按钮添加到主窗口中
        frame.add(passwordField);
        frame.add(button);

        //设置窗口可见
        frame.setVisible(true);
}
}
```

运行结果如图 10 - 15 所示。

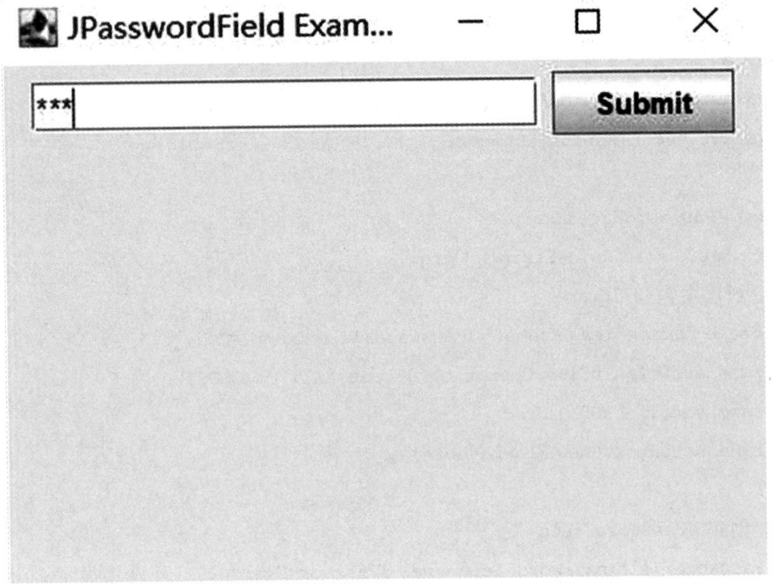

图 10－15　运行结果

以下是 JPasswordField 类中一些常用的方法：

- setEchoChar(char c)：设置用于掩盖输入字符的掩码字符(默认是空字符)。
- getPassword()：获取输入的密码，以字符数组的形式返回。使用字符数组比字符串更安全，因为它可以在使用后立即清除内存。
- setColumns(int columns)：设置密码框的列数。
- setEditable(boolean editable)：设置密码框是否可编辑。
- addActionListener(ActionListener l)：添加动作监听器，以响应用户的输入事件。

3. JTextArea

JTextArea 是 Java Swing 中用于创建多行文本输入框的组件。与 JTextField 不同，JTextArea 允许用户输入和显示多行文本，适用于需要大文本输入或展示的场景，如文本编辑器、日志查看器和多行输入表单等。

JTextArea 的基本用法如下：

(1)创建 JTextArea 对象：可以通过构造函数指定初始行数和列数，或默认构造函数创建。

(2)设置文本：可以用方法设置文本区的初始内容。

(3)获取文本：可以通过方法获取当前文本区中的内容。

(4)添加事件监听器：可以响应用户的输入和其他操作。

(5)将 JTextArea 添加到容器中：通常将文本区放入 JScrollPane，以便处理滚动。

(6)显示窗口：确保主窗口可见。

【例 10－15】 以下是一个简单的示例，演示如何使用 JTextArea 创建一个多行文本输入框，并获取用户输入的文本。

```
import javax.swing.*;
import java.awt.*;
import java.awt.event.ActionEvent;
import java.awt.event.ActionListener;

public class JTextAreaExample{
    public static void main(String[] args){
        //创建主窗口 JFrame
        JFrame frame = new JFrame("JTextArea Example");
        frame.setDefaultCloseOperation(JFrame.EXIT_ON_CLOSE);
        frame.setSize(300,200);
        frame.setLayout(new BorderLayout());

        //创建 JTextArea
        JTextArea textArea = new JTextArea(5,20);// 5 行,20 列
        textArea.setLineWrap(true);//根据需要换行
        textArea.setWrapStyleWord(true);//依据单词换行

        //将 JTextArea 添加到 JScrollPane 中
        JScrollPane scrollPane = new JScrollPane(textArea);
        frame.add(scrollPane,BorderLayout.CENTER);

        //创建提交按钮
JButton button = new JButton("Submit");
        button.addActionListener(new ActionListener(){
            @Override
            public void actionPerformed(ActionEvent e){
                String inputText = textArea.getText();
                JOptionPane.showMessageDialog(frame,"You entered:" + inputText);
}
});
        frame.add(button,BorderLayout.SOUTH);

        //设置窗口可见
        frame.setVisible(true);
}
}
```

运行结果如图 10-16 所示。

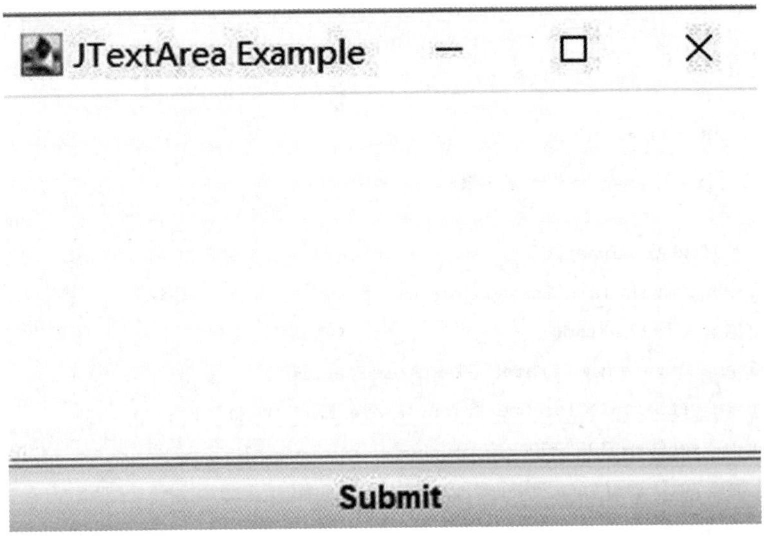

图 10-16 运行结果

以下是 JTextArea 类中一些常用的方法：

- setText(String text)：设置文本区的内容。
- getText()：获取文本区中的内容。
- setLineWrap(boolean wrap)：设置是否根据窗口宽度自动换行。
- setWrapStyleWord(boolean word)：设置是否依据单词边界换行。
- append(String str)：向文本区追加字符串。
- setEditable(boolean editable)：设置文本区是否可编辑。
- setColumns(int columns)：设置文本区的列数。
- setRows(int rows)：设置文本区的行数。

10.3 布局管理器

在 Java Swing 中，布局管理器(Layout Manager)是一种用于控制组件在容器中排列和展示的机制。布局管理器负责计算组件的位置和大小，以实现良好的用户界面设计。它们使开发人员创建可伸缩和自适应的界面，能够在不同大小的窗口中保持一致的布局。Java Swing 提供了多种布局管理器，每种都有其独特的特性和适用场景，以下是一些常见的布局管理器。

10.3.1 FlowLayout 流布局管理器

FlowLayout 是 Java Swing 中的一种布局管理器，负责在容器中以流的形式排列组件。它会按照添加组件的顺序逐行排列，并在必要时换行，非常适合小型界面或动态组件大小变化时的布局。FlowLayout 具有简单、灵活和适应性强等特点。

FlowLayout 的基本用法如下：

(1)创建 FlowLayout 对象：可以使用默认构造函数，或者指定对齐方式和间隔。

(2)创建容器并设置布局管理器：将布局管理器应用于一个容器(如 JPanel 或 JFrame)中。

(3)添加组件：向容器中添加需要排列的组件。

(4)显示窗口：确保主窗口可见。

【例 10-16】 以下是一个简单的示例，演示如何使用 FlowLayout 布局管理器。

```
import javax.swing.*;
import java.awt.*;

public class FlowLayoutExample {
    public static void main(String[] args){
        //创建主窗口 JFrame
        JFrame frame = new JFrame("FlowLayout Example");
        frame.setDefaultCloseOperation(JFrame.EXIT_ON_CLOSE);
        frame.setSize(400,200);

        //创建一个 JPanel,使用 FlowLayout
        JPanel panel = new JPanel();
        panel.setLayout(new FlowLayout(FlowLayout.CENTER,10,10));// 设置对齐方式和间隔

        //创建并添加组件
        JButton button1 = new  JButton("Button 1");
        JButton button2 = new  JButton("Button 2");
        JButton button3 = new  JButton("Button 3");
        JButton button4 = new  JButton("Button 4");

        panel.add(button1);
        panel.add(button2);
        panel.add(button3);
        panel.add(button4);

        //将面板添加到 JFrame 中
        frame.add(panel);

        //设置窗口可见
        frame.setVisible(true);
    }
}
```

运行结果如图 10－17 所示。

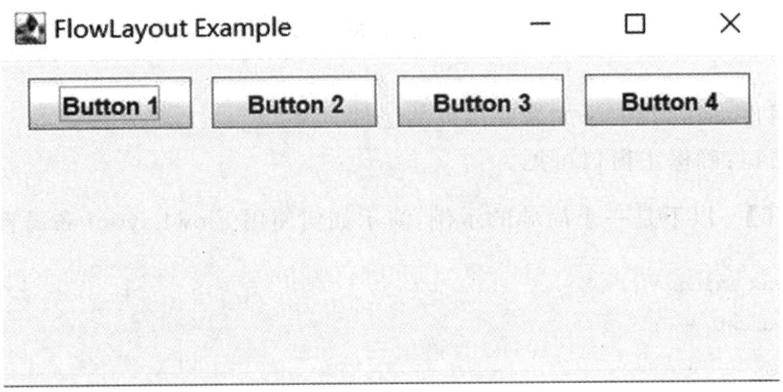

图 10－17　运行结果

FlowLayout 的主要构造函数如下：

- FlowLayout()：创建一个左对齐的流布局。
- FlowLayout(int align)：根据对齐方式创建流布局，align 可以是：
- FlowLayout. LEFT：左对齐。
- FlowLayout. CENTER：居中对齐。
- FlowLayout. RIGHT：右对齐。
- FlowLayout(int align,int hgap,int vgap)：创建流布局，指定对齐方式、水平间隔和垂直间隔。

以下是 FlowLayout 类中一些常用的方法：

- setAlignment(int align)：设置对齐方式。
- setHgap(int hgap)：设置组件之间的水平间隔。
- setVgap(int vgap)：设置组件之间的垂直间隔。
- preferredLayoutSize(Container target)：获取容器中所有组件的首选布局大小。
- minimumLayoutSize(Container target)：获取容器中所有组件的最小布局大小。
- layoutContainer(Container target)：布局容器中的组件。

10. 3. 2　BorderLayout 边界布局管理器

BorderLayout 是 Java Swing 中一种常用的布局管理器，它将容器划分为五个独立的区域：北(North)、南(South)、东(East)、西(West)和中心(Center)。每个区域可以容纳一个组件，且中心区域会占据所有剩余的空间。BorderLayout 适用于需要在界面中清晰分隔不同部分的场合。

BorderLayout 基本用法如下：

(1)创建 BorderLayout 对象：可以直接使用默认构造函数，也可以在创建时指定水平和垂直间距(hgap 和 vgap)。

(2)创建容器：BorderLayout 通常与 JPanel 或 JFrame 一起使用。

(3)添加组件:使用 add(Component comp,Object constraints)方法将组件添加到不同的区域中。

(4)显示窗口:确保主窗口可见。

【例 10-17】 以下是一个简单的示例,演示如何使用 BorderLayout 组织布局。

```
import javax.swing.*;
import java.awt.*;

public class BorderLayoutExample {
    public static void main(String[] args){
        //创建主窗口 JFrame
        JFrame frame = new JFrame("BorderLayout Example");
        frame.setDefaultCloseOperation(JFrame.EXIT_ON_CLOSE);
        frame.setSize(400,300);

        //设置 BorderLayout 布局
        frame.setLayout(new BorderLayout());

        //创建并添加组件
        JButtonnorthButton = new JButton("North");
        JButtonsouthButton = new JButton("South");
        JButtoneastButton = new JButton("East");
        JButtonwestButton = new JButton("West");
        JButtoncenterButton = new JButton("Center");

        frame.add(northButton,BorderLayout.NORTH);
        frame.add(southButton,BorderLayout.SOUTH);
        frame.add(eastButton,BorderLayout.EAST);
        frame.add(westButton,BorderLayout.WEST);
        frame.add(centerButton,BorderLayout.CENTER);

        //设置窗口可见
        frame.setVisible(true);
    }
}
```

运行结果如图 10-18 所示。

BorderLayout 的主要构造函数如下:

BorderLayout():使用默认构造函数设置间隔为 0。

BorderLayout(int hgap,int vgap):创建一个带有指定水平和垂直间隔的 BorderLayout。

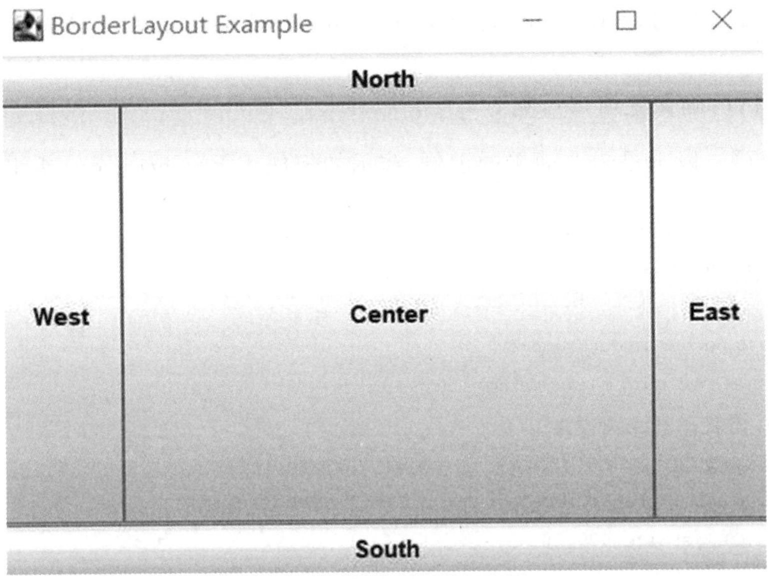

图 10-18 运行结果

以下是 BorderLayout 类中一些常用的方法：

- add(Component comp,Object constraints)：将组件添加到指定区域中。约束参数可以是：
  BorderLayout. NORTH
  BorderLayout. SOUTH
  BorderLayout. EAST
  BorderLayout. WEST
  BorderLayout. CENTER
- remove(Component comp)：移除指定的组件。
- layoutContainer(Container target)：重新布局容器中的组件，通常在组件的大小或数量发生变化时调用(通常不需要手动调用，因为布局管理器会自己处理)。
- preferredLayoutSize(Container target)：返回容器的首选布局大小。

10.3.3 GridLayout 网格布局管理器

GridLayout 是 Java Swing 中的一种布局管理器，它将容器划分为一个网格，由若干行和列组成。每个网格单元所占的空间是相等的，适合用于均匀分布的组件排列，如按钮、标签或其他组件。它使界面布局更加整齐，尤其适合于创建表格型界面。

GridLayout 的基本用法如下：

(1)创建 GridLayout 对象：通过指定行数和列数创建 GridLayout 实例。

(2)创建容器：通常与 JPanel 或 JFrame 一起使用。

(3)添加组件：将所需的组件添加到容器中。

(4)显示窗口：确保主窗口可见。

【例 10-18】 以下是一个简单的示例，演示如何使用 GridLayout 组织布局。

```
import javax. swing. * ;
import java. awt. * ;

public class GridLayoutExample {
    public static void main(String[] args){
        //创建主窗口 JFrame
        JFrame frame = new JFrame(" GridLayout Example");
        frame. setDefaultCloseOperation(JFrame. EXIT_ON_CLOSE);
        frame. setSize(300,200);

        //创建一个 JPanel,使用 GridLayout
        JPanel panel = new JPanel();
        panel. setLayout(new GridLayout(2,3,10,10));// 2 行 3 列,水平和垂直间隔为 10

        //创建并添加组件
        panel. add(new  JButton(" Button 1"));
        panel. add(new  JButton(" Button 2"));
        panel. add(new  JButton(" Button 3"));
        panel. add(new  JButton(" Button 4"));
        panel. add(new  JButton(" Button 5"));
        panel. add(new  JButton(" Button 6"));

        //将面板添加到 JFrame 中
        frame. add(panel);

        //设置窗口可见
        frame. setVisible(true);
    }
}
```

运行结果如图 10 - 19 所示。

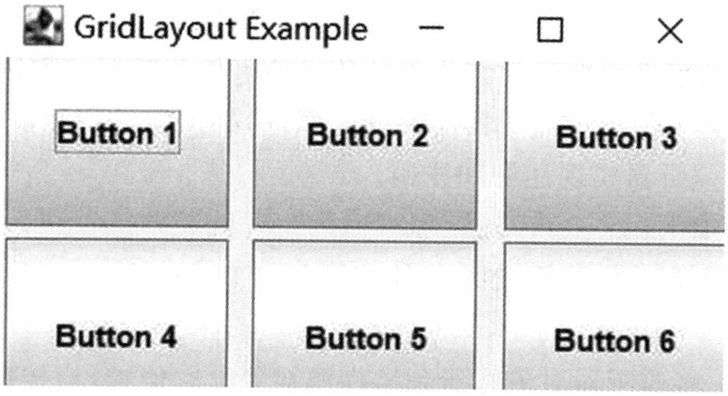

图 10 - 19　运行结果

GridLayout 的主要构造函数如下：

• GridLayout(int rows, int cols)：创建一个指定行数(rows)和列数(cols)的 GridLayout。多余的组件会填充到下一个行。

• GridLayout(int rows,int cols,int hgap,int vgap)：创建一个指定行数和列数的 GridLayout,并设置水平间隔(hgap)和垂直间隔(vgap)。

以下是 GridLayout 类中一些常用的方法：

• setRows(int rows)：设置网格的行数。
• setColumns(int cols)：设置网格的列数。
• setHgap(int hgap)：设置组件之间的水平间隔。
• setVgap(int vgap)：设置组件之间的垂直间隔。
• preferredLayoutSize(Container target)：获取容器的首选布局大小。
• minimumLayoutSize(Container target)：获取容器的最小布局大小。
• layoutContainer(Container target)：布局容器中的组件,通常在组件的数量或大小发生变化时调用。

10.4 事件监听机制

在 Java 编程语言中,事件处理是一种响应用户操作和系统事件的机制。用户与应用程序交互时(如单击按钮、按键、移动鼠标等),这些操作会生成事件。Java 提供了一种系统化的方法来捕捉这些事件并采取相应的行动,通过事件处理机制,开发者可以在应用程序中定义如何响应特定事件。

事件处理的基本概念如下：

• 事件：事件是用户操作或系统状态变化的表示。例如,按钮被单击、键盘按键被按下、鼠标在窗口中移动等。

• 事件源：事件源是产生事件的对象,如一个按钮、一个文本框或整个窗口。

• 事件监听器：事件监听器是一个接口,它定义了处理特定类型事件的方法。开发者需要实现这个接口,并定义在发生事件时应执行的操作。

• 事件对象：事件对象包含关于事件的信息,如事件源、事件类型、触发事件的时间等。在 Java 的事件模型中,事件对象通常作为参数传递给事件监听器的方法。

• 注册和注销：为了使事件监听器能够响应事件,必须将它们注册到相应的事件源中。可以通过添加与移除监听器实现注册和注销。

事件处理的步骤如下：

(1)定义事件监听器。实现特定的事件监听器接口,如 ActionListener 用于按钮单击事件。

(2)注册监听器。将监听器对象注册到事件源对象上。例如,将按钮的单击事件监听器添加到 JButton 对象中。

(3)处理事件。在监听器的实现方法中定义对特定事件的处理逻辑。

10.4.1 ActionEvent 动作事件

ActionEvent 是 Java 编程语言中一种重要的事件类型,用于处理用户在图形用户界面中对特定控件(如按钮、菜单、文本框等)的操作(如单击或按键)。在 Java Swing 或 AWT 中,ActionEvent 是通过实现 ActionListener 接口处理的。下面将介绍 ActionEvent 的概念、使用方法以及常见场景。

ActionEvent 的概念如下:

- 众多组件支持:ActionEvent 通常与按钮、菜单项和其他可触发动作的组件关联。
- 事件源:在事件发生时,生成 ActionEvent 对象,其中包含相关信息,如事件源组件(action command)和触发时间等。
- 监听器模式:Java 使用监听器模式处理事件,用户需要实现 ActionListener 接口,并重写其 actionPerformed 方法。

ActionEvent 的基本用法如下:

(1)创建 GUI 组件:创建需要添加事件监听器的 GUI 组件(如按钮)。

(2)实现 ActionListener 接口:创建一个类实现 ActionListener 接口,并重写 actionPerformed 方法。

(3)注册监听器:将实现了 ActionListener 接口的对象注册到相应的组件上。

(4)处理事件:在 actionPerformed 方法中定义事件处理逻辑。

【例 10-19】 以下是一个简单的 Java Swing 示例,演示如何使用 ActionEvent 处理按钮单击事件。

```
import javax.swing.*;
import java.awt.event.ActionEvent;
import java.awt.event.ActionListener;

public class ActionEventExample {

    public static void main(String[] args){
        //创建主窗口 JFrame
        JFrame frame = new JFrame("ActionEvent Example");
        frame.setDefaultCloseOperation(JFrame.EXIT_ON_CLOSE);
        frame.setSize(300,200);

        //创建按钮
        JButton button = new JButton("Click Me!");

        //创建 ActionListener
ActionListener actionListener = new ActionListener(){
```

```
            @Override
            publicvoid actionPerformed(ActionEvent e){
                //处理按钮单击事件
                JOptionPane. showMessageDialog(frame," Button was clicked! ");
    }
    };

        //注册 ActionListener 到按钮
        button. addActionListener(actionListener);

        //将按钮添加到 JFrame 中
        frame. getContentPane(). add(button);

        //设置窗口可见
        frame. setVisible(true);
    }
}
```

运行结果如图 10－20 所示。

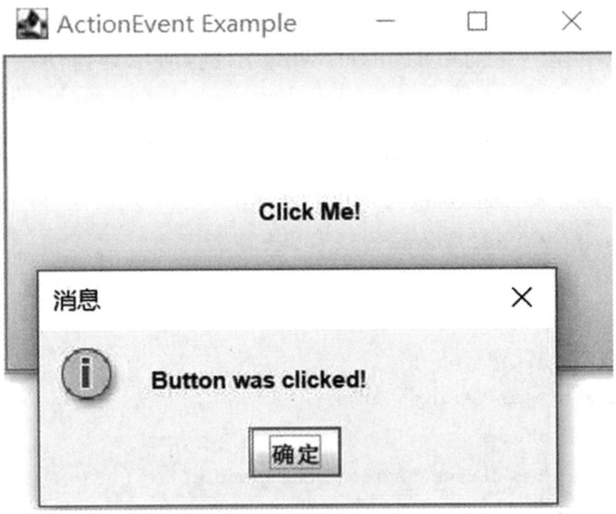

图 10－20　运行结果

ActionEvent 类中一些常用的方法：

- getSource()：获取事件的源组件。
- getActionCommand()：获取与事件相关联的命令字符串，其通常用于标识事件的触发。
- getID()：获取事件的 ID，用于指示事件的类型。

ActionListener 接口：

- void actionPerformed(ActionEvent e)：在事件发生时调用，可以在这里编写响应事件的代码。

10.4.2　KeyEvent 键盘事件

KeyEvent 是 Java 编程语言中用于处理键盘按键事件的类，包括按键按下、抬起和键的输入等。它是 Java AWT 和 Swing 中的一个重要组成部分，常用于实现键盘交互，如文本输入、快捷键操作等。与 KeyEvent 相关的事件监听器主要是 KeyListener 接口和 KeyAdapter 类。

KeyEvent 的概念如下：

- KeyEvent：表示键盘事件，这些事件包括按下某个键、抬起某个键和输入字符。每一个 KeyEvent 对象都与其发生时的源组件相关联。

KeyEvent 的事件类型如下：

- KeyPressed：表示某个键被按下。
- KeyReleased：表示某个键被释放。
- KeyTyped：表示一个字符键被输入（通常用于文本输入）。

KeyEvent 的使用方法如下：

(1)创建 GUI 组件：创建需要处理键盘事件的组件，如 JFrame 或 JTextField。

(2)实现 KeyListener 接口：实现 KeyListener 接口，并重写相关方法。

(3)注册监听器：将实现 KeyListener 接口的对象注册到需要监听键盘事件的组件上。

(4)处理事件：在重写的方法中定义事件处理逻辑。

【例 10-20】 以下是一个简单的示例，演示如何使用 KeyEvent 处理键盘事件。

```
import javax.swing.*;
import java.awt.event.KeyEvent;
import java.awt.event.KeyListener;
public class KeyEventExample{
    public static void main(String[] args){
        //创建主窗口 JFrame
        JFrame frame = new JFrame("KeyEvent Example");
        frame.setDefaultCloseOperation(JFrame.EXIT_ON_CLOSE);
        frame.setSize(300,200);

        //创建一个文本框
JTextField textField = new JTextField();

        //添加 KeyListener
textField.addKeyListener(new KeyListener(){
```

```
            @Override
            publicvoid keyPressed(KeyEvent e){
                System. out. println(" Key Pressed:" + KeyEvent. getKeyText(e. getKeyCode()));
                if (e. getKeyCode() = = KeyEvent. VK_ENTER){
                    System. out. println(" Enter key was pressed. ");
    }
    }

            @Override
            publicvoid keyReleased(KeyEvent e){
                System. out. println(" Key Released:" + KeyEvent. getKeyText(e. getKeyCode()));
    }

            @Override
            publicvoid keyTyped(KeyEvent e){
                System. out. println(" Key Typed:" + e. getKeyChar());
    }
    });

        //将文本框添加到 JFrame 中
        frame. getContentPane(). add(textField);

        //设置窗口可见
        frame. setVisible(true);
    }
    }
```

运行结果如图 10－21 所示。

```
Key Released: I
Key Released: H
Key Released: O
Key Released: A
Key Typed: 你
Key Typed: 好
Key Released: 空格
```

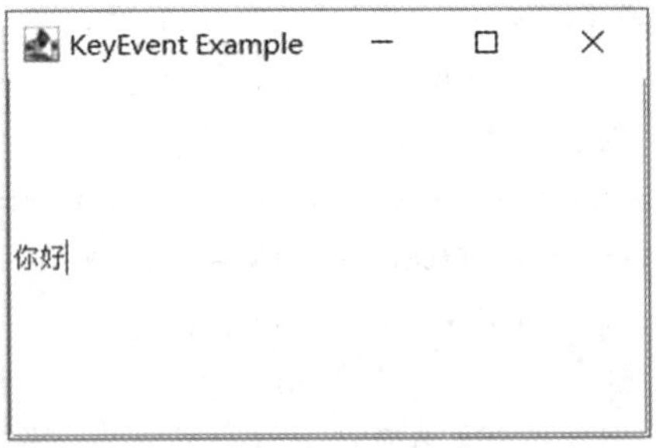

图 10－21　运行结果

KeyEvent 常用的方法和常量：

- getKeyCode()：返回按下的键的代码。

- getKeyChar():返回与按下的键对应的字符。
- getSource():获取事件的源组件。

主要常量:KeyEvent. VK_ENTER(Enter 键)、KeyEvent. VK_ESCAPE(Esc 键)、KeyEvent. VK_A(A 键)、KeyEvent. VK_UP(上箭头键)等。

KeyListener 接口:

- void keyPressed(KeyEvent e):当按键被按下时调用。
- void keyReleased(KeyEvent e):当按键被释放时调用。
- void keyTyped(KeyEvent e):当键被输入字符时调用,通常用于字符键。

10.4.3 MouseEvent 鼠标事件

MouseEvent 是 Java 编程语言中用于处理鼠标操作的事件类,包括鼠标的移动、单击、拖动、进入和离开等动作。在 Java AWT 和 Swing 中,MouseEvent 是图形用户界面中鼠标交互的基础,通常与 MouseListener 和 MouseMotionListener 接口一起使用。

MouseEvent 的概念如下:

- MouseEvent:表示鼠标事件,提供鼠标操作的详细信息,如鼠标坐标、操作状态等。

MouseEvent 的事件类型如下:

- MOUSE_CLICKED:鼠标被单击。
- MOUSE_PRESSED:鼠标按钮被按下。
- MOUSE_RELEASED:鼠标按钮被释放。
- MOUSE_MOVED:鼠标移动。
- MOUSE_DRAGGED:鼠标拖动。
- MOUSE_ENTERED:鼠标进入组件区域。
- MOUSE_EXITED:鼠标离开组件区域。

MouseEvent 的使用方法如下:

(1)创建 GUI 组件:创建一个需要监听鼠标事件的 GUI 组件,如 JFrame 或 JPanel。

(2)实现 MouseListener 和 MouseMotionListener 接口:实现这些接口,并重写相应的方法。

(3)注册监听器:将实现了鼠标监听器的对象注册到需要监听鼠标事件的组件上。

(4)处理事件:在重写的方法中定义事件处理逻辑。

【例 10-21】 以下是一个简单的示例,展示如何使用 MouseEvent 处理鼠标事件。

```
import javax.swing.*;
import java.awt.event.MouseEvent;
import java.awt.event.MouseListener;
import java.awt.event.MouseMotionListener;

public class MouseEventExample {
    public static void main(String[] args){
```

```
        //创建主窗口 JFrame
        JFrame frame = new JFrame(" MouseEvent Example");
        frame. setSize(400,300);
        frame. setDefaultCloseOperation(JFrame. EXIT_ON_CLOSE);

        //创建一个 JPanel
        JPanel panel = new JPanel();

        //添加 MouseListener
        panel. addMouseListener(new MouseListener(){
            @Override
            publicvoid mouseClicked(MouseEvent e){
                System. out. println(" Mouse Clicked at (" + e. getX() + "," + e. getY() + ")");
    }

            @Override
            publicvoid mousePressed(MouseEvent e){
                System. out. println(" Mouse Pressed at (" + e. getX() + "," + e. getY() + ")");
    }

            @Override
            publicvoid mouseReleased(MouseEvent e){
                System. out. println(" Mouse Released at (" + e. getX() + "," + e. getY() + ")");
    }

            @Override
            publicvoid mouseEntered(MouseEvent e){
                System. out. println(" Mouse Entered the panel");
    }

            @Override
            publicvoid mouseExited(MouseEvent e){
                System. out. println(" Mouse Exited the panel");
    }
    });

        //添加 MouseMotionListener
        panel. addMouseMotionListener(new MouseMotionListener(){
            @Override
            publicvoid mouseDragged(MouseEvent e){
```

```
                System. out. println(" Mouse Dragged at (" + e. getX() + "," + e. getY() + ")");
    }

            @Override
            publicvoid mouseMoved(MouseEvent e){
                System. out. println(" Mouse Moved at (" + e. getX() + "," + e. getY() + ")");
    }
    });

        //将面板添加到 JFrame 中
        frame. add(panel);

        //设置窗口可见
        frame. setVisible(true);
    }
    }
```

运行结果如图 10－22 所示。

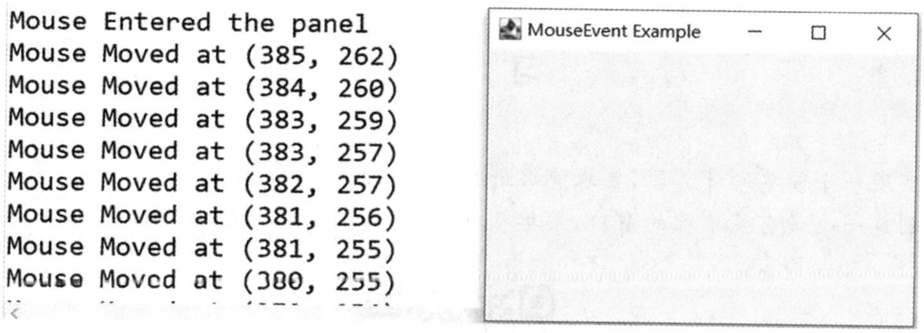

图 10－22　运行结果

MouseEvent 类中一些常用的方法：

- getX()和 getY()：获取鼠标事件发生时相对于组件的坐标。
- getButton()：获取按下的鼠标按钮(左、中、右)。
- getSource()：获取事件的源组件。
- isShiftDown()、isControlDown()、isAltDown()：判断相应的修饰键是否被按下。

MouseListener 接口：

- void mouseClicked(MouseEvent e)：当鼠标被单击时调用。
- void mousePressed(MouseEvent e)：当鼠标按钮被按下时调用。
- void mouseReleased(MouseEvent e)：当鼠标按钮被释放时调用。
- void mouseEntered(MouseEvent e)：当鼠标进入组件区域时调用。

- void mouseExited(MouseEvent e)：当鼠标离开组件区域时调用。

MouseMotionListener 接口：

- void mouseDragged(MouseEvent e)：当鼠标拖动时调用。
- void mouseMoved(MouseEvent e)：当鼠标移动时调用。

10.5 小　结

本章围绕 Java 图形用户界面编程，详细介绍了 AWT 和 Swing 两大工具包。AWT 作为早期 GUI 工具包，包含组件、容器、布局管理器和事件处理机制。Component 类是所有组件的基类，Container 类用于管理组件。Frame、Panel 等容器和 FlowLayout、BorderLayout 等布局管理器在界面构建中各有作用。Swing 在 AWT 基础上提供了更丰富的组件，如 JFrame、JButton、JTextField 等，支持更灵活的布局和交互。通过示例展示了各组件的用法和核心方法。

布局管理器(如 FlowLayout、GridLayout 等)控制组件排列，确保界面在不同环境下合理显示。事件监听机制通过处理 ActionEvent、KeyEvent、MouseEvent 等，实现了用户交互响应。

习　题

1. 实现一个简单的计算器，要求能够进行基本的加减乘除运算。
2. 创建一个带有菜单栏的窗口，菜单项包括“文件”“编辑”“帮助”等。

扫二维码查看习题答案

第 11 章

数据库编程

在现代软件开发中，数据库是存储和管理数据的核心组件。无论是企业级应用还是个人项目，数据库编程都是必不可少的技能。本章将详细介绍如何通过 Java 编程语言与关系型数据库进行交互，重点讲解 Java 数据库连接技术 JDBC(Java Database Connectivity)。JDBC 是 Java 标准库中用于连接和操作数据库的 API，通过它，开发者可以使用 Java 代码执行 SQL 查询、更新数据、管理事务等操作。学习本章内容，读者将了解如何在 Java 程序中使用 JDBC 访问不同类型的数据库，并掌握常见的数据库编程模式和最佳实践。无论是在实际项目中，还是在应对复杂的数据库需求时，掌握 JDBC 技术都能为开发者提供强有力的工具和方法。

学习目标

- 了解什么是 JDBC。
- 熟悉 JDBC 的常用 API。
- 掌握如何使用 JDBC 操作数据库。

思政目标

- 通过了解 Java 编程语言的历史，学生能够体会科技进步对社会发展的推动作用。通过学习数据库编程，学生能够理解在数据存储、处理和共享过程中应遵循的伦理准则，认识到数据安全和隐私保护的重要性。
- 引导学生认识数据在社会治理、经济发展中的重要作用，鼓励他们在实际开发中考虑数据库系统对社会的影响，并承担相应的社会责任。

11.1 JDBC 的概念

JDBC 是 Java 编程语言中用于连接和操作关系型数据库的公共接口(一组 API),是 Java 平台的一部分。JDBC 为开发者提供了一套统一的接口,使 Java 应用程序能够以标准化的方式与各种数据库进行交互。通过 JDBC,开发者可以使用 SQL 语句对数据库进行查询、插入、更新和删除等操作,并能够管理数据库连接、处理事务和检索结果集。

Sun 公司提供了 JDBC 接口的标准规范,而不同的数据库供应商则根据这一规范实现相应的接口,并将实现类封装为 JAR 文件,即 JDBC 驱动程序。JDBC 驱动程序是 JDBC API 与特定数据库系统之间的桥梁,其核心思想是对 Java 代码与数据库底层的差异进行抽象,提供一个中间层,使开发者无须关心具体数据库的实现细节,而是通过 JDBC 接口与数据库进行交互。将 Java 编程语言和 JDBC 结合起来使程序员不必为不同的平台编写不同的应用程序,只需写一遍程序就可以让它在任何平台上运行,这也是 Java 编程语言“编写一次,处处运行”的优势。

图 11-1 中,Java 应用程序通过标准化的 JDBC 接口与特定的数据库驱动程序进行交互,不同类型的数据库需要有专用的 JDBC Driver 用于访问不同类型的数据库。例如,Oracle 数据库需要 Oracle JDBC Driver 驱动,MySQL 数据库需要 MySQL JDBC Driver 驱动,SQL Server 数据库需要 SQL Server JDBC Driver 驱动。

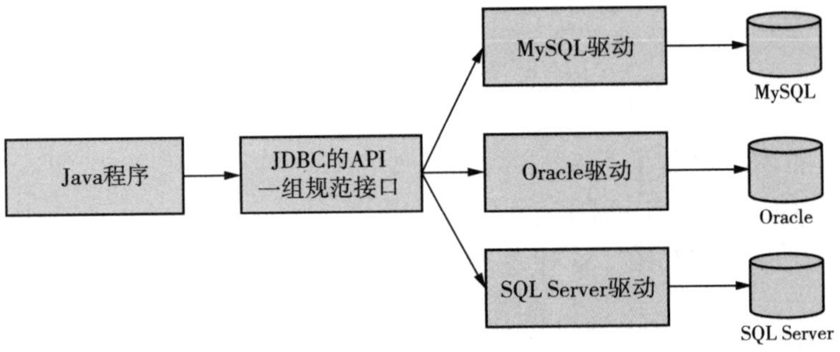

图 11-1 JDBC 数据库访问示意图

11.2 JDBC 常用 API

在使用 JDBC 操作数据库之前,我们需要了解 JDBC 的常用 API。JDBC 接口可分为两个层次:面向应用的 API 和面向数据库的 API。

(1)面向应用的 API:这一层次的 API 直接供应用程序开发者使用,提供了与数据库进行交互的各种功能。开发者可以通过这些 API 进行建立数据库连接、执行 SQL 语句、处理查询结果以及管理事务等操作。常见的接口和类包括 Connection、Statement、PreparedStatement、ResultSet 等，它们提供了操作数据库的基本工具。

(2)面向数据库的 API：这一层次的 API 主要由数据库供应商实现，用于连接 JDBC API 和具体的数据库系统。数据库供应商根据 JDBC 规范实现这些 API，将其封装在 JDBC 驱动程序中。该层次包括低级别的接口和类，如 Driver、DriverManager 等，它们负责处理与数据库的实际连接和通信。

图 11-2 中，应用程序可以是 Java 应用程序、Java Web 应用程序或 Java 控制台应用程序，应用程序通过向 JDBC 发出数据库指令请求，JDBC 中间件接收操作指令后，进行数据库连接。如果数据库连接不上，终止操作，并出现异常信息；如果数据库连接正常，则通过相关指令对象，提交给指定的数据库。数据库执行结束后，再将执行结果返回给 JDBC 中间件，最后返回给 Java 应用程序。

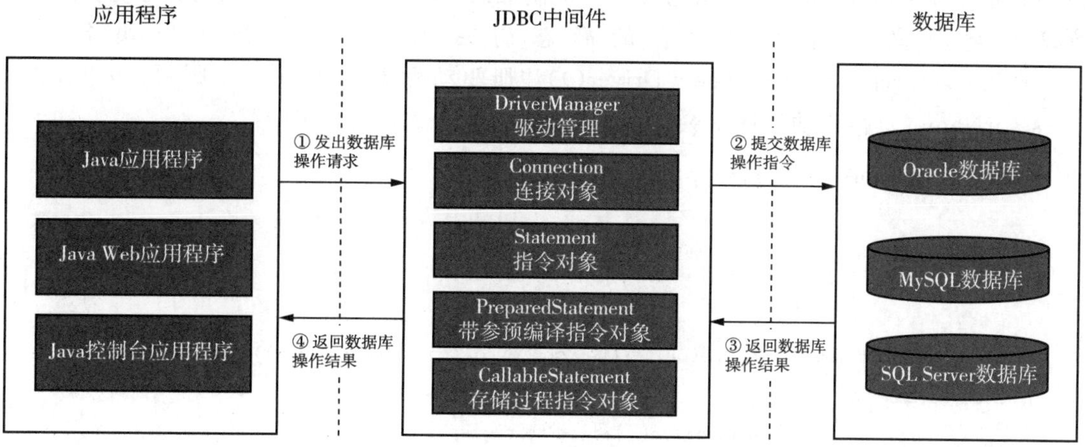

图 11-2　JDBC 类与 Java、数据库之间的关系

11.2.1　Driver 接口

Java.sql.Driver 接口是 JDBC API 的一个核心部分，它定义了所有 JDBC 驱动程序必须实现的方法。每个数据库厂商(如 MySQL、Oracle、PostgreSQL 等)都会提供自己的 JDBC 驱动程序实现这个接口，从而使 Java 应用程序可以与特定的数据库进行交互。其在 JDBC 架构中起到了桥梁的作用。在程序中不需要直接访问实现了 Driver 接口的类，而是由驱动程序管理器类(Java.sql.DriverManager)调用这些 Driver 实现。

11.2.2　DriverManager 接口

Java.sql.DriverManager 接口是 JDBC 驱动程序管理器类，用于加载 JDBC 驱动、创建与数据库的连接。在 DriverManager 接口中，定义了两种比较重要的静态方法，即 registerDriver(Driver driver)和 getConnection(String url,String user,String password)，见表 11-1。

表 11-1 DriverManager 接口主要方法描述

方法名称	功能描述
static void registerDriver(Driver driver)	用于向 DriverManager 注册给定的 JDBC 驱动程序
static Connection getConnection (String url,String user,String password)	用于建立和数据库的连接,并返回表示连接的 Connection 对象

1. registerDriver()方法

registerDriver(Driver driver)静态方法用于注册 JDBC 驱动程序,开发者将特定的 Driver 实现类注册到 DriverManager 中,从而使 DriverManager 能够管理和使用这个驱动程序处理数据库连接。通常情况下,我们不需要手动调用该方法注册驱动程序。以 MySQL 驱动程序为例,使用 Class.forName("com.mysql.cj.jdbc.Driver")加载驱动程序后,驱动会自动注册。Class.forName()方法通过反射机制加载 MySQL 的 JDBC 驱动程序类,当 JVM 加载该类时又会自动触发它的静态初始化块。该静态代码块会调用 DriverManager.registerDriver(new Driver())注册驱动程序,如例 11-1 所示。因此,调用 Class.forName()后,驱动程序就会被自动注册到 DriverManager 中。

【例 11-1】 Driver 驱动程序类静态代码块。

```
...
static{
    try{
        DriverManager.registerDriver(new com.mysql.cj.jdbc.Driver());
} catch (SQLException e){
        throw new RuntimeException("Failed to register driver");
    }
}
...
```

2. getConnection()方法

getConnection()用于建立和数据库的连接,并返回表示连接的 Connection 对象。它有 getConnection(String url)和 getConnection(String url,String user,String password)两个重载版本。getConnection(String url)使用提供的数据库 URL 创建一个连接。这个版本不需要用户名和密码,通常用于数据库配置中没有身份验证或使用默认身份验证的情况。getConnection(String url,String user,String password)使用提供的数据库 URL、用户名和密码创建一个连接。这个版本适用于需要数据库身份验证的情况。

【例 11-2】 使用 getConnection()方法建立数据库连接。

```
...
String url = "jdbc:mysql://localhost:3306/mydatabase?serverTimezone=GMT%2B8&useSSL=
false";
```

```
String user = "myuser";
String password = "mypassword";
Connection conn = DriverManager.getConnection(url,user,password);
...
```

例 11－2 中采用了第二个重载版本，通过 url、user、password 三个参数传递给 getConnection()方法。url 传递的是 JDBC URL，通常包含数据库类型(jdbc:mysql)、服务器地址(localhost)、端口号(3306)、数据库名称(mydatabase)以及其他连接参数(serverTimezone=GMT%2B8&useSSL=false)；user 和 password 是数据库的账户与密码，如数据库配置中没有身份验证或使用默认身份验证时可以省略。连接成功后返回一个对象，由 Connection 接收。

11.2.3　Connection 接口

Connection 接口是 JDBC API 的核心接口之一，用于处理与特定数据库的连接。Connection 对象是表示数据库连接的对象，开发者可以通过该对象执行 SQL 语句、管理事务、获取数据库元数据等。Connection 接口的常用方法见表 11－2。

表 11－2　Connection 接口的常用方法

方法名称	功能描述
Statement createStatement()	用于创建一个 Statement 对象将 SQL 语句发送到数据库
PreparedStatement prepareStatement (String sql)	用于创建一个 PreparedStatement 对象将参数化的 SQL 语句发送到数据库
CallableStatement prepareCall (String sql)	用于创建一个 CallableStatement 对象调用数据库存储过程

以上三种方法用于创建不同类型的 Statement 对象。Statement 用于执行 SQL 查询和更新语句；PreparedStatement 用于执行预编译的 SQL 语句，通常用于提升性能和安全性；CallableStatement 用于执行存储过程。Statement 对象创建过程如例 11－3 所示。

【例 11－3】 使用 Connection()接口创建 Statement 对象。

```
...
Connection conn = DriverManager.getConnection(url,user,password);
//创建 Statement 对象
Statement stmt = conn.createStatement();
...
```

11.2.4　Statement 接口

Statement 接口是 JDBC API 中用于执行 SQL 查询和更新操作的基本接口。Statement 接口对象可以通过 Connection 实例的 createStatement()方法获得，该对象会把静态的 SQL

语句发送到数据库中编译执行，然后返回数据库的处理结果。通过 Statement 对象，开发者可以执行各种 SQL 语句，如查询、插入、更新和删除等。Statement 接口有多个实现类，其中最常用的是 Statement、PreparedStatement 和 CallableStatement。Statement 接口的常用方法见表 11-3。

表 11-3 Statement 接口的常用方法

方法名称	功能描述
boolean execute(String sql)	用于执行各种 SQL 语句。该方法返回一个 boolean 类型的值，如果为 true，表示所执行的 SQL 语句有查询结果，可以通过 Statement 的 getResultSet()方法获得查询结果
int executeUpdate(String sql)	用于执行 SQL 中的 insert、update 和 delete 语句。该方法返回一个 int 类型的值，表示数据库中受该 SQL 语句影响的记录条数
ResultSet executeQuery(String sql)	用于执行 SQL 中的 select 语句。该方法返回一个表示查询结果的 ResultSet 对象

【例 11-4】 使用 Statement()接口执行数据库查询操作。

```
...
//建立连接
Connection conn = DriverManager.getConnection(url,user,password);
//创建 Statement 对象
Statement stmt = conn.createStatement();
String username = " admin";
//执行查询
ResultSet rs = stmt.executeQuery(" SELECT * FROM mytable WHERE name = '" + username + "' ");
...
```

使用 executeQuery(String sql)用于执行返回结果集的 SQL 查询语句，其中 username 变量表示用户输入的用户名。SQL 查询语句(" SELECT * FROM mytable WHERE name='"+username+"' ")表示从名为 mytable 的表中寻找 name 值为 username 变量值为 admin 的所有记录，该语句等同于(" SELECT * FROM mytable WHERE name=' admin' ")。SQL 语句拼接变量规则如例 11-5 所示。

【例 11-5】 使用 Statement()接口执行数据库查询操作。

```
String username = " admin"  //定义变量 username 和变量值 admin
" SELECT * FROM mytable WHERE name = 'admin' "     //将 admin 固定值改为变量
" SELECT * FROM mytable WHERE name = '"            //先删除 admin'
" SELECT * FROM mytable WHERE name = '" + "' "  //在末尾用符号 + 拼接双引号包裹的单引号"'"
" SELECT * FROM mytable WHERE name = '" + username + "' "  //在符号 + 后拼接变量 username 和拼接
                                                    符号 +
```

11.2.5 PreparedStatement 接口

Statement 接口封装了 JDBC 执行静态 SQL 语句的方法，可以完成 Java 程序执行 SQL 语句的操作。然而在实际开发过程中往往需要将程序中的变量作为 SQL 语句的查询条件，而使用 Statement 接口操作这些 SQL 语句会过于烦琐，并且存在安全方面的问题。针对这一问题，JDBC API 提供了扩展的 PreparedStatement 接口。PreparedStatement 接口的常用方法见表 11-4。

表 11-4 PreparedStatement 接口的常用方法

方法名称	功能描述
int executeUpdate()	在 PreparedStatement 对象中执行 SQL 语句，SQL 语句必须是一个 DML 语句或者是无返回内容的 SQL 语句，如 DDL 语句
ResultSet executeQuery()	在 PreparedStatement 对象中执行 SQL 查询，该方法返回的是 ResultSet 对象
void setInt(int parameterIndex, int x)	将指定参数设置成给定的 int 值
void setString (int parameterIndex, String x)	将指定参数设置成给定的 String 值

PreparedStatement 接口用于执行预编译的 SQL 语句。其适用于需要动态参数的情况，提供更好的性能和安全性(防止 SQL 注入)，特别是在处理动态查询和大量数据时。PreparedStatement 接口扩展了带有参数 SQL 语句的执行操作，该接口中的 SQL 语句可以使用占位符"?"代替参数，然后通过 setInt()和 setString()方法为 SQL 语句的参数赋值，如例 11-6 所示。

【例 11-6】 使用 PreparedStatement()接口执行数据库查询操作。

```
...
//建立连接
Connection conn = DriverManager.getConnection(url,user,password);
//创建 PreparedStatement 对象
String sql = " SELECT * FROM mytable WHERE column1 = ? AND column2 = ? ";
PreparedStatement pstmt = conn.preparedStatement(sql);
//设置参数值
pstmt.setString(1," value1 ");
pstmt.setInt(2,123);
...
```

与 Statement 对象相比，PreparedStatement 对象的 SQL 语句在执行前会被预编译，这意味着 SQL 语句的执行计划会被缓存。对于多次执行相同 SQL 语句(仅参数不同)的情况，可以提高性能。此外，PreparedStatement 通过使用占位符，SQL 语句更简洁，且将参数与 SQL 逻辑分离，增加了代码的可读性和维护性。其参数化查询还防止了用户恶意输入特殊字符执行未预期的 SQL 代码，保证了 PreparedStatement 自动处理 SQL 注入问题，如例 11-7 所示。

【例 11-7】 Statement()接口的 SQL 注入问题。

```
...
String userInput = "admin' OR '1' = '1";// 用户恶意输入
String query = "SELECT * FROM users WHERE username = '" + userInput + "'";
Statement stmt = conn.createStatement();
ResultSet rs = stmt.executeQuery(query);
...
```

在这个例子中，用户输入'admin' OR '1'='1'，它会生成以下 SQL 语句：

```
SELECT * FROM users WHERE username = 'admin' OR '1' = '1';
```

尾缀 OR '1'='1'总会成立，导致该 SQL 查询语句不能进行充分的验证或转义而产生 SQL 注入问题，从而使它会返回 users 表中的所有记录，而不仅仅是 username 为 admin 的记录。

【例 11-8】 PreparedStatement()接口防止 SQL 注入。

```
...
String userInput = "admin' OR '1' = '1";// 用户恶意输入
String query = "SELECT * FROM users WHERE username = ? ";
PreparedStatement pstmt = conn.preparedStatement(query);
pstmt.setString(1,userInput);
ResultSet rs = pstmt.executeQuery();
...
```

在例 11-8 中，PreparedStatement 会将用户输入作为参数处理，而不是直接拼接到 SQL 语句中。最终生成的 SQL 语句如下：

```
SELECT * FROM users WHERE username = 'admin" OR "1" = "1';
```

由于参数化查询会对用户输入的特殊字符进行转义，因此 SQL 注入攻击将失效。admin" OR "1"="1 成为一个完整的字符串，不会识别 OR '1'='1'为整个查询语句拼接的判断词句。PreparedStatement 只会查找 username 为 admin' OR '1'='1 这一完全匹配的记录，而不会返回整个表的数据。

11.2.6 ResultSet 接口

ResultSet 接口用于保存 JDBC 执行查询时返回的结果集，该结果集封装在一个逻辑表格中。在 ResultSet 接口内部有一个指向表格数据行的游标(或指针)，ResultSet 对象初始化时，游标在表格的第一行之前，调用 next()方法可以将游标移动到下一行。如果下一行没有数据，则返回 false。在应用程序中经常使用 next()方法作为 while 循环的条件迭代 ResultSet 的结果集。ResultSet 接口的常用方法见表 11-5。

表 11-5　ResultSet 接口的常用方法

方法名称	功能描述
String getString(int columnIndex)	用于获取指定字段的 String 类型的值，参数 columnIndex 代表字段的索引
String getString (String columnName)	用于获取指定字段的 String 类型的值，参数 columnName 代表字段的名称
int getInt(int columnIndex)	用于获取指定字段的 int 类型的值，参数 columnIndex 代表字段的索引
int getInt(String columnName)	用于获取指定字段的 int 类型的值，参数 columnName 代表字段的名称
boolean next()	将游标从当前位置向下移一行

从表 11-5 中可以看出，ResultSet 接口中定义了一些 getter 方法，而采用哪种 getter 方法获取数据取决于字段的数据类型。程序既可以通过字段的名称获取指定的数据，也可以通过字段的索引获取指定的数据，字段的索引是从 1 开始编号的。例如，数据表的第一列字段名为 id，字段类型为 int，那么既可以使用 getInt(1) 获取该列的值，也可以使用 getInt("id")获取该列的值。boolean next()的作用是移动游标到结果集的下一行，如果有下一行数据，则返回 true；如果没有，则返回 false。其通常在 while 循环中使用，以逐行读取数据。如例 11-9 所示，在使用 PreparedStatement 接口对象 pstmt 执行 executeQuery()查询操作后返回一个结果集，由 ResultSet 对象 rs 接收。例 11-9 通过 rs.next()作为 while 循环的判断值循环遍历 rs 对象，分别利用 getString(String columnName)和 getInt(String columnName)获取字段名为 column1 与 column2 的记录。

【例 11-9】 PreparedStatement()接口防止 SQL 注入。

```
import java.sql.Connection;
import java.sql.DriverManager;
import java.sql.PreparedStatement;
import java.sql.ResultSet;
import java.sql.SQLException;

public class ResultSetExample{
    public static void main(String[] args){
        String url = "jdbc:mysql://localhost:3306/mydatabase";
        String user = "myuser";
        String password = "mypassword";
        try{
            //建立连接
            Connection conn = DriverManager.getConnection(url,user,password);
```

```
            //创建 PreparedStatement 对象
            String sql = " SELECT column1,column2 FROM mytable";
            PreparedStatement pstmt = conn.preparedStatement(sql);
            //执行查询
            ResultSet rs = pstmt.executeQuery();
            //遍历结果集
            while (rs.next()){
                //获取数据
                String column1 = rs.getString(" column1 ");
                int column2 = rs.getInt(" column2 ");
                //输出数据
                System.out.println(" Column 1:" + column1);
                System.out.println(" Column 2:" + column2);
            }
            //关闭结果集和 PreparedStatement
            rs.close();
            pstmt.close();
            conn.close();
    } catch (SQLException e){
            e.printStackTrace();
        }
    }
}
```

11.3 JDBC 的编程步骤

在理解了 JDBC 的基本概念和常用 API 后，我们再详细梳理一下 JDBC 的编程步骤，如图 11-3 所示。

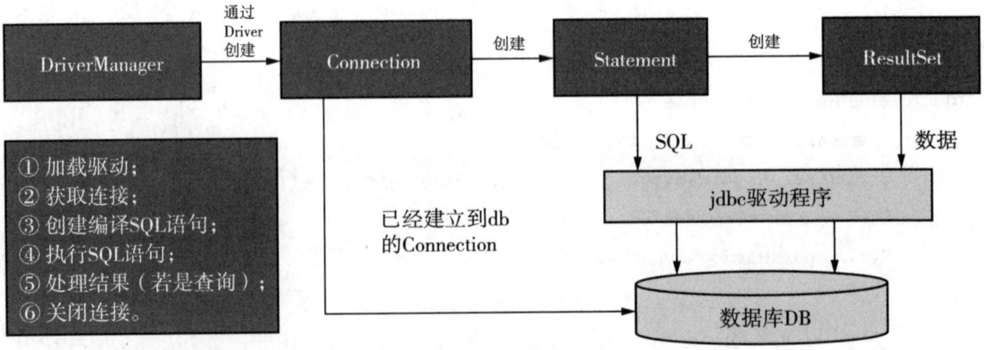

图 11-3　JDBC 的编程步骤示意图

1. 加载并注册数据库驱动

在连接数据库之前，要将数据库的驱动加载到 JVM（Java 虚拟机）上。加载操作可以通过 java.lang.Class 类的静态方法 forName(String className) 或 DriverManager 类的静态方法 registerDriver(Driver driver) 实现，具体示例如下：

```
DriverManager.registerDriver(Driver driver);或 Class.forName("DriverName");
```

在实际开发中，我们常用第二种方式注册数据库驱动，DriverName 表示数据库的驱动类。以 MySQL 数据库为例，MySQL 驱动类在 6.0.2 版本之前为 com.mysql.jdbc.Driver，而在 6.0.2 及以后版本为 com.mysql.cj.jdbc.Driver，我们要根据自己的数据库版本选择对应的驱动类。

2. 通过 DriverManager 获取数据库连接

获取数据库连接的具体方式如下：

```
Connection conn = DriverManager.getConnection(String url,String user,String password);
```

从上述代码可以看出，getConnection()方法有三个参数，分别表示连接数据库的地址、登录数据库的用户名和密码。以 MySQL 数据库为例，MySQL 数据库地址的书写格式如下：

```
jdbc:mysql://hostname:port/databasename。
```

在上面的代码中，jdbc:mysql:是固定的写法，mysql 指的是 MySQL 数据库，hostname 指的是主机的名称（如果数据库在本机中，hostname 可以为 localhost 或 127.0.0.1；如果要连接的数据库在其他电脑上，hostname 为所要连接电脑的 IP），port 指的是连接数据库的端口号（MySQL 端口号默认为 3306），databasename 指的是 MySQL 中相应数据库的名称。

3. 通过 Connection 对象获取 Statement 对象

Connection 创建 Statement 对象的方法有以下三种：createStatement()，创建基本的 Statement 对象；preparedStatement()，创建 PreparedStatement 对象；prepareCall()，创建 CallableStatement 对象。

以创建基本的 Statement 对象为例，创建方式如下：

```
Statement stmt = conn.createStatement();
```

4. 使用 Statement 执行 SQL 语句

所有的 Statement 都有三种执行 SQL 语句的方法：execute()可以执行任何 SQL 语句；executeQuery()通常执行查询语句，执行后返回代表结果集的 ResultSet 对象；executeUpdate()主要用于执行 DML 和 DDL 语句。

执行 DML 语句，如 INSERT、UPDATE 或 DELETE 时，返回受 SQL 语句影响的行数；执行 DDL 语句返回 0。以 executeQuery()方法为例，调用形式如下：

```
ResultSet rs = stmt.executeQuery(sql);
```

5. 操作 ResultSet 结果集

如果执行的 SQL 语句是查询语句，则执行结果将返回一个 ResultSet 对象，该对象保存了 SQL 语句查询的结果。程序可以通过操作该 ResultSet 对象获取查询结果。

6. 关闭数据库连接，释放资源

每次操作数据库结束后都要关闭数据库连接，释放资源。关闭顺序和声明顺序相反。需要关闭的资源包括 ResultSet、Statement 和 Connection 等。

11.4 实现一个 JDBC 程序

接下来，我们依照 11.3 节给出的步骤编写 Java 程序演示 JDBC 的使用，该程序从 users 表中读取数据，并将结果打印在控制台中，具体步骤如下。

11.4.1 搭建数据库环境

在 MySQL 中创建一个名称为 jdbc 的数据库，然后在 jdbc 数据库中创建一个 users 表，创建数据库和表的 SQL 语句如例 11 - 10 所示。

【例 11 - 10】 创建 jdbc 数据库和 users 表。

```
CREATE DATABASE jdbc;
USE jdbc;
CREATE TABLE users(
  id INT PRIMARY KEY AUTO_INCREMENT,
  name VARCHAR(40),
  password VARCHAR(40),
  email VARCHAR(60),
  birthday DATE
);
```

jdbc 数据库和 users 表创建成功后，再向 users 表中插入三条数据，插入的 SQL 语句如例 11 - 11 所示。

【例 11 - 11】 users 表插入 SQL 语句。

```
INSERT INTO users(NAME,PASSWORD,email,birthday)
VALUES('zhangs','123456','zs@sina.com','1980-12-04'),
('lisi','123456','lisi@sina.com','1981-12-04'),
('wangwu','123456','wangwu@sina.com','1979-12-04');
```

为了查看数据是否添加成功，使用 SELECT 语句查询 users 表中的数据，数据库查询结果如图 11－4 所示。

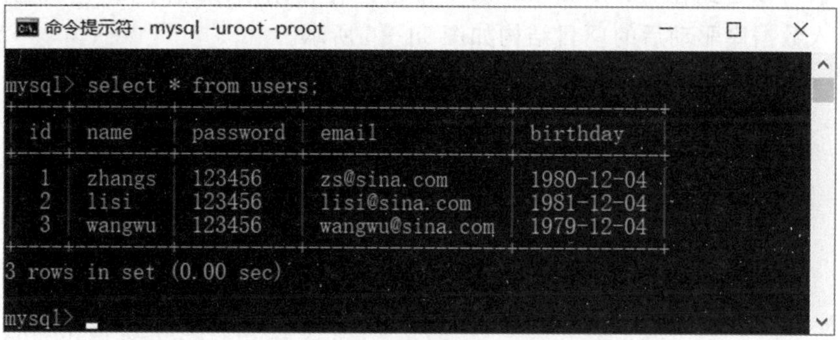

图 11－4　数据库查询结果

11.4.2　创建项目环境，导入数据库驱动

在 IDEA 中新建一个名称为 chapter10 的 Java 项目，使用鼠标右键单击项目名称，选择【New】→【Directory】，在弹出的窗口中将该文件夹命名为 lib，项目根目录中就会出现一个名称为 lib 的文件夹。

将下载好的 MySQL 数据库驱动文件 mysql-connector-java-8.0.1.jar 复制到项目的 lib 目录中，并把 jar 包添加到项目里。使用鼠标单击 File 菜单栏，选择【Project Structure】→【Modules】→【Dependencies】，单击最右侧加号后选择第一项 JARs or directories…，在弹出框中选择下载好的 Jar 包确认。

最后可以看到 mysql-connector-java-8.0.1.jar 包添加到 IDEA 的依赖项中，导入数据库驱动到项目依赖项如图 11－5 所示。

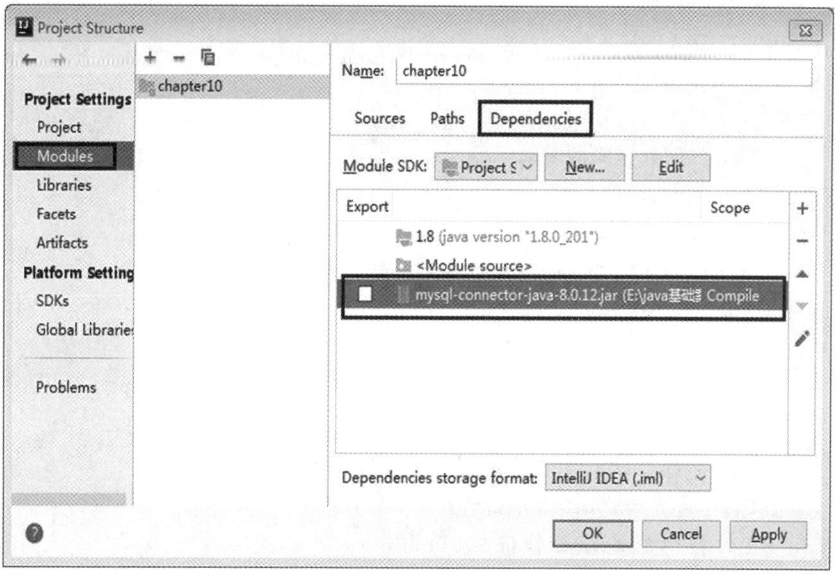

图 11－5　导入数据库驱动到项目依赖项

在图 11 - 5 中，mysql-connector-java-8. 0. 1. jar 包添加到依赖项之后，单击【Apply】后再单击【OK】，可以看到在 External libraries 下已经存在刚刚添加的 jar 包。至此，jar 包添加成功。导入数据库驱动后的项目结构如图 11 - 6 所示。

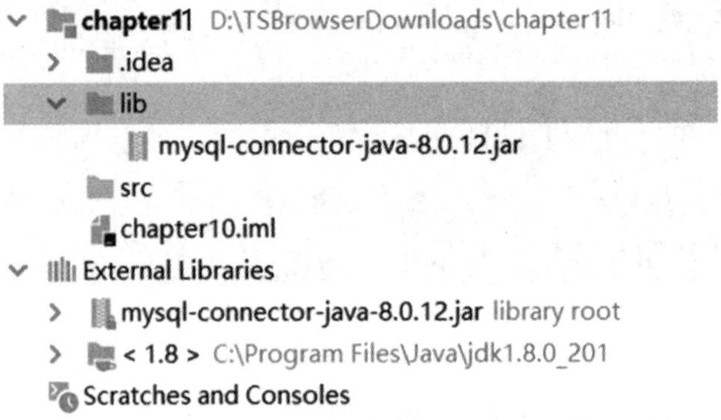

图 11 - 6　导入数据库驱动后的项目结构

11. 4. 3　编写 JDBC 程序

在项目 chapter10 的 src 目录下，新建一个名称为 cn. itcast. jdbc. example 的包，在该包中创建类 Example11_12，Example11_12 类用于读取数据库中的 users 表，并将结果输出到控制台中。

【例 11 - 12】　Example11_12. java。

```
//第一个 JDBC 程序
public class Example11_12{
    public static void main(String[] args)throws SQLException{
        Statement stmt = null;
        ResultSet rs = null;
        Connection conn = null;
        try{
            // 1. 注册数据库的驱动
            Class.forName("com.mysql.cj.jdbc.Driver");
            // 2. 通过 DriverManager 获取数据库连接
            String url = "jdbc:mysql://localhost:3306/jdbc?
serverTimezone = GMT%2B8&useSSL = false";
            String username = "root";
            String password = "root";
            conn = DriverManager.getConnection(url,username,password);
            // 3. 通过 Connection 对象获取 Statement 对象
            stmt = conn.createStatement()
            // 4. 使用 Statement 执行 SQL 语句。;
            String sql = "select * from users";
```

```
            rs = stmt.executeQuery(sql);
            // 5. 操作 ResultSet 结果集
            System.out.println(" id | name | password | email | birthday");
            while (rs.next()){
                int id = rs.getInt(" id");// 通过列名获取指定字段的值
                String name = rs.getString(" name");
                String psw = rs.getString(" password");
                String email = rs.getString(" email");
                Date birthday = rs.getDate(" birthday");
                System.out.println(id + " | " + name + " | " + psw +
" | " + email + " | " + birthday);
            }
    } catch (ClassNotFoundException e){
            e.printStackTrace();
    } finally {
            // 6. 回收数据库资源
            if (stmt! = null){
                try{
                    stmt.close();
    } catch (SQLException e){
                    e.printStackTrace();
                }
            }
            if (conn! = null){
                try{
                    conn.close();
    } catch (SQLException e){
                    e.printStackTrace();
                }
            }
            if (rs! = null){
                try{
                    rs.close();
    } catch (SQLException e){
                    e.printStackTrace();
                }
            }
        }
    }
}
```

在例 11－12 中，代码通过 Class 的 forName()方法注册了 MySQL 数据库驱动；通过 DriverManager 的 getConnection()方法获取数据库的连接；第 17 行代码通过 Connection 对象获取 Statement 对象，代码使用 Statement 的 executeQuery()方法执行 SQL 查询语句；代码使用 ResultSet 操作结果集，并用 while 循环获取所有数据库数据，代码使用 close()方法将 Statement、ResultSet 和 Connection 都关闭并置空。程序运行结果如图 11－7 所示。

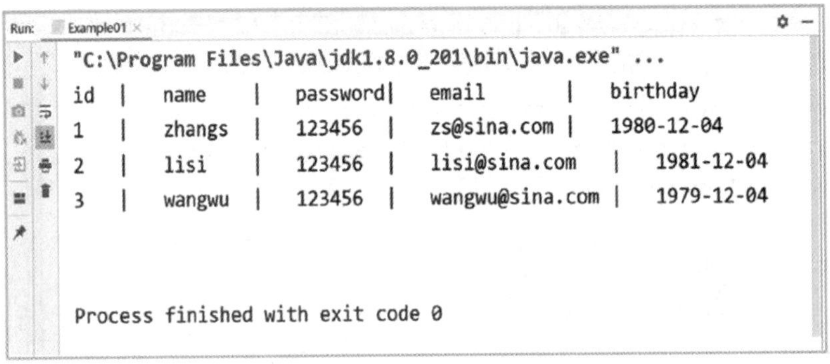

图 11－7　程序运行结果

需要注意以下内容：

(1)注册驱动：虽然使用 DriverManager. registerDriver(new com. mysql. cj. jdbc. Driver())方法也可以完成注册，但这种方法会使数据库驱动被注册两次。因为在 Driver 类的源码中，已经在静态代码块中完成了数据库驱动的注册。为了避免数据库驱动被重复注册，只需要在程序中使用 Class. forName()方法加载驱动类即可。

(2)释放资源：由于数据库资源非常宝贵，数据库允许的并发访问连接数量有限，因此，当数据库资源使用完毕后，一定要记得释放资源。为了保证资源的释放，在 Java 程序中，应该将释放资源的操作放在 finally 代码块中。

(3)获取数据库连接：在新版本中获取数据库连接时需要设置时区为北京时间(serverTimezone＝GMT％2B8)，因为安装数据库时默认为美国时间。如果不设置时区为北京时间，则系统会提示 MySQL 设置时区与当前计算机系统时区不符的错误，如图 11－8 所示。

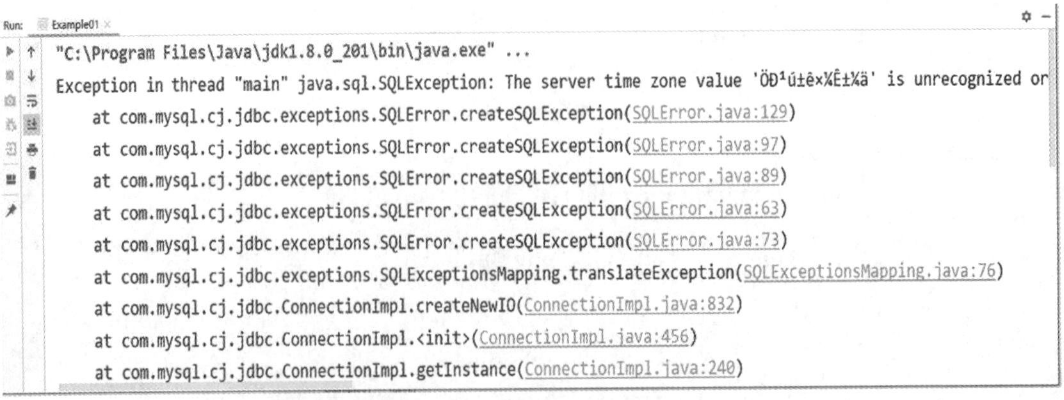

图 11－8　MySQL 时区不符错误

此外,MySQL 高版本需要指明是否进行 SSL 连接,否则会出现警告信息。警告信息具体如例 11-13 所示。

【例 11-13】 SSL 连接警告信息。

```
Fri Mar 20 18:55:47 CST 2020 WARN:Establishing SSL connection without server's identity verification is not recommended. According to MySQL 5.5.45 +,5.6.26 + and 5.7.6 + requirements SSL connection must be established by default if explicit option isn't set. For compliance with existing applications not using SSL the verifyServerCertificate property is set to 'false'. You need either to explicitly disable SSL by setting useSSL = false, or set useSSL = true and provide truststore for server certificate verification.
```

遇到这种情况,只需要在 mysql 连接字符串 url 中加入 useSSL=true(或者 false)即可,具体示例如下。

```
url = jdbc:mysql://127.0.0.1:3306/jdbc? characterEncoding = utf8&useSSL = true
```

11.5 小　结

本章主要讲解了 JDBC 的基本知识,包括什么是 JDBC、JDBC 的常用 API、JDBC 的使用,以及如何在项目中使用 JDBC 实现对数据的增删改查等。通过对本章的学习,读者可以了解什么是 JDBC,熟悉 JDBC 的常用 API,掌握如何使用 JDBC 操作数据库等。

习　题

1. 简述使用 JDBC 的基本过程。

2. 建立一个 student 表,包含学号 id、姓名 name、年龄 age、生日 birthday、系别 department。编写 Java 类接收来自客户端的学生信息,并存入数据库表;把数据库表中所有记录输出到屏幕上。

3. 建立一个 books 表,包含书号 bookid、书名 name、出版社 press、作者 author、价格 price 和出版日期 pdate 字段。编写 Java 类实现对 books 表的分别按书号、书名、作者的查询,并且实现信息的插入和删除。

扫二维码查看习题答案

参考文献

[1] 邢海燕,陈静,卜令瑞 .Java 程序设计案例教程[M],北京:北京理工大学出版社,2021.

[2] 黑马程序员 .Java 基础案例教程[M]. 北京:人民邮电出版社,2017.

[3] 赫伯特·希尔特 .Java 11 官方参考手册:第 11 版[M]. 孙鸿飞,译 . 北京:清华大学出版社,2020.

[4] 孙莉娜,张校磊 .Java 语言程序设计[M]. 2 版 . 北京:清华大学出版社,2019.

[5] 宁跃飞,史卫亚,张洪超 .Java 从入门到精通[M]. 4 版 . 北京:人民邮电出版社,2022.

[6] 和孟佯 .Java Web 程序设计教程[M]. 2 版 . 北京:清华大学出版社,2023.

[7] 杨龙平,李湘林 .Java 程序设计[M]. 北京:中国铁道出版社,2017.

[8] 潘浩 .Java 程序设计教程[M]. 北京:北京邮电大学出版社,2008.

[9] 雍俊海 .Java 程序设计[M]. 2 版 . 北京:清华大学出版社,2014.

[10] 韩欣洲 .Java 语言程序设计教学与实践探讨[J]. 物联网技术,2025,15(13):160 - 162.

[11] 李津,范娇娇 . 分组协作式学习在 Java 程序设计课程中的应用[J]. 中国多媒体与网络教学学报(上旬刊),2025(6):213 - 216.

[12] 刘丹,周贝,卫林龙,等 . 互联网视阈下“Java 面向对象程序设计”课程思政教学研究与实践[J]. 中国新通信,2025,27(10):68 - 70,109.